"十二五"普通高等教育本科国家级规划教材

PLC 电气控制与组态设计

（第三版）

周美兰　周　封　徐永明　编著

李文娟　主审

科学出版社

北　京

内 容 简 介

本书是将 PLC 电气控制系统设计与组态监控技术结合起来,用于 PLC 自动化系统设计教学的教材。全书共分为 7 章,介绍了 PLC 工作原理、指令系统、特殊功能及高级模块;PLC 的编程特点、原则、方法和步骤;PLC 编程工具及监控组态软件等。书中由浅入深地介绍了大量的应用实例,以使读者更好地掌握 PLC 的编程技巧。

虽然本书重点介绍了松下的 FP1 型 PLC,但书中给出的 PLC 实例和 PLC 组态仿真系统同样适用于松下的其他系列产品,如 FP0R 型 PLC。书中所有的 PLC 程序都用这两种机型进行了验证。

本书的电子资源包含精心制作的多媒体教学课件、全部的详细习题解答、PLC 控制组态仿真综合设计实例、PLC 组态仿真实验教学课件及多个带解说的演示课件。书中所带的 PLC 控制组态仿真课件已与力控 Force-Control 7.0 系统程序融为一体,可使读者在开发 PLC 控制系统时不需被控实物,只通过组态监控界面就可检验所编程序的执行结果正确与否。

本书可作为电气工程及其自动化、自动化、机械设计制造及其自动化、机械电子工程、机电一体化、测控技术与仪器等专业的本科生教材,也可作为从事工业自动化及 PLC 应用开发的工程技术人员的参考书。

图书在版编目(CIP)数据

PLC 电气控制与组态设计/周美兰,周封,徐永明编著.—3 版. —北京:科学出版社,2015.12

"十二五"普通高等教育本科国家级规划教材

ISBN 978-7-03-046125-4

Ⅰ. P… Ⅱ.①周…②周…③徐… Ⅲ.①plc 技术 - 高等学校 - 教材 Ⅳ.①TM571.6

中国版本图书馆 CIP 数据核字(2015)第 254391 号

责任编辑:余 江 张丽花/责任校对:桂伟利
责任印制:徐晓晨/封面设计:迷底书装

科 学 出 版 社 出版
北京东黄城根北街 16 号
邮政编码:100717
http://www.sciencep.com

北京建宏印刷有限公司 印刷
科学出版社发行 各地新华书店经销

*

2003 年 5 月第 一 版　　　开本:787×1092　1/16
2015 年 12 月第 三 版　　　印张:17 1/2
2019 年 1 月第十五次印刷　　字数:423 000

定价:59.00 元
(如有印装质量问题,我社负责调换)

第三版前言

本书自 2003 年出版以来,得到了广大读者的关爱,被许多院校选为教材,在此深表谢意。2009 年出版了第二版,截至 2013 年年底本书共印刷 11 次。2012 年本书被教育部列为"十二五"普通高等教育本科国家级规划教材。近年来,PLC 技术和组态技术得到了迅速发展,第二版的内容需要更新,有些新技术需及时补充进来。修改后继续保持精选内容力求结合实际、突出应用和通俗易懂便于自学的特点。主要改动有以下方面:

(1)全书由原来的 8 章调整成了 7 章。4.1 节介绍了松下电工新版本的 PLC 编程软件 FPWIN-GR 2.91,该编程软件增加了程序仿真功能,读者可以不用将编写好的程序传入实体 PLC 中,而可以在个人计算机中启动假设的 PLC,将编写好的程序下载到假设的 PLC 中,进行 PLC 动作的确认与调试,这对学习者是非常方便的;6.1 节通过构建一个工程实例简明扼要地介绍了最新版的力控监控组态软件 Force-Control 7.0 的特点和使用方法。

(2)在 2.3 节中增加了对 FP0R 机型的介绍而删去了对 FP0 机型的介绍。FP0R 是松下新一代超小型可编程控制器,其体积小巧、功能十分强大又有高度的兼容性,增加了许多大型机的功能和指令。以往的 FP0 型号可以轻松地使用 FP0R 型号予以替代,而且外部的电路和设备不需要做任何改动。FP0R 机型将在 PLC 的教学中得到越来越多的应用。

(3)6.3 节重新设计了 7 层楼电梯 PLC 控制组态仿真系统,该系统中的 PLC 程序较第二版 5 层楼电梯 PLC 程序思路更加清晰,逻辑关系更加明确。

(4)所有的组态仿真系统均采用 Force-Control V7.0 进行了重新设计和调试,从而使新的组态虚拟界面在保持原有风格的基础上更加逼真。

(5)组态设计中所有的 PLC 控制程序分别采用 FP1-C24 型和 FP0R-C32 型 PLC 装置调试通过,并利用相应的组态虚拟仿真系统进行了反复验证。

(6)第 6 章和第 7 章中部分复杂的 PLC 程序增加了注释。

(7)根据广大院校师生的要求,本书的第三版给出了全部的详细习题解答。

(8)第三版多媒体教学课件已被用于 PLC 课程精品资源共享课的全程录像中。相对于第二版 PPT 课件来说,第三版 PPT 课件制作更加精细,在质量上也有很大改进,其内容比教材本身的内容还要丰富,增加了许多工程实例、习题讲解、工程应用媒体素材、PLC 调试技术等新内容。

本书在国内首次把 PLC 与组态软件有机结合,讲述现代电气控制系统设计方法。可编程控制器是自动控制技术、计算机技术和通信技术三者结合的高科技产品,它作为一种通用的工业自动化装置,在工业控制各个领域已得到了广泛的应用。由于 PLC 在工业自动化中的重要地位,目前全国各类学校的相关专业都已将 PLC 控制技术纳入教学,已有不少介绍 PLC 的技术图书出版。但这些书的综合实验部分都是以实物为基础的,这给 PLC 的实验教学带来了一定的困难。因为真实的被控对象一般都具有体积大、质量大、价格昂贵、维护困难等特点,很难在实验室配备,即使实验室配置了某些相对简单的设备,也因其易损坏、种类少而远远不能满足为学生开设实验课的需要。

本书把组态软件应用到 PLC 的教学中,提出了 PLC 电气控制系统设计与组态监控技术相结合的新方法。将组态软件用于 PLC 的实验教学中,能够用虚拟仿真的样机代替实物,通过显示器的组态监控界面直接检验 PLC 控制结果的正确与否,达到与实物相当的教学效果,从而解决了 PLC 实验课开设难或无法开设的问题。从教学意义上来说,用计算机全真模拟被控对象,不但可以克服采用真实被控对象的缺点,而且可以用有限的设备、低廉的成本、多样化的程序,来丰富学生的实验课内容,大大增强了 PLC 实验课的教学效果。书中提供的虚拟仿真方法还可在科技人员的科研开发中发挥巨大的作用。

第三版电子资源包含多媒体教学课件、PLC 控制组态仿真综合设计实例、PLC 组态仿真实验教学课件及其 12 个演示课件(带解说)、PLC 控制组态虚拟系统开发演示课件(带解说)、PLC 组态仿真系统运行演示课件(带解说)。这些带解说的演示课件将对学生掌握开发 PLC 控制组态虚拟仿真系统及其运行方法提供很大帮助。

书中所提供的实验课件和组态综合设计实例中,所有的 PLC 梯形图程序及其对应的组态监控系统均经过上机调试通过,并在学生的 PLC 实验课中进行了多次使用。

北京三维力控科技有限公司的软件开发人员专门为本书定制了软件,即书中所开发的项目已与力控 Force-Control 7.0 系统程序融为一体,故将 Force-Control 7.0 系统程序安装完毕后,运行"力控 Force-Control V7.0"即可进入"工程管理器"程序,在打开的窗口中将看到本书所开发的组态仿真课件图标,选定某个课件图标即可进入相应的组态监控界面运行并检验所编 PLC 控制程序的正确与否,这给学习者带来很大的方便。

全书共 7 章。主要内容包括:可编程控制器的基本知识、松下电工 FP 系列可编程控制器介绍、FP1 的指令系统、PLC 的编程及应用、FP1 的特殊功能及高级模块、监控组态软件与 PLC 应用综合设计、实验及附录。可满足 PLC 课程 36~64 学时的要求。

本书的第 1 章、第 2 章、第 4 章及习题由周美兰编写;第 3 章、第 5 章由周封编写;第 6 章由徐永明编写;第 7 章及附录由周美兰和徐永明共同编写。光盘内容由周美兰、徐永明和吴晓刚共同完成。全书最后由周美兰统稿和定稿。

哈尔滨理工大学的李文娟教授审阅了全书和所有的光盘资料,提出了许多宝贵意见,在此表示衷心的感谢。

在本书第三版出版之际,特别感谢在前两版编写中作出重要贡献的王岳宇老师,他在教材的建设中倾注了大量的心血,不少由他编写的精炼内容仍保留在本书中;还要感谢付东海、张雷、熊斌、马冬冬、李冰、国辉、寇智博,他们在前两版 PLC 控制仿真系统的制作及程序的调试过程中做了大量的工作。

在本次修订中,研究生徐泽卿、李昀昭、赵强、田小晨、孙宏达和赵丽萍在材料的收集与整理、演示课件的录制、PLC 控制组态虚拟仿真系统的开发及程序的调试过程中做了大量的工作;刘端增高级实验师在实验课件的制作过程中也给予了大力的帮助和支持;郭金梅老师在本书的习题解答上也作了一定的工作。在此深表谢意。

在本书 6.1 节的编写和组态项目的开发、调试及软件的定制过程中,北京三维力控科技有限公司的科技人员韩杨、冯鹤、姚庆刚等给予了大力的帮助和支持,在此一并致谢。

本书在编写过程中参考了很多优秀教材和著作。在此向收录于参考文献中的各位作者表示真诚的谢意。

本书虽然经过多年的使用和修改,但由于作者水平有限,书中难免会有疏漏和不足,恳切希望读者提出宝贵意见,以便进一步修正。联系信箱:zhoumeilan001@163.com。

作　者

2015 年 4 月于哈尔滨

目　　录

第1章 可编程控制器的基本知识

1.1 可编程控制器的产生和发展

可编程序控制器问世于 1969 年。20 世纪 60 年代末期,当时美国的汽车制造工业非常发达,竞争也十分激烈。各生产厂家为适应市场需求不断更新汽车型号,这必然要求相应的加工生产线随之改变,整个继电接触器控制系统也就必须重新设计和配置。这样不但造成设备的极大浪费,而且新系统的接线也十分费时。在这种情况下,采用继电器控制显出过多的不足。正是从汽车制造业开始了对传统继电控制的挑战,1968 年美国 General Motors (GM)公司,为了适应产品品种的不断更新、减少更换控制系统的费用与周期,要求制造商为其装配线提供一种新型的通用程序控制器,并提出以下 10 项招标指标:

(1) 编程简单,可在现场修改程序;

(2) 维护方便,最好是插件式;

(3) 可靠性高于继电器控制柜;

(4) 体积小于继电器控制柜;

(5) 可将数据直接送入管理计算机;

(6) 在成本上可与继电器控制柜竞争;

(7) 可直接用交流 115V 输入(注:美国电网电压为 110V);

(8) 输出为交流 115V、2A 以上,能直接驱动电磁阀、交流接触器等;

(9) 在扩展时,原系统只需很小变更;

(10) 用户程序存储器容量至少能扩展到 4KB。

这就是著名的 GM 10 条。如果说各种电控制器、电子计算机技术的发展是可编程序控制器出现的物质基础,那么 GM 10 条就是可编程序控制器出现的直接原因。

1969 年,美国数据设备公司(DEC)研制出世界上第一台可编程控制器,并成功地应用在 GM 公司的生产线上。其后日本、原联邦德国等相继引入,使其迅速发展起来。但这一时期它主要用于顺序控制,虽然也采用了计算机的设计思想,但当时只能进行逻辑运算,故称为可编程逻辑控制器,简称 PLC(programmable logic controller)。

20 世纪 70 年代初期诞生的微处理器和微型计算机,经过不断地开发和改进,软、硬件资源和技术已经十分完善,价格也很低廉,因而渗透到各个领域。可编程序控制器的设计和制造者及时吸收了微型计算机的优点,引入了微处理器和其他大规模集成电路,诞生了新一代的可编程序控制器。70 年代后期,随着微电子技术和计算机技术的迅猛发展,PLC 从开关量的逻辑控制扩展到数字控制及生产过程控制领域,真正成为一种电子计算机工业控制装置,故称为可编程控制器,简称 PC(programmable controller)。但由于 PC 容易和个人计算机(personal computer)相混淆,故人们仍习惯地用 PLC 作为可编程控制器的缩写。

1985 年 1 月国际电工委员会(IEC)对可编程序控制器给出如下定义:"可编程序控制器是一种数字运算的电子系统,专为工业环境下应用而设计。它采用可编程序的存储器,用来在内部存储执行逻辑运算、顺序控制、定时、计数和算术运算等操作的指令,并通过数字式、模拟式的输入和输出,控制各种类型的机械或生产过程。可编程控制器及其有关设备,都应按易于与工业控制系统联成一个整体,易于扩充的原则设计。"

PLC 从诞生至今,其发展大体经历了三个阶段:从 20 世纪 70 年代至 80 年代中期,以单机为主发展硬件技术,为取代传统的继电器-接触器控制系统而设计了各种 PLC 的基本型号。到 80 年代末期,为适应柔性制造系统(FMS)的发展,在提高单机功能的同时,加强软件的开发,提高通信能力。90 年代以来,为适应计算机集成制造系统(CIMS)的发展,采用多 CPU 的 PLC 系统,不断提高运算速度和数据处理能力。

据有关数据统计显示,1987 年世界 PLC 的销售额为 25 亿美元,此后每年以 20% 左右的速度递增。进入 20 世纪 90 年代以来,世界 PLC 的年平均销售额在 55 亿美元以上,其中我国约占 1%。当前,PLC 在国际市场上已成为最受欢迎的工业控制畅销产品,用 PLC 设计自动控制系统已成为世界潮流。

1.2　可编程控制器的特点及分类

1.2.1　PLC 的主要特点

1) 可靠性高、抗干扰能力强

为保证 PLC 能在工业环境下可靠工作,在设计和生产过程中采取了一系列硬件和软件的抗干扰措施,主要有以下几个方面:

(1) 隔离,这是抗干扰的主要措施之一。PLC 的输入、输出接口电路一般采用光电耦合器来传递信号。这种光电隔离措施,使外部电路与内部电路之间避免了电的联系,可有效地抑制外部干扰源对 PLC 的影响,同时防止外部高电压串入,从而减少故障和误动作。

(2) 滤波,这是抗干扰的另一个主要措施。在 PLC 的电源电路和输入/输出电路中设置了多种滤波电路,用以对高频干扰信号进行有效抑制。

(3) 对 PLC 的内部电源还采取了屏蔽、稳压、保护等措施,以减少外界干扰,保证供电质量。另外使输入/输出接口电路的电源彼此独立,以避免电源之间的干扰。

(4) 内部设置了连锁、环境检测与诊断、Watchdog("看门狗")等电路,一旦发现故障或程序循环执行时间超过了警戒时钟(WDT)规定时间(预示程序进入了死循环),立即报警,以保证 CPU 可靠工作。

(5) 利用系统软件定期进行系统状态、用户程序、工作环境和故障检测,并采取信息保护和恢复措施。

(6) 对用户程序及动态工作数据进行电池备份,以保障停电后有关状态或信息不丢失。

(7) 采用密封、防尘、抗振的外壳封装结构,以适应工作现场的恶劣环境。

(8) 以集成电路为基本元件,内部处理过程不依赖于机械触点,以保障高可靠性。而采用循环扫描的工作方式,也提高了抗干扰能力。

通过以上措施,保证了 PLC 能在恶劣的环境中可靠地工作,使平均故障间隔时间(MT-BF)指标高,故障修复时间短。目前,MTBF 一般已达到 $(4\sim5)\times10^4$ h。

2) 可实现三电一体化

三电是指电控、电仪、电传。根据工业自动化系统的分类,对于开关量的控制,即逻辑控制系统,继电接触器控制装置为电控装置。对于慢的连续控制,即过程控制系统,采用的是电动仪表控制,为电仪装置。对于快的连续量控制,即运动控制系统,采用的是电传装置。PLC 集电控、电仪和电传于一体。一台控制装置既有逻辑控制功能,又有过程控制功能,还有运动控制功能,可以方便、灵活地适应各种工业控制的需要。

3) PLC 与传统的继电器逻辑相比所具有的优点

(1) 由于采用了大规模集成电路和计算机技术,因此可靠性高、逻辑功能强,且体积小。

(2) 在需要大量中间继电器、时间继电器及计数继电器的场合,PLC 无须增加硬设备,利用微处理器及存储器的功能,就可以很容易地完成这些逻辑组合和运算,大大降低了控制成本。

(3) 由于 PLC 采用软件编制程序来完成控制任务,所以随着要求的变更对程序进行修改显得十分方便,具有很好的柔性。继电器线路则是通过许多真正的"硬"继电器和它们之间的硬接线达到的,要想改变控制功能,必须变更硬接线,重新配置,灵活性差。

(4) 新一代 PLC 除具有远程通信功能以及易于与计算机接口实现群控外,还可通过附加高性能模块对模拟量进行处理,实现各种复杂的控制功能,这对于布线逻辑的继电器控制系统是无法做到的。

4) PLC 与工业控制计算机相比所具有的特点

(1) PLC 继承了继电器系统的基本格式和习惯,以继电器逻辑梯形图为编程语言,梯形图符号和定义与常规继电器展开图完全一致,可以视为继电器系统的超集,所以,对于有继电器系统方面知识和经验的人来说,尤其是现场的技术人员,学习起来十分方便。

(2) PLC 是从针对工业顺序控制并扩大应用而发展起来的,一般是由电气控制器的制造厂家研制生产,其硬件结构专用,标准化程度低,各厂家的产品不通用。工业控制计算机(简称工控机)是由通用计算机推广应用发展起来的,一般由微机厂、芯片及板卡制造厂开发生产。它在硬件结构方面的突出优点是总线标准化程度高,产品兼容性强,并能在恶劣的工业环境中可靠运行。

(3) PLC 的运行方式与工控机不同,它特别适合于逻辑顺序控制,虽也能完成数据运算、PID 调节等功能,但微机的许多软件还不能直接使用,须经过二次开发。工控机可使用通用微机的各种编程语言,对要求快速、实时性强、模型复杂的工业对象的控制占有优势。

(4) PLC 和工控机都是专为工业现场应用环境而设计的。PLC 在结构上采取整体密封或插件组合型,并采取了一系列的抗干扰措施,使其具有很高的可靠性。工控机对各种模板的电气和力学性能也有严格的考虑,因而可靠性也较高。

(5) PLC 一般具有模块结构,可以针对不同的对象进行组合和扩展,其结构紧密、体积小巧,易于装入机械设备内部,是实现机电一体化的理想控制设备。

1.2.2　PLC 的分类

目前 PLC 生产厂家的产品种类众多,型号规格也不统一,其分类也没有统一的标准,通常可有 3 种形式分类。

1. 按结构形式分类

根据结构形式不同 PLC 可分为整体式、模块式和单板式三种。

1) 整体式

整体式是把 PLC 的各组成部分(I/O 接口电路、CPU、存储器等)安装在一块或少数几块印刷电路板上,并连同电源一起装在机壳内形成一个单一的整体。输入、输出接线端子及电源进线分别在机箱的上、下两侧,并有相应的发光二极管显示输入/输出状态。面板上留有编程器的插座、扩展单元的接口插座等。其特点是简单紧凑、体积小、重量轻、价格较低。通常小型或超小型 PLC 常采用这种结构,如松下电工的 FP1 型产品。整体式 PLC 的主机可通过扁平电缆与 I/O 扩展单元、智能单元(如 A/D、D/A 单元)等相连接。这类机适合于单机控制的场合。

2) 模块式

模块式是把 PLC 的各基本组成部分做成独立的模块,如 CPU 模块(包含存储器)、输入模块、输出模块、电源模块等。其他各种智能单元和特殊功能单元也制成各自独立的模块。然后以搭积木的方式将它们组装在一个具有标准尺寸并带有若干个插槽的机架内构成完整的系统。框架上有电源及开关,对整个系统供电。每个模块都有弹性锁扣将模块固定在框架中。框架上有地址开关,以便系统识别。通常中型或大型 PLC 常采用这种结构,如 FP3型产品(FP3 型 PLC 为松下电工已开发的中型控制单元)就采用了模块式结构。此种结构的 PLC 具有组装灵活、对现场的应变能力强、便于扩展和维修方便等优点,用户可根据需要灵活方便地将各种功能模块及扩展单元(如 A/D、D/A 单元和各种智能单元等)插入机架底板的插槽中,以组合成不同功能的控制系统。

3) 单板式

松下电工单板式 PLC 有 FPM 和 FP-C 两大系列。单板式 PLC 在编程上完全与整体式或模块式的 PLC 相同,只是结构更加紧凑,体积更加小巧,价格也相对便宜,是松下公司功能完备而且独特的产品,非常适用于安装在空间很小或成本要求很严的场合,如大批量生产的轻工机械等产品。

2. 按功能分类

按 PLC 所具有的功能不同,可分为高、中、低三档。

1) 低档机

低档机具有逻辑运算、定时、计数、移位及自诊断、监控等基本功能,有些还有少量模拟量输入/输出(即 A/D、D/A 转换)、算术运算、数据传送、远程 I/O 和通信等功能,常用于开关量控制、定时/计数控制、顺序控制及少量模拟量控制等场合。由于其价格低廉、实用,是 PLC 中量大而面广的产品。

2) 中档机

中档机除具有低档机的功能外,还有较强的模拟量输入/输出、算术运算、数据传送与比较、数制转换、子程序调用、远程 I/O 以及通信联网等功能,有些还具有中断控制、PID 回路控制等功能。适用于既有开关量又有模拟量的较为复杂的控制系统,如过程控制、位置控制等。

3) 高档机

高档机除了进一步增加以上功能外,还具有较强的数据处理、模拟调节、特殊功能的函数运算、监视、记录、打印等功能,以及更强的通信联网、中断控制、智能控制、过程控制等功能,可用于更大规模的过程控制系统,构成分布式控制系统,形成整个工厂的自动化网络。高档PLC因其外部设备配置齐全,可与计算机系统结为一体,可采用梯形图、流程图及高级语言等多种方式编程。它是集管理和控制于一体,实现工厂高度自动化的重要设备。

3. 按I/O点数分类

PLC按I/O点数可分为小型机、中型机和大型机3类,见表1-1。I/O点数小于64点的为超小型机,I/O点数超过8192点的为超大型机。

在实际中,一般PLC功能的强弱与其I/O点数的多少是相互关联的,即PLC的功能越强,其可配置的I/O点数就越多。

表1-1 PLC分类

分 类	I/O点数
小型机	<256
中型机	256~2048
大型机	>2048

1.3 可编程控制器的应用场合和发展趋势

1.3.1 PLC的应用场合

随着微电子技术的快速发展,PLC的制造成本不断下降,而其功能却大大增强。目前在先进工业国家中PLC已成为工业控制的标准设备,应用面几乎覆盖了所有工业领域,如钢铁、冶金、采矿、水泥、石油、化工、轻工、电力、机械制造、汽车、装卸、造纸、纺织、环保、交通、建筑、食品、娱乐等各行各业。特别是在轻工行业中,因生产门类多,加工方式多变,产品更新换代快,所以PLC广泛应用在组合机床自动线、专用机床、塑料机械、包装机械、灌装机械、电镀自动线、电梯等电气设备中。PLC日益跃居工业生产自动化三大支柱[即PLC、机器人(robot)和计算机辅助设计/制造(CAD/CAM)]的首位。

可编程控制器所具有的功能,使它既可用于开关量控制,又可用于模拟量控制;既可用于单机控制,又可用于组成多级控制系统;既可控制简单系统,又可控制复杂系统。它的应用可大致归纳为如下几类。

1) 逻辑控制

PLC在开关逻辑控制方面得到了最广泛的应用。用PLC可取代传统继电器系统和顺序控制器,实现单机控制、多机控制及生产线自动控制,如各种机床、自动电梯、高炉上料、注塑机械、包装机械、印刷机械、纺织机械、装配生产线、电镀流水线、货物的存取、运输和检测等的控制。

2) 运动控制

运动控制是通过配合PLC使用的专用智能模块,可以对步进电动机或伺服电动机的单轴或多轴系统实现位置控制,从而使运动部件能以适当的速度或加速度实现平滑的直线运动或圆弧运动。可用于精密金属切削机床、成型机械、装配机械、机械手、机器人等设备的控制。

3) 过程控制

过程控制是通过配用A/D、D/A转换模块及智能PID模块实现对生产过程中的温度、压力、流量、速度等连续变化的模拟量进行单回路或多回路闭环调节控制,使这些物理参数保持在设定值上。在各种加热炉、锅炉控制以及在化工、轻工、食品、制药、建材等许多领域的生产过程中有着广泛的应用。

4) 机械加工的数字控制

PLC 和计算机数控(CNC)装置组合成一体,可以实现数值控制,组成数控机床。现代的 PLC 具有数字运算、数据传输、转换、排序、查表和位操作等功能,可以完成数据的采集、分析和处理。预计今后几年 CNC 系统将变成以 PLC 为主体的控制和管理系统。

5) 机器人控制

随着工厂自动化网络的形成,使用机器人的领域将越来越广泛,应用 PLC 可实现对机器人的控制。德国西门子制造的机器人就是采用该公司生产的 16 位 PLC 组成的控制装置进行控制的。一台控制设备可对具有 3～6 轴的机器人进行控制。

6) 多级控制

多级控制是指利用 PLC 的网络通信功能模块及远程 I/O 控制模块实现多台 PLC 之间的连接、PLC 与上位计算机的连接,以达到上位计算机与 PLC 之间及 PLC 与 PLC 之间的指令下达、数据交换和数据共享,这种由 PLC 进行分散控制、计算机进行集中管理的方式,能够完成较大规模的复杂控制,甚至实现整个工厂生产的自动化。

1.3.2　PLC 的发展趋势

目前 PLC 技术发展总的趋势是系列化、通用化和高性能化,主要表现在以下几方面。

1) 在系统构成规模上向大、小两个方向发展

发展小型(超小型)化、专用化、模块化、低成本 PLC,以真正替代最小的继电器系统;发展大容量、高速度、多功能、高性能价格比的 PLC,以满足现代化企业中那些大规模、复杂系统自动化的需要。

2) 功能不断增强,各种应用模块不断推出

大力加强过程控制和数据处理功能,提高组网和通信能力,开发多种功能模块,以使各种规模的自动化系统功能更强、更可靠,组成和维护更加灵活方便,使 PLC 应用范围更加扩大。

3) 产品更加规范化、标准化

PLC 厂家在使硬件及编程工具换代频繁、丰富多样、功能提高的同时,日益向 MAP(制造自动化协议)靠拢,并使 PLC 基本部件,如输入/输出模块、接线端子、通信协议、编程语言和工具等方面的技术规格规范化、标准化,使不同产品间能相互兼容、易于组网,以方便用户真正利用 PLC 来实现工厂生产的自动化。

1.4　可编程控制器的基本结构

1.4.1　PLC 的系统结构

目前 PLC 种类繁多,功能和指令系统也都各不相同,但实质上是一种为工业控制而设计的专用计算机,所以其结构和工作原理都大致相同,硬件结构与微机相似。主要包括中央处理器(central processing unit,CPU)、存储器 RAM 和 ROM、输入/输出接口电路、电源、

I/O 扩展接口、外部设备接口等。其内部也是采用总线结构来进行数据和指令的传输。

　　如图 1-1 所示，PLC 控制系统由输入量、PLC 和输出量组成，外部的各种开关信号、模拟信号、传感器检测的各种信号均作为 PLC 的输入量，它们经 PLC 外部输入端子输入到内部寄存器中，经 PLC 内部逻辑运算或其他各种运算处理后送到输出端子，作为 PLC 的输出量对外围设备进行各种控制。由此可见，PLC 的基本结构由控制部分、输入和输出部分组成。

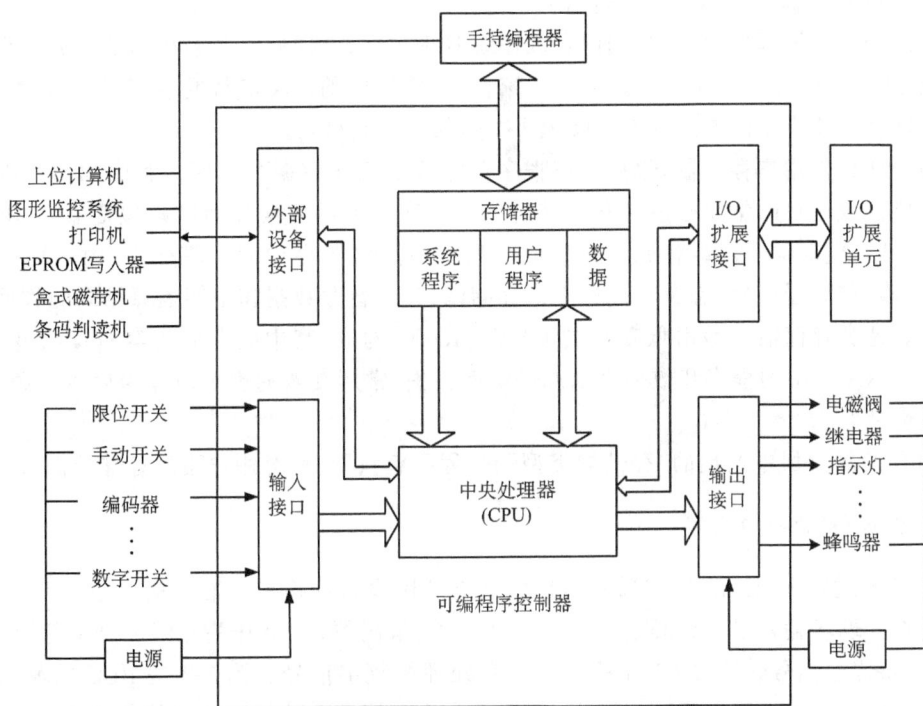

图 1-1　PLC 硬件结构图

1.4.2　PLC 各部分的作用

1. 中央处理器（CPU）

　　CPU 是由控制器和运算器组成的。运算器也称为算术逻辑单元，它的功能就是进行算术运算和逻辑运算。控制器的作用是控制整个计算机的各个部件有条不紊地工作，它的基本功能就是从内存中取指令和执行指令。CPU 作为整个 PLC 的核心起着总指挥的作用，是 PLC 的运算和控制中心。其主要功能如下：

　　（1）诊断 PLC 电源、内部电路的工作状态及编制程序中的语法错误。

　　（2）采集由现场输入装置送来的状态或数据，并送入 PLC 的寄存器中。

　　（3）按用户程序存储器中存放的先后顺序逐条读取指令，进行编译解释后，按指令规定的任务完成各种运算和操作。

　　（4）将存于寄存器中的处理结果送至输出端。

　　（5）响应各种外部设备（如手持编程器、打印机、上位计算机、图形监控系统、条码判读器等)的工作请求。

目前 PLC 中所用的 CPU 多为单片机,其发展趋势是芯片的工作速度越来越快,位数越来越多(由 8 位、16 位、32 位至 48 位),RAM 的容量越来越大,集成度越来越高,并采用多 CPU 系统来简化软件的设计和进一步提高其工作速度。

2. 存储器

PLC 的存储器分为以下两大部分:

一部分是系统程序存储器,用以存放系统管理程序、监控程序及系统内部数据。系统程序根据 PLC 功能的不同而不同。生产厂家在 PLC 出厂前已将其固化在只读存储器 ROM 或 PROM 中,用户不能更改,CPU 只能从中读取而不能写入。

另一部分是用户存储器,包括用户程序存储区及工作数据存储区。其中的用户程序存储区主要存放用户已编制好或正在调试的应用程序。工作数据存储区则包括输入/输出状态寄存器区、定时器/计数器的设定值和经过值存储区、各种内部编程元件(内部辅助继电器、计数器、定时器等)状态及特殊标志位存储区、存放暂存数据和中间运算结果的数据寄存器区等。这类存储器一般由低功耗的 CMOS-RAM 构成,其中的存储内容可读出并更改。为了防止 RAM 中的程序和数据因电源停电而丢失,常用高效的锂电池作为后备电源,锂电池的寿命一般为 3~5 年。

PLC 产品手册中给出的"存储器类型"和"程序容量"是针对用户程序存储器而言的。

3. 输入/输出接口电路

PLC 通过输入/输出(I/O)接口电路实现与外围设备的连接。输入接口通过 PLC 的输入端子接受现场输入设备(如限位开关、手动开关、编码器、数字开关和温度开关等)的控制信号,并将这些信号转换成 CPU 所能接受和处理的数字信号。图 1-2 是 PLC 的输入接口电路示意图。从图中可以看到,输入信号是通过光电耦合器件传送给内部电路的,通过这种隔离措施可以防止现场干扰串入 PLC。

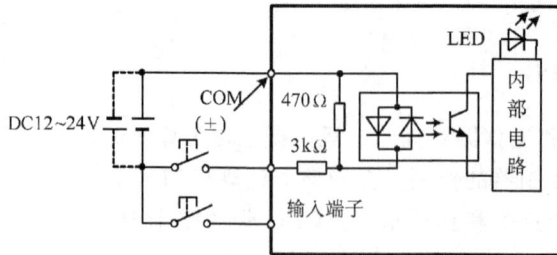

图 1-2　PLC 的输入接口电路(直流输入型)

经 CPU 处理过的输出数字信号通过输出接口电路转换成现场需要的强电信号输出,以驱动接触器、电磁阀、指示灯和电动机等被控设备的通断电。常用的输出接口电路如图 1-3 所示。PLC 的输出接口类型有 3 种:继电器输出型、晶闸管输出型和晶体管输出型,分别如图 1-3(a)、(b)、(c)、(d)所示。

其中继电器输出型为有触点输出方式,可用于接通或断开开关频率较低的直流负载或

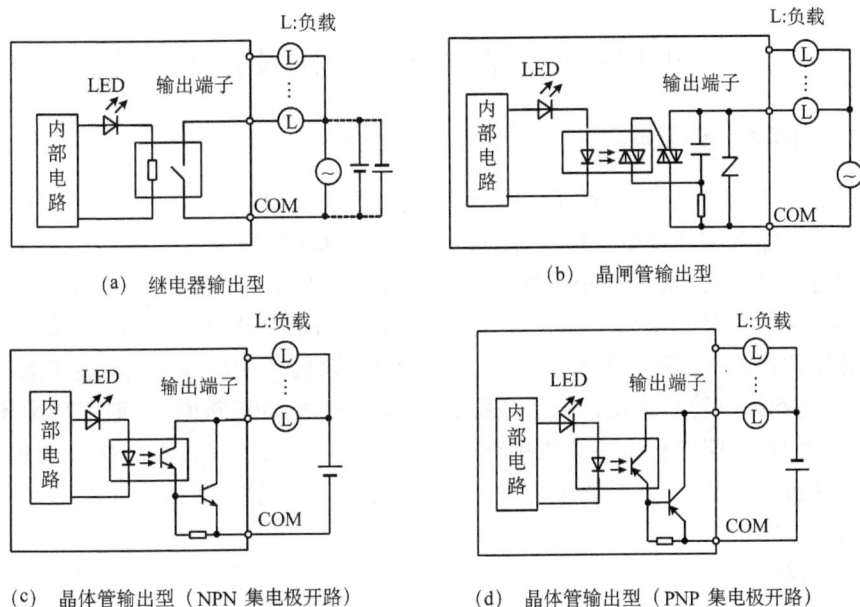

(a)　继电器输出型　　　　　　　　　　(b)　晶闸管输出型

(c)　晶体管输出型（NPN 集电极开路）　　　　(d)　晶体管输出型（PNP 集电极开路）

图 1-3　PLC 输出接口电路

交流负载回路,这种方式存在继电器触点的电气寿命和机械寿命问题;晶闸管输出型和晶体管输出型皆为无触点输出方式,开关动作快、寿命长,可用于接通或断开开关频率较高的负载回路,其中晶闸管输出型常用于带交流电源负载,晶体管输出型则用于带直流电源负载。

　　输入/输出接口电路在整个 PLC 控制系统中起着十分重要的作用。为提高 PLC 的工作可靠性,增强抗干扰能力,PLC 的输入/输出接口电路均采用光电耦合电路,这可以有效地防止现场的强电干扰,保证 PLC 能在恶劣的工作环境下可靠地工作。

　　除上述一般的输入/输出接口之外,PLC 上还备有和各种外围设备配接的接口,均用插座引出到外壳上,可配接编程器、计算机、打印机、盒式磁带机及各种智能单元、链接单元等,可非常方便地用电缆进行连接。

　　4.　电源

　　PLC 的电源是指将外部输入的交流电经过整流、滤波、稳压等处理后转换成满足 PLC 的 CPU、存储器、输入/输出接口等内部电路工作需要的直流电源电路或电源模块。为避免或减小电源间干扰,输入/输出接口电路的电源彼此相互独立。现在许多 PLC 的直流电源采用直流开关稳压电源,这种电源稳压性能好、抗干扰能力强,不仅可提供多路独立的电压供内部电路使用,而且还可为输入设备提供标准电源。

　　5.　输入/输出(I/O)扩展接口

　　若主机单元(带有 CPU)的 I/O 点数不能满足输入/输出设备点数需要时,可通过此接口用扁平电缆线将 I/O 扩展单元(不带有 CPU)与主机单元相连,以增加 I/O 点数。A/D、D/A 单元一般也通过该接口与主机单元相接。PLC 的最大扩展能力主要受 CPU 寻址能力和主机驱动能力的限制。

1.5   可编程控制器的工作原理及技术性能

1.5.1   PLC 的基本工作原理

由于 PLC 以微处理器为核心,故具有微机的许多特点,但它的工作方式却与微机有很大不同。微机一般采用等待命令的工作方式,如常见的键盘扫描方式或 I/O 扫描方式,若有键按下或有 I/O 变化,则转入相应的子程序,若无则继续扫描等待。

PLC 则是采用循环扫描的工作方式。对每个程序,CPU 从第一条指令开始执行,按指令步序号做周期性的程序循环扫描,如果无跳转指令,则从第一条指令开始逐条顺序执行用户程序,直至遇到结束符后又返回第一条指令,如此周而复始不断循环,每一个循环称为一个扫描周期。扫描周期的长短主要取决于以下几个因素:一是 CPU 执行指令的速度;二是执行每条指令占用的时间;三是程序中指令条数的多少。一个循环扫描周期主要可分为以下 3 个阶段。

1) 输入刷新阶段

在输入刷新阶段,CPU 扫描全部输入端口,读取其状态并写入输入状态寄存器。完成输入端刷新工作后,将关闭输入端口,转入程序执行阶段。在程序执行期间即使输入端状态发生变化,输入状态寄存器的内容也不会改变,而这些变化必须等到下一工作周期的输入刷新阶段才能被读入。

2) 程序执行阶段

在程序执行阶段,根据用户输入的控制程序,从第一条开始逐条执行,并将相应的运算结果存入对应的内部辅助寄存器和输出状态寄存器。当最后一条控制程序执行完毕后,即转入输出刷新阶段。

3) 输出刷新阶段

当所有指令执行完毕后,将输出状态寄存器中的内容,依次送到输出锁存电路,并通过一定输出方式输出,驱动外部相应执行元件工作,这才形成 PLC 的实际输出。

由此可见,输入刷新、程序执行和输出刷新三个阶段构成 PLC 的一个工作周期,由此循环往复,因此称为循环扫描工作方式。由于输入刷新阶段是紧接输出刷新阶段后马上进行的,所以亦将这两个阶段统称为 I/O 刷新阶段。实际上,除了执行程序和 I/O 刷新外,PLC 还要进行各种错误检测(自诊断功能),并与编程器、计算机等外设通信,这些操作统称为"监视服务"。其中自诊断时间取决于系统程序,通信时间取决于连接外设的量。对于同一台 PLC、同一控制系统,自诊断和通信所占用的是一个固定不变、相对较少的时间,通常可以忽略不计。综上所述,PLC 的扫描工作过程如图 1-4 所示。

显然扫描周期的长短主要取决于程序的长短。扫描周期越长,响应速度越慢。由于每一个扫描周期只进行一次 I/O 刷新,即每一个扫描周期 PLC 只对输入、输出状态寄存器更新一次,故使系统存在输入、输出滞后现象,这在一定程度上降低了系统的响应速度。由此可见,若输入变量在 I/O 刷新期间状态发生变化,则本次扫描期间输出会相应地发生变化。反之,若在本次刷新之后输入变量才发生变化,则本次扫描输出不变,而要到下一次扫描的 I/O 刷新期间输出才会发生变化。这对于一般的开关量控制系统来说是完全允许的,不但不会造成不利影响,反而可以增强系统的抗干扰能力。这是因为输入采样仅在输入刷新阶

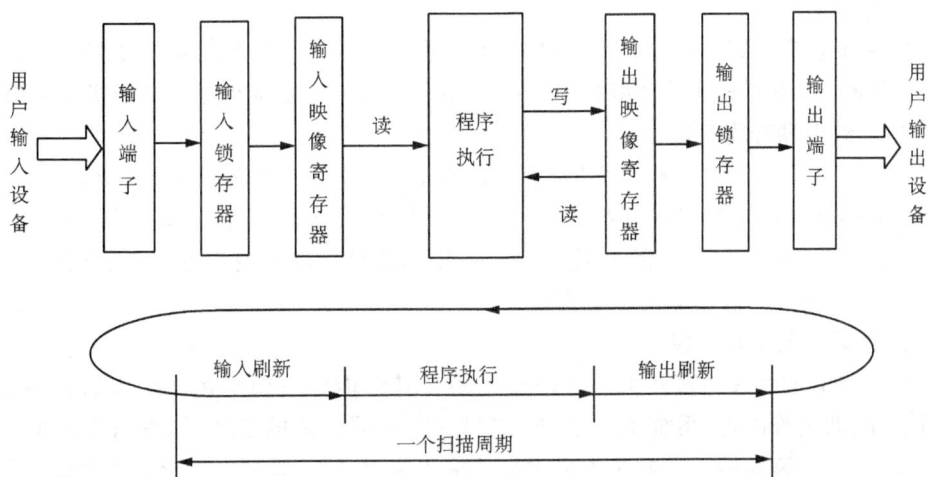

图 1-4　PLC 的扫描工作过程

段进行,PLC 在一个工作周期的大部分时间里实际上是与外设隔离的。而工业现场的干扰常常是脉冲式的、短时的,由于系统响应较慢,往往要几个扫描周期才响应一次,而多次扫描后,因瞬间干扰而引起的误动作将会大大减少,从而提高了系统的抗干扰能力。但是对于控制时间要求较严格、响应速度要求较快的系统,就需要精心编制程序,必要时采用一些特殊功能,以减少因扫描周期造成的响应滞后等不良影响。

总之,采用循环扫描的工作方式是 PLC 区别于微机和其他控制设备的最大特点,在使用中应引起特别的注意。

1.5.2　PLC 的主要技术指标

PLC 的一些基本的技术性能,通常可用以下几种指标进行描述。

1) 输入/输出点数(I/O 点数)

I/O 点数指 PLC 外部的输入、输出端子数,这是一项很重要的技术指标,因为在选用 PLC 时,要根据控制对象的 I/O 点数要求确定机型。主机的 I/O 点数不够时可接扩展 I/O 模块,但因为扩展模块内一般只有接口电路、驱动电路而没有 CPU,它通过总线电缆与主机相连,由主机的 CPU 进行寻址,故最大扩展点数受 CPU 的 I/O 寻址能力的限制。

2) 内存容量

一般以 PLC 所能存放用户程序的多少来衡量内存容量的。在 PLC 中程序指令是按"步"存放的(一条指令少则一"步",多则十几"步"),一"步"占一个地址单元,一个地址单元一般占两个字节。例如,一个内存容量为 1000 步的 PLC,可推知其内存为 2KB。

注意:"内存容量"实际是指用户程序容量,不包括系统程序存储器的容量,程序容量和最大 I/O 点数大体成正比。

3) 扫描速度

扫描速度一般指执行 1000 步指令所需要的时间,单位为 ms/k。有时也用执行一步指令所需的时间计,单位为 μs/步。

4）指令条数

PLC 指令系统拥有的指令种类和数量是衡量其软件功能强弱的重要指标。PLC 具有的指令种类越多，说明其软件功能越强。PLC 指令一般分为基本指令和高级指令两部分。

5）内部继电器和寄存器

PLC 内部有许多继电器和寄存器，用以存放变量状态、中间结果和数据等，还有许多具有特殊功能的辅助继电器和寄存器，如定时器、计数器、系统寄存器、索引寄存器等。通过使用它们，可使用户编程方便灵活，以简化整个系统的设计。因此内部继电器、寄存器的配置情况常是衡量 PLC 硬件功能的一个指标。

6）编程语言及编程手段

PLC 所具有的编程语言及编程手段也是衡量其性能的一项指标。编程语言一般分为梯形图语言、助记符语言、系统流程图语言等几类，不同厂家的 PLC 编程语言类型有所不同，语句也各异。编程手段主要是指采用何种编程装置，编程装置一般分为手持编程器和带有相应编程软件的计算机两种。

7）高级模块

PLC 除了主控模块外，还可以配接各种高级模块。主控模块可实现基本控制功能，高级模块的配置则可实现一些特殊的专门功能。因此，高级模块的配置反映了 PLC 功能的强弱，是衡量 PLC 产品档次高低的一个重要标志。目前各生产厂家都在开发功能模块上投入很大力量，使其发展很快，种类日益增多，功能也越来越强。主要有 A/D 和 D/A 转换模块、高速计数模块、位置控制模块、PID 控制模块、速度控制模块、温度控制模块、远程通信模块、高级语言编辑模块以及各种物理量转换模块等。这些高级模块不但能使 PLC 进行开关量顺序控制，而且能进行模拟量控制、定位控制和速度控制等。特别是网络通信模块的迅速发展，实现了 PLC 之间、PLC 与计算机的通信，使得 PLC 可以充分利用计算机和互联网的资源，实现远程监控。

1.5.3　PLC 的内存分配

在使用 PLC 之前，深入了解 PLC 内部继电器和寄存器的配置和功能，以及 I/O 分配情况对使用者是至关重要的。下面介绍一般 PLC 产品的内部寄存器区的划分情况，每个区分配一定数量的内存单元，并按不同的区命名编号。

1）I/O 继电器区

I/O 区的寄存器可直接与 PLC 外部的输入、输出端子传递信息。这些 I/O 寄存器在 PLC 中具有"继电器"的功能，即它们有自己的"线圈"和"触点"。故在 PLC 中又常称这一寄存器区为"I/O 继电器区"。每个 I/O 寄存器由一个字（16 位）组成，每位对应 PLC 的一个外部端子，称作一个 I/O 点。I/O 寄存器的个数乘以 16 等于 PLC 总的 I/O 点数。如某 PLC 有 10 个 I/O 寄存器，则该 PLC 共有 160 个 I/O 点。在程序中，每个 I/O 点又都可以看成一个"软继电器"，有常开触点，也有常闭触点。不同型号的 PLC 配置有不同数量的 I/O 点，一般小型的 PLC 主机有十几至几十个 I/O 点。若一台 PLC 主机的 I/O 点数不够，可进行 I/O 扩展。

2）内部通用继电器区

这个区的寄存器与 I/O 区结构相同，既能以字为单位使用，也能以位为单位使用。不同之处在于它们只能在 PLC 内部使用,而不能直接进行输入/输出控制。其作用与中间继电器相似,在程序控制中可存放中间变量。

3) 数据寄存器区

这个区的寄存器只能按字使用,不能按位使用。一般只用来存放各种数据。

4) 特殊继电器、寄存器区

这两个区中的继电器和寄存器的结构并无特殊之处,也是以字或位为一个单元。但它们都被系统内部占用,专门用于某些特殊目的,如存放各种标志、标准时钟脉冲、计数器和定时器的设定值和经过值、自诊断的错误信息等。这些区的继电器和寄存器一般不能由用户任意占用。

5) 系统寄存器区

系统寄存器区一般用来存放各种重要信息和参数,如各种故障检测信息、各种特殊功能的控制参数以及 PLC 产品出厂时的设定值。这些信息和参数保证 PLC 的正常工作。这些信息有的可以进行修改,有的是不能修改的。当需要修改系统寄存器时,必须使用特殊的命令,这些命令的使用方法见有关的使用手册。而通过用户程序,不能读取和修改系统寄存器的内容。

上面介绍了 PLC 的内部寄存器及 I/O 点的概念,至于具体的寄存器及 I/O 编号和分配使用情况,将在第 2 章结合具体机型进行介绍。

1.6　可编程控制器的几种编程语言

PLC 作为专为工业控制而开发的自控装置,其主要使用者为工厂的广大电气技术人员,考虑到他们的传统习惯以利于使用推广普及,通常 PLC 不采用微机的编程语言,而采用梯形图语言、指令助记符语言、控制系统流程图语言、布尔代数语言等。在这些语言中,尤以梯形图、指令助记符语言最为常用。

本书主要介绍梯形图语言和助记符语言。应该指出,由于 PLC 的设计和生产至今尚无国际统一标准,因而不同厂家生产的 PLC 所用语言和符号也不尽相同。但它们的梯形图语言的基本结构和功能是大同小异的,所以了解其中一种就很容易学会其他。本节只介绍一些有关 PLC 编程语言的基本知识,在以后的章节中将结合具体产品详细介绍。

1.6.1　梯形图语言

PLC 的梯形图在形式上沿袭了传统的继电器-接触器控制图,是在原继电器-接触器控制系统的继电器梯形图基础上演变而来的一种图形语言。它将 PLC 内部的各种编程元件(如继电器的触点、线圈、定时器、计数器等)和各种具有特定功能的命令用专用图形符号、标号定义,并按逻辑要求及连接规律组合和排列,从而构成了表示 PLC 输入、输出之间控制关系的图形。由于它在继电接触器的基础上加进了许多功能强大、使用灵活的指令,并将计算机的特点结合进去,使逻辑关系清晰直观、编程容易、可读性强,所实现的功能大大超过传统的继电接触控制电路,所以很受用户欢迎。它是目前用得最多的 PLC 编程语言。图 1-5 是一段用松下电工 PLC 梯形图语言编制的程序。

在梯形图中,分别用符号—| |—、—|/|—表示 PLC 编程元件(软继电器)的常开触点和常闭触点,用符号—[　]—表示其线圈。与传统的控制图一样,每个继电器和相应的触点都

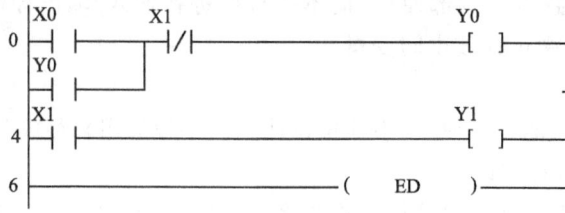

图 1-5　梯形图语言程序

有自己的特定标号,以示区别,其中有些对应 PLC 外部的输入、输出,有些对应内部的继电器和寄存器。应当注意的是它们并非是物理实体,而是"软继电器"。每个"软继电器"仅对应 PLC 存储单元中的一位。该位状态为"1"时,对应的继电器线圈接通,其常开触点闭合、常闭触点断开;状态为"0"时,对应的继电器线圈不通,其常开、常闭触点保持原态。还应注意 PLC 梯形图表示的并不是一个实际电路而只是一个控制程序,其间的连线表示的是它们之间的逻辑关系,即所谓"软接线"。

另外一些在 PLC 中进行特殊运算和数据处理的指令,也被看作是一些广义的、特殊的输出元件,常用类似于输出线圈的方括号加上一些特定符号来表示。这些运算或处理一般以前面的逻辑运算作为其触发条件。

1.6.2　指令助记符语言

地址	指令	
0	ST	X0
1	OR	Y0
2	AN/	X1
3	OT	Y0
4	ST	X1
5	OT	Y1
6	ED	

图 1-6　助记符语言程序

助记符语言类似于计算机汇编语言,它用一些简洁易记的文字符号表达 PLC 的各种指令。对于同一厂家的 PLC 产品,其助记符语言与梯形图语言是相互对应的,可互相转换。助记符语言常用于手持编程器中,因其显示屏幕小不便输入和显示梯形图。特别是在生产现场编制、调试程序时,经常使用手持编程器。而梯形图语言则多用于计算机编程环境中。图 1-6 是与图 1-5 所示的梯形图相对应的指令助记符语言程序。

1.7　软 PLC 简介

1.7.1　软 PLC 的概念和特点

近年来,随着计算机技术的迅猛发展以及 PLC 国际标准的制定,一项打破传统 PLC 局限性的新兴技术发展起来了,这就是软 PLC 技术。其特征是:在保留硬 PLC 功能的前提下,采用面向现场总线网络的体系结构,采用开放的通信接口,如以太网、高速串口等;采用各种相关的国际工业标准和一系列的事实上的标准;全部用软件来实现传统 PLC 的功能。

软 PLC(SoftPLC,也称为软逻辑 SoftLogic)是一种基于 PC 开发结构的控制系统,它具有硬 PLC 在功能、可靠性、速度、故障查找等方面的特点,利用软件技术可以将标准的工业 PC 转换成全功能的 PLC 过程控制器。软 PLC 综合了计算机和 PLC 的开关量控制、模拟量控制、数学运算、数值处理、网络通信、PID 调节等功能,通过一个多任务控制内核,提供强大的指令集、可靠的操作和可连接各种 I/O 系统的网络开放式结构。所以,软 PLC 提供了

与硬 PLC 同样的功能,同时又提供了 PC 环境的各种优点。使用软 PLC 代替硬 PLC 有如下的优势:

(1) 用户可以自由选择 PLC 硬件。

(2) 用户可以获得 PC 领域技术/价格优势,而不受某个硬 PLC 制造商本身专利技术的限制。

(3) 用户可以少花钱但又很方便地与强有力的 PC 网络相连。

(4) 用户可以用自己熟悉的编程语言编制程序。

(5) 对超过几百点 I/O 的 PLC 系统来说,用户可以节省投资费用。

1.7.2　软 PLC 产品简介

目前,在欧美等西方国家都把软 PLC 作为一个重点对象进行研究开发,已投入市场的软 PLC 产品较多。据了解,在美国底特律汽车城,大多数汽车装配自动生产线、热处理工艺生产线等都已由传统 PLC 控制改为软 PLC 控制。而国内能见到的软 PLC 产品的演示版或正式发行版有德国 KW-software 公司的 MULTIPROG wt32、法国 CJ International 公司的 ISaGRAF、法国 Schneider Automation 公司的 Concept V2.1 以及 Wonderware 公司的 InControl 7.0 等。目前国内已有一些著名的自动化软件公司(如北京亚控自动化软件科技有限公司)正在研究开发具有自主版权的中文软 PLC 产品。另外,也有一些自动化工程公司开始代理销售和推广这些商用化的软 PLC 产品。

1.7.3　软 PLC 系统结构和技术实现

1. 系统结构

软 PLC 基于 PC,建立在一定操作系统平台之上,通过软件方法实现传统 PLC 的计算、控制、存储以及编程等功能,通过 I/O 模块以及现场总线等物理设备完成现场数据的采集以及信号的输出。根据传统 PLC 的组成结构,软 PLC 系统由开发系统和运行系统两部分组成。也可分为编辑环境和运行环境两部分。

软 PLC 开发系统和运行系统是相互独立而又密不可分的两个应用程序,可以分别单独运行。

1) 软 PLC 开发系统

软 PLC 开发系统实际上就是带有调试和编译功能的 PLC 编程器,此部分具备如下功能:

(1) 编程语言标准化,遵循 IEC61131-3 标准,支持多语言编程(共有 5 种编程方式:IL、ST、LD、FBD 和 SFC),编程语言之间可以相互转换。

(2) 丰富的控制模块,支持多种 PID 算法(如常规 PID 控制算法、自适应 PID 控制算法、模糊 PID 控制算法、智能 PID 控制算法等),还包括目前流行的一些控制算法,如神经网络控制。

(3) 开放的控制算法接口,支持用户嵌入自己的控制算法模块。

(4) 仿真运行,实时在线监控,在线修改程序和编译。

(5) 强大的网络功能。支持基于 TCP/IP 网络,通过网络实现 PLC 远程监控,远程程序修改等操作。

2) 软 PLC 运行系统

这一部分是软 PLC 的核心,完成输入处理、程序执行、输出处理等工作。通常由以下几部分组成:

(1) I/O 接口。可与任何 I/O 系统通信,包括本地 I/O 系统和远程 I/O 系统,远程 I/O 主要通过现场总线 InterBus、ProfiBus、CAN 等实现。

(2) 通信接口。通过此接口使运行系统可以和开发系统或人机界面软件按照各种协议进行通信,如下载 PLC 程序或进行数据交换。

(3) 系统管理器。处理不同任务,协调程序的执行,而且从 I/O 映像读写变量。

(4) 错误管理器。检测和处理程序执行期间发生的各种错误。

(5) 调试内核。提供多个调试函数,如重写、强制变量、设置断点、设置变量和地址状态。

(6) 编译器。通常开发系统将编写的 PLC 源程序编译为中间代码,然后运行系统的编译器将中间代码翻译为与硬件平台相关的机器可执行代码(即目标码)。

2. 软 PLC 的技术实现

第一种,在 PC 上安装专用程序,使 PC 作为可编程控制器。该 PC 上的操作系统是基于实时功能的,如 Windows NT、Windows CE 或 Linux 等。

第二种,将软 PLC 做成一块插板,安装在 PC 的 PCI 总线插槽上。该 PLC 是可以独立工作的微机系统,如有需要甚至可以利用自身提供的独立电源工作。PC 可以容纳数个插槽式的 PLC,并把它们当作集成模块,在操作系统支持下既独立又协调地工作。这种软 PLC 对操作系统、控制软件和编程软件的要求与第一种相同。在 PC 的平台上,实现编程、运行、操作、监控数据存储及状态显示等功能。

当对实时控制的要求较低时,一般使用第一种结构,专用软件就直接安装在 Windows NT 中,也可用带实时扩展子系统的软件,提高实时控制性能。如果对控制器的可靠性和控制性能要求较高,可选择插槽式 PLC,因为它拥有自己的操作系统,有可靠的数据存储和准确的重新启动功能。

1.7.4 软 PLC 的技术优势及其发展的制约因素

1. 技术优势

软 PLC 解决了传统 PLC 的兼容性差、通用性差等问题,具有多方面的优势。软 PLC 的硬件体系结构不再封闭,用户可以自己选择合适的硬件组成满足要求的软 PLC。传统 PLC 的指令集是固定的,而实际工业应用中有些情况下需要定义自身的算法。软 PLC 指令集可以更加丰富,用户可以使用符合标准的操作指令。

传统 PLC 限制在几家厂商生产,具有私有性,因此很难适应现有标准计算机网络,常常是 PLC 与计算机处在不同类型的网络中。软 PLC 不仅能加入到已存在的私有 PLC 网络中,而且可以加入到标准计算机网络中。这使得现有计算机网络的很多研究成果很容易应用到 PLC 控制技术中。

2. 发展的制约因素

尽管软 PLC 技术具有很大的发展潜力,但是这项技术的实现需要解决一些重要的问题。其中主要是以 PC 为基础的控制引擎的实时性问题。软 PLC 首选的操作系统是 Windows NT,但它并不是一个硬实时的操作系统。传统 PLC 具有硬实时性,正因为如此它才能提供快速、确定而且可重复的响应。而要让 Windows NT 具有硬实时性,必须对它进行扩展,使得 PC 的控制任务具有最高的优先级,不因为 Windows NT 的系统功能和用户程序的调用而被抢占。现在,可以通过一些方法将实时性能加入到 Windows NT 系统中去。比如,修改 Windows NT 的硬件抽象层,或者 Windows NT 与一种经过实用验证的硬实时操作系统组合。另外,Windows CE 等操作系统具有 Windows NT 在硬实时性方面所不具备的特性。在实际开发中也可使用其他的操作系统作为平台。

软 PLC 技术相对于传统 PLC,以其开放性、灵活性和较低的价格占有很大优势。它简化了工厂自动化的体系结构,把控制、通信、人机界面及各种特定的应用全部合为一体,运用于同一个硬件平台上。软 PLC 技术也存在着一些问题,例如,由于软 PLC 的运行环境是Windows 操作系统,所以实时性不强;定时器最大存在一个扫描周期的误差;扫描周期较长等。但是,这些问题可以通过改变运行环境、改进执行算法等方法加以解决。只要它们能实现控制的时间确定性,即保证能以时间高度一致的方式执行控制指令序列,并具有可预测的结果或行为,软 PLC 在未来的工业电气控制中定会占据重要的地位,成为继现场总线技术发展的新亮点。

小　　结

本章主要介绍有关可编程控制器的一些基本概念、基本结构、工作原理、功能及特点。

可编程控制器作为取代传统的继电器-接触器控制系统而设计的专用计算机,它能把计算机的许多功能和继电控制系统结合起来,但编程又比计算机简单易学。PLC 控制系统采用软件编程来实现控制功能,其外围只需将信号输入设备(按钮、开关等)和信号输出设备(如接触器、电磁阀等执行元件)与 PLC 的输入、输出端子相连接,安装简单、工作量少。当生产工艺流程改变或生产线设备更新时,不必改变 PLC 硬设备,只需改变程序即可,灵活方便,具有很强的柔性。PLC 硬件基本结构由控制单元、I/O 接口电路所组成。控制单元在功能上与继电器-接触器控制系统的逻辑控制电路作用相似,在结构上与微机相同,也是由CPU、存储器及总线等部分组成。PLC 的 I/O 接口电路作用与微机的一样,起着实现控制组件与外围设备连接的作用。为提高抗干扰能力,I/O 接口电路均采用光电耦合器来传递信号,可有效地抑制外部干扰源对 PLC 的影响。输出接口电路有继电器、晶闸管、晶体管输出 3 种输出方式,以适应不同负载的控制要求。PLC 配有专用的手持编程器,可随时输入、修改程序,还可以通过通信接口与计算机相连,利用 PLC 编程软件输入、编辑程序并实时监控程序的运行。

PLC 采用循环扫描的工作方式,这一点与微机的工作方式不同。采用循环扫描工作方式有助于提高 PLC 的抗干扰能力,但对于控制时间要求较严格、响应速度要求较快的系统,有时会产生输出滞后等不良影响,在使用中应特别注意这一点。

　　PLC 的主要技术指标有 I/O 点数、程序容量、扫描速度、指令条数、内部寄存器和继电器、编程语言及编程手段、高级模块等几项。按照其 I/O 点数和程序容量分类,PLC 可分成超小型机、小型机、中型机和大型机。按结构形式,PLC 可分为整体式和模块式,小型 PLC 一般为整体式,中型和大型 PLC 一般为机架模块式。按功能分类,PLC 又可分为低档机、中档机、高档机。

　　本章还简要地介绍了 PLC 的两种主要的编程语言:梯形图语言和助记符语言。特别是梯形图语言,它的最大特点是与继电器梯形图的符号和定义基本一致,易于被一般电气技术人员所掌握。

　　软 PLC 采用面向现场总线网络的体系结构,采用开放式的通信接口。软 PLC 提供了与硬 PLC 同样的功能,同时又提供了 PC 环境的各种优点。软 PLC 在未来的工业电气控制中定会占据重要的地位。

习　　题

1-1　什么是 PLC? PLC 产生的原因是什么?

1-2　与传统的继电器相比,PLC 主要有哪些优点?

1-3　与工业控制计算机相比,PLC 主要有哪些优缺点?

1-4　为什么说工业控制领域中,PLC 技术将成为主流技术?

1-5　PLC 主要由哪几部分组成? 简述各部分的主要作用。

1-6　PLC 常用的存储器有哪几种? 各有什么特点? 用户存储器主要用来存储什么信息?

1-7　PLC 的 3 种输出电路分别适用于什么类型的负载?

1-8　PLC 与微机的工作方式有什么区别?

1-9　影响 PLC 扫描周期长短的因素有哪几个? 其中哪一个是主要因素?

1-10　PLC 的工作方式为何能提高其抗干扰能力?

1-11　什么是 PLC 的滞后现象? 它主要是由什么原因引起的?

1-12　PLC 有哪几项主要的技术指标?

1-13　大型、中型和小型 PLC 分类的主要依据是什么?

1-14　为提高 PLC 的抗干扰能力和工作可靠性,从硬件结构和工作方式上主要采取了哪些措施?

1-15　PLC 有哪几种编程语言? 其中使用较多的是哪两种?

1-16　填空题:

(1) PLC 的控制组件主要由_____和_____组成。

(2) PLC 产品手册中给出的"存储器类型"和"程序容量"是针对_____存储器而言的,它的容量一般和_____成正比。

(3) 高速、大功率的交流负载,应选用_____输出的输出接口电路。

(4) 手编程器一般采用_____语言编辑。

(5) PLC 的"扫描速度"一般指_____的时间,其单位为_____。

1-17　简述软 PLC 的特点。

1-18　软 PLC 在技术实现上有哪两种结构?

第 2 章　松下电工 FP 系列可编程控制器

日本松下电工的 FP 系列产品虽然进入中国市场较晚,但由于设计上的独到之处以及优良的控制功能,一经推出,就备受欢迎。

FP1 是一种功能很强的小型机,在设计过程中采用先进的方法及组件,使其具有通常只在大型 PLC 中才具备的功能。虽然是小型机,但其功能较完善,性能价格比高,适用于工业现场的单机控制,特别适合在轻工业中、小型企业中使用。

FP1 主机控制单元内有高速计数器,可输入频率高达 10kHz 的脉冲,并可同时输入两路脉冲。另外还可输出频率可调的脉冲信号,具有 8 个中断源的中断优先权管理。通过主机上配有的 RS-422 或 RS-232 接口,可实现 PLC 与 PC 之间的通信,将 PC 上的梯形图程序直接传送到可编程控制器中去。FP 系列可编程控制器无论采用的是手持编程器还是编程工具软件,其编程及监控功能都很强,从而为用户提供了方便的软件开发环境。

FP1 系列的硬件配置较全,主机可通过外接 I/O 扩展单元(扩展单元为一些扩展 I/O 点数的模块,由 E8~E40 系列组成)扩展 I/O 点。FP1 的智能单元主要有 A/D、D/A 模块。当需要对模拟量进行测量和控制时,可以连接智能单元。

使用 FP1 的 I/O 链接(link)单元,通过远程 I/O 可实现与主 FP 系统进行 I/O 数据通信,从而实现一台主控制单元对多台控制单元的控制。

FP1 的指令功能也较强,有近 200 条指令,除能进行基本逻辑运算外,还可以进行加、减、乘、除四则运算;数据处理功能也比一般小型机强,除处理 8 位、16 位数据外,还可处理 32 位数据,并能进行多种码制变换。除一般 PLC 常用的指令外,还有中断和子程序调用、凸轮控制、高速计数、字符打印以及步进指令等特殊功能指令。由于指令非常丰富,功能较强,故给用户提供了极大方便。此外,FP1 的监控和编辑功能也很强,有几十条监控命令、多种监控方式。

2.1　FP1 系列可编程控制器及技术性能

在这一章里将介绍松下电工的典型机型 FP1 的产品规格、主要技术性能、内部寄存器及 I/O 配置情况。其中内部寄存器和 I/O 配置情况是利用 PLC 进行控制系统开发的基础。

2.1.1　FP1 系列 PLC 的类型及构成

在日本松下电工公司生产的 FP 系列产品中,FP1 属于小型 PLC 产品。该产品系列有紧凑小巧的 C14 型与 C16 型,还有具有高级处理功能的 C24、C40、C56、C72 型等多种规格。扩展单元有 E8~E40 四种规格,形成系列化产品。产品型号标志中,以 C 字母开头代表主控单元(或称主机),以 E 字母开头代表扩展单元(或称扩展机),后面跟的数字代表 I/O 点数。例如,C24 即表示该种型号的可编程控制器的输入和输出点数之和为 24。表 2-1 列出了 FP1 的主要产品规格类型。

表 2-1　FP1 系列 PLC 主要产品规格简表

品名	类型	I/O 点数	内部寄存器	工作电压	输出形式
C14	标准型	8/6	E²PROM		
C16	标准型	8/8			
C24 C24C	标准型 带 RS-232 口和时钟/日历	16/8	RAM	DC24V 或 AC100～240V	继电器、晶体管（NPN、PNP）
C40 C40C	标准型 带 RS-232 口和时钟/日历	24/16			
C56 C56C	标准型 带 RS-232 口和时钟/日历	32/24			
C72 C72C	标准型 带 RS-232 口和时钟/日历	40/32			
E8		8/0 4/4 0/8	—	—	继电器、晶体管（NPN、PNP）
E16		16/0 8/8 0/16	—		
E24		16/8	—	DC24V 或 AC100～240V	
E40		24/16	—		

　　图 2-1 为 FP1 系列 C24 型可编程控制器控制单元的外形图。下面对图中可编程控制器的各部分简单说明如下。

　　1）RS-232 口

　　只有 C24、C40、C56 和 C72 的 C 型机才配有。该口能与 PC 通信编程，也可连接其他外围设备（如 I. O. P 智能操作板、条形码判读器和串行打印机等）。

　　2）运行监视指示灯

　　（1）当运行程序时，"RUN"指示灯亮。

　　（2）当控制单元中止执行程序时，"PROG"指示灯亮。

　　（3）当发生自诊断错误时，"ERR"指示灯亮。

　　（4）当检测到异常的情况时或出现"Watchdog"定时故障时，"ALARM"指示灯亮。

　　3）电池座

　　为了使控制单元断电时仍能保持有用的信息，在控制单元内设有蓄电池，电池的寿命一般为 3～6 年。

　　4）电源输入端子

　　FP1 型主机有交、直流电源两种类型，交流型接 100～240V 交流电源，直流型接 24V 直流电源。

　　5）工作方式选择开关

　　工作方式选择开关共有 3 个工作方式挡位，即"RUN""REMOTE"和"PROG"。

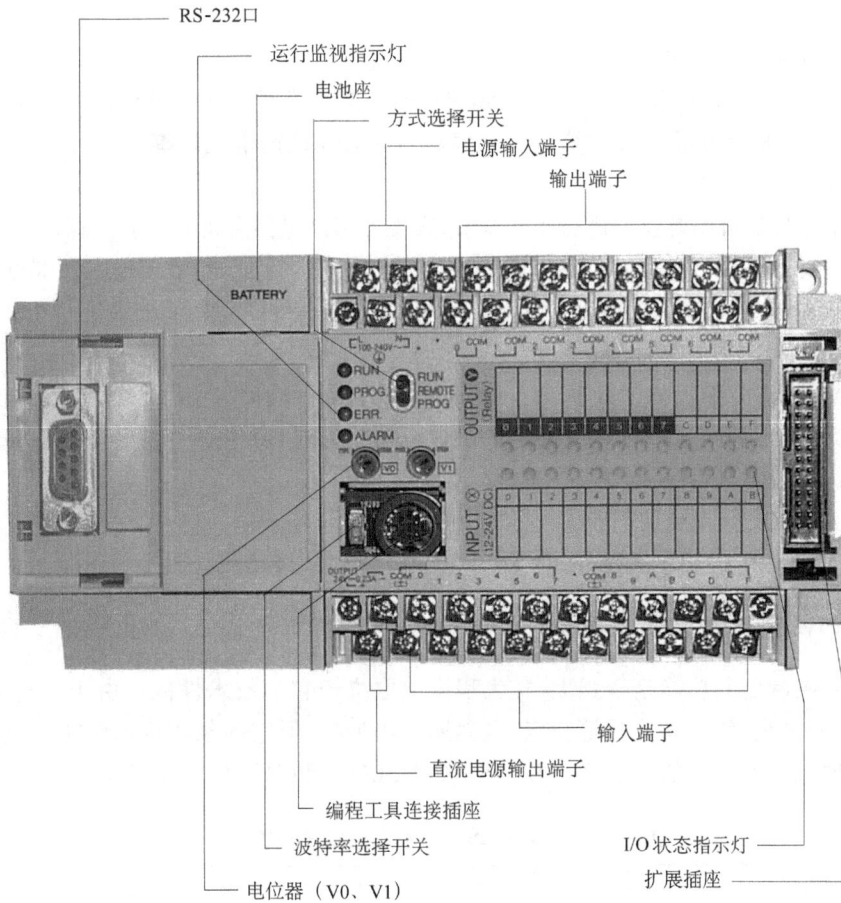

图 2-1　FP1-C24 型可编程控制器控制单元的外形图

（1）"RUN"工作方式。当开关扳到这个挡位时，控制单元运行程序。

（2）"REMOTE"工作方式。在这个工作方式下，可以使用编程工具（如手持编程器或 FPWIN-GR 软件）改变可编程控制器的工作方式为"RUN"或"PROG"工作方式。

（3）"PROG"工作方式。在此方式下可以编辑程序。若在"RUN"工作方式下编辑程序，则按出错对待。可编程控制器鸣响报警，提示编程者将工作方式选择开关切换至"PROG"工作方式。

6）输出端子

C24 型：8 点；C40 型：16 点；C56 型：24 点；C72 型：32 点。该端子板为两头带螺钉可拆卸的板。带"."标记的端子不能作为输出端子使用。

7）直流电源输出端子

在 FP1 系列主机内部均配有一个供输入端使用的 24V 直流电源。

8）输入端子

C24 型：16 点；C40 型：24 点；C56 型：32 点；C72 型：40 点。输入电压范围为直流 12～24V。该端子板为两头带螺钉可拆卸的板。带"."标记的端子不能作为输入端子使用。

9）编程工具连接插座（RS-422 口）

可用此插座经专用外设电缆连接编程工具（如 FP 编程器 Ⅱ 型或带 FPWIN-GR 软件的

个人计算机)。

　　10) 波特率选择开关

　　有 19200b/s 和 9600b/s 两挡,当可编程控制器与外部设备进行通信时(如 FP 编程器Ⅱ或带 FPWIN-GR 软件的个人计算机),应根据不同的外设选定波特率。

　　11) 电位器(V0、V1)

　　这两个电位器可用螺丝刀进行手动调节,实现外部设定。当调节该电位器时,PLC 内部对应的特殊数据寄存器 DT9040 和 DT9041 的内容在 0～255 变化,相当于输入外部可调的模拟量。C14、C16 有一个(V0);C24 有 2 个(V0、V1);C40、C56 和 C72 有 4 个(V0～V3)。

　　12) I/O 状态指示灯

　　用来指示输入/输出的通断状态。当某个输入触点闭合时,对应于这个触点编号的输入指示发光二极管点亮(下一排);当某个输出继电器接通时,对应这个输出继电器编号的输出指示发光二极管点亮(上一排)。

　　13) I/O 扩展单元接口插座

　　用于连接 FP1 扩展单元及 A/D、D/A 转换单元和链接单元。

2.1.2　FP1 系列 PLC 的技术性能

　　可编程控制器的功能是否强大,很大程度上取决于它的技术性能。由于 FP1 具有结构紧凑、硬件配置全、软件功能强等特点,虽然属于小型机,但它的某些技术性能是一些同档次机型的小型机所不具备的。表 2-2 为 FP1 系列 PLC 控制单元技术性能表。

表 2-2　FP1 系列 PLC 控制单元技术性能一览表

项　　目		C14	C16	C24	C40	C56	C72
主机 I/O 点数		8/6	8/8	16/8	24/16	32/24	40/32
最大 I/O 点数		54	56	104	120	136	152
扫描速度		1.6μs/步					
程序容量		900 步		2720 步		5000 步	
程序存储器类型		E^{2}PROM(无电池)		RAM(备用电池) 和 EPROM			
指令数	基本	41		80		81	
	高级	85		111		111	
内部继电器(R)		256 点		1008 点			
特殊内部继电器(R)		64 点		64 点			
定时器/计数器(T/C)		128 点		144 点			
数据寄存器(DT)		256 字		1660 字		6144 字	
特殊数据寄存器(DT)		70 字		70 字			
索引寄存器(IX、IY)		2 字		2 字			
主控指令(MC/MCE)数		16 个		32 个			
跳转标记(LBL)个数 (用于 JMP、LOOP 指令)		32 个		64 个			

续表

项　目	C14	C16	C24	C40	C56	C72
微分点数(DF 或 DF/)	点数不限制					
步进数	64 级		128 级			
子程序个数	8 个		16 个			
中断个数	—		9 个程序			

特殊功能	高速计数	X0,X1 为计数输入,可加/减计数。单相输入时计数最高频率为 10kHz,两路两相输入时最高频率为 5kHz。X2 为复位输入			
	手动拨盘寄存器	1 点	2 点	4 点	
	脉冲捕捉输入	4 点	共 8 点		
	中断输入	—	共 8 点		
	定时中断	—	10ms～30s 间隔		
	脉冲输出	1 点(Y7)		2 点(Y6、Y7)	
		脉冲输出频率:45Hz～4.9kHz			
	固定扫描	2.5ms×设定值(160ms 或更小)			
	输入滤波时间	1～128ms			
	自诊断功能	"看门狗"定时器,电池检测,程序检测			

2.2　FP1 的内部寄存器及 I/O 配置

在使用 FP1 的可编程控制器之前,了解 PLC 的 I/O 分配以及内部寄存器的功能和配置是十分重要的。

2.2.1　FP1 的内部寄存器配置

表 2-3 给出了 FP1 系列 PLC 控制单元的内部寄存器的配置情况。

表 2-3　FP1 系列 PLC 控制单元的内部寄存器配置表

名　称	符号(bit/word)	编号		
		C14、C16	C24、C40	C56、C72
输入继电器	X/bit	208 点:X0～X12F		
	WX/word	13 字:WX0～WX12		
输出继电器	Y/bit	208 点:Y0～Y12F		
	WY/word	13 字:WY0～WY12		
内部继电器	R/bit	256 点:R0～R15F	1008 点:R0～R62F	
	WR/word	16 字:WR0～WR15	63 字:WR0～WR62	
特殊内部继电器	R/bit	64 点:R9000～R903F		
	WR/word	4 字:WR900～WR903		

续表

名　　称	符号（bit/word）	编　　号		
		C14、C16	C24、C40	C56、C72
定时器	T/bit	100 点：T0～T99		
计数器	C/bit	28 点：C100～C127	44 点：C100～C143	
定时器/计数器设定值寄存器	SV/word	128 字：SV0～SV127	144 字：SV0～SV143	
定时器/计数器经过值寄存器	EV/word	128 字：EV0～EV127	144 字：EV0～EV143	
通用数据寄存器	DT/word	256 字：DT0～DT255	1660 字：DT0～DT1659	6144 字：DT0～DT6143
特殊数据寄存器	DT/word	70 字：DT9000～DT9069		
系统寄存器	/word	No. 0～No. 418		
索引寄存器	IX/word	IX、IY 各一字		
	IY/word			
十进制常数寄存器	K	16 位常数（字）：K－32767～K32767		
		32 位常数（双字）：K－2147483648～K2147483647		
十六进制常数寄存器	H	16 位常数（字）：H0～HFFFF		
		32 位常数（双字）：H0～HFFFFFFFF		

　　表 2-3 中的 X、WX 均为 I/O 区的输入继电器，可直接与输入端子传递信息。Y、WY 为 I/O 区的输出继电器，可向输出端子传递信息。X 和 Y 是按位寻址的，而 WX 和 WY 只能按"字"（即 16 位）寻址。有的指令只能对位寻址，而有的指令只能对"字"寻址。X 与 Y 的地址编号规则完全相同。下面以 X 为例说明如下：

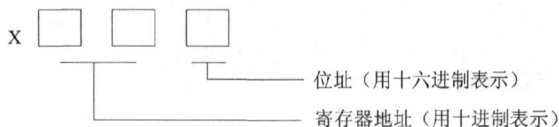

　　位址（用十六进制表示）
　　寄存器地址（用十进制表示）

例如，X110 表示"字"输入继电器（或称寄存器）WX11 中的第 0 位，X11F 表示寄存器 WX11 中的第 F 号位。图示如下：

WX11：

F	E	D	C	B	A	9	8	7	6	5	4	3	2	1	0

X11F　　　　　　　　　　　　　　　　　　　　　　　　　　　　　　X110

字地址为 0 时可省略字地址数字，只给位地址即可。例如，字寄存器 WX0 的各位则可写为 X0～XF。注意最后面的一位数字一定要有，且一定是位址。

　　例如，若 X4 为"ON"，则 WX0 的第四位为"1"。

　　若 WY1＝5，则表明 Y10 和 Y12 两个触点"ON"。

　　表 2-3 中 R 和 WR 的编号规则与 X、WX 和 Y、WY 相同。

1. 输入继电器

输入继电器的作用是将外部开关信号或传感器的信号输入到 PLC。每个输入继电器的编程次数没有限制,因此可视为每个输入继电器可提供无数副常开和常闭触点供编程使用。需注意的是,输入继电器只能由外部信号来驱动,而不能由内部指令来驱动,其触点也不能直接输出去驱动执行元件。

2. 输出继电器

输出继电器的作用是将 PLC 的执行结果向外输出,驱动外设(如接触器、电磁阀)动作。输出继电器必须由 PLC 控制程序执行的结果来驱动。当作为内部编程的触点使用时,其编程次数同样没有限制,也就是说可视为每个输出继电器可提供无数副常开和常闭触点供编程(只供 PLC 内部编程)使用。作为输出端口,每个输出继电器只有一个,且当它作为 OT 和 KP 指令输出时,不允许重复使用同一输出继电器,否则 PLC 不予执行。如果需要重复输出,则需改变系统寄存器 No. 20 的设置。

3. 内部继电器

PLC 的内部寄存器可供用户存放中间变量使用,其作用与继电器-接触器控制系统中的中间继电器相似,因此称为内部继电器(软继电器)。内部继电器只供 PLC 内部编程使用,不提供外部输出。C24 以上型号内部继电器的地址为 R0～R62F。每个继电器所带的触点数没有限制。

4. 特殊内部继电器

R9000～R903F 的内部继电器为特殊内部继电器,均有专门的用途,用户不能占用。这些继电器不能用于输出,只能做内部触点用,不能作为 OT 或 KP 指令的操作数使用。其主要功能如下。

1) 标志继电器

当自诊断和操作等发生错误时,对应于该编号的继电器触点闭合,以产生标志。此外也用于产生一些强制性标志、设置标志和数据比较标志等。

2) 特殊控制继电器

为了控制更加方便,FP1 提供了一些不受编程控制的特殊继电器。例如,初始闭合继电器 R9013,它的功能是只在运行中第一次扫描时闭合,从第二次扫描开始断开并保持打开状态。

3) 信号源继电器

R9018～R901E 这 7 个继电器都是不用编程就能自动产生脉冲信号的继电器。例如,R901A 为一个 0.1s 时钟脉冲继电器,它的功能是其触点以 0.1s 为周期重复通/断动作(ON:0.05s,OFF:0.05s)。

这些特殊内部继电器的具体功能请读者查阅书后附录和相关的编程手册。

5. 定时器/计数器(T/C)

定时器和计数器作用原理相似,只是定时器是按照设定的时间间隔减 1 计数,而计数器是按照外部信号减 1 计数。定时器(T)触点的通断由定时器指令(TM)的输出决定。如果定时器指令定时时间到,则与其同号的触点动作。定时器的编号用十进制数表示(T0～T99)。在 FP1 中,一共有 100 个定时器。计数器(C)的触点是计数器指令(CT)的输出。如果计数器指令计数完毕,则与其同号的触点动作。C14 和 C16 型有 28 个计数器,C24 以上型号有 44 个计数器。由表 2-3 可见,定时器的编号为 T0～T99,计数器的编号从 100 开始。如果改变系统寄存器 No.5 的设置值,则可以改变计数器的起始地址,从而改变定时器和计数器的个数,但是定时器与计数器的总和是不变的。

6. 定时器/计数器的设定值寄存器与经过值寄存器

定时器/计数器设定值寄存器(SV)是存储定时器/计数器指令预置值的寄存器,而定时器/计数器经过值寄存器(EV)是存储定时器/计数器经过值的寄存器。后者的内容随着程序的运行而递减变化,当它的内容变为 0 时,定时器/计数器的触点动作。每个定时器/计数器的编号都有一组 SV 和 EV 与之相对应(表 2-4)。关于定时器/计数器设定值寄存器(SV)和经过值寄存器(EV)的功能和用途,将在第 3 章中介绍。

表 2-4　定时器/计数器与 SV、EV 对应示意表

定时器/计数器编号	设定值寄存器(SV)	经过值寄存器(EV)
T0	SV0	EV0
⋮	⋮	⋮
T99	SV99	EV99
C100	SV100	EV100
⋮	⋮	⋮
C143	SV143	EV143

7. 通用数据寄存器和特殊数据寄存器

通用数据寄存器(DT)用来存储各种数据,如外设采集进来的各种数据,或运算、处理的中间结果等。同 R 继电器不同,它是纯粹的寄存器,不带任何触点。特殊数据寄存器(DT)是具有特殊用途的寄存器,在 FP1 内部共设有 70 个,编号从 DT9000～DT9069,特殊数据寄存器都是为特殊目的而配置的。它的具体用途读者可查阅书后附录,每个数据寄存器由一个字(16bit)组成,数据寄存器的地址编号用十进制数表示。

8. 索引寄存器(IX、IY)

在 FP1 系列的 PLC 内部有两个索引寄存器 IX 和 IY,这是两个 16 位寄存器。索引寄存器的存在使得编程变得十分灵活和方便。许多其他类型的小型可编程控制器都不具备这种功能。索引寄存器的作用有以下两类。

1) 作数据寄存器使用

当索引寄存器 IX 和 IY 作为数据寄存器使用时,可作为 16 位寄存器单独使用;当索引寄存器用作 32 位寄存器时,IX 作低 16 位,IY 作高 16 位;当把它作为 32 位操作数编程时,如果指定 IX 为低 16 位,则高 16 位自动指定为 IY。

2）其他操作数的修正值

索引寄存器还可以以索引指针的形式与寄存器或常数一起使用,可起到寄存器地址或常数修正值作用。

（1）地址修正值功能（适用于 WX、WY、WR、SV、EV 和 DT）。这个功能类似于计算机的变址寻址功能。当索引寄存器与上述寄存器连在一起编程时,操作数的地址发生移动,移动量为索引寄存器（IX 或 IY）的值。当索引寄存器用作地址修正值时,IX 和 IY 可单独使用。

例如,有指令为[F0 MV,DT1,IXDT100],执行后的结果如下:

当 IX＝K30 时,DT1 中的数据被传送至 DT130。

当 IX＝K50 时,DT1 中的数据被传送至 DT150。

（2）常数修正值功能（对 K 和 H）。当索引寄存器与常数（K 或 H）一起编程时,索引寄存器的值被加到源常数上（K 或 H）。

例如,有指令为[F0 MV,IXK30,DT100],执行后的结果如下:

当 IX＝K20 时,传送至 DT100,内容为 K50。

当 IX＝K50 时,传送至 DT100,内容为 K80。

注意:索引寄存器不能用索引寄存器来修正;当索引寄存器用作地址修正值时,要确保修正后的地址不要超出有效范围;当索引寄存器用作常数修正值时,修正后的值可能上溢或下溢。

9. 常数寄存器（K、H）

常数寄存器主要用来存放 PLC 输入数据,十进制常数以数据前加字头 K 来表示,十六进制常数以数据前加字头 H 来表示。

在 FP1 的 PLC 内部还有一些系统寄存器,它们是存放系统配置和特殊功能参数的寄存器。其详细的功能介绍请参见《松下可编程控制器编程手册》。

2.2.2 FP1 的 I/O 地址分配

表 2-5 为 FP1 的 I/O 地址分配表。由表 2-5 可以看出,控制单元、初级扩展单元、次级扩展单元、I/O 链接单元和智能单元（A/D 转换单元和 D/A 转换单元）的 I/O 分配是固定的。

表 2-5 FP1 的 I/O 地址分配表

品　　种	型　　号	输入端编号	输出端编号
	C14	X0～X7	Y0～Y4,Y7
	C16	X0～X7	Y0～Y7
	C24	X0～XF	Y0～Y7
控制单元	C40	X0～XF,X10～X17	Y0～YF
	C56	X0～XF,X10～X1F	Y0～YF,Y10～Y17
	C72	X0～XF,X10～X1F X20～X27	Y0～YF,Y10～Y1F

续表

品　　种	型　　号		输入端编号	输出端编号
初级扩展单元	E8	输入类型	X30~X37	—
		I/O 类型	X30~X33	Y30~Y33
		输出类型	—	Y30~Y37
	E16	输入类型	X30~X3F	—
		I/O 类型	X30~X37	Y30~Y37
		输出类型	—	Y30~Y3F
	E24	I/O 类型	X30~X3F	Y30~Y37
	E40	I/O 类型	X30~X3F, X40~X47	Y30~Y3F
次级扩展单元	E8	输入类型	X50~X57	—
		I/O 类型	X50~X53	Y50~Y53
		输出类型	—	Y50~Y57
	E16	输入类型	X50~X5F	—
		I/O 类型	X50~X57	Y50~Y57
		输出类型	—	Y50~Y5F
	E24	I/O 类型	X50~X5F	Y50~Y57
	E40	I/O 类型	X50~X5F, X60~X67	Y50~Y5F
I/O 链接单元			X70~X7F(WX7) X80~X8F(WX8)	Y70~Y7F(WY7) Y80~Y8F(WY8)
A/D 转换单元		通道 0	X90~X9F(WX9)	—
		通道 1	X100~X10F(WX10)	—
		通道 2	X110~X11F(WX11)	—
		通道 3	X120~X12F(WX12)	—
D/A 转换单元	单元号 0	通道 0	—	Y90~Y9F(WY9)
		通道 1	—	Y100~Y10F(WY10)
	单元号 1	通道 0	—	Y110~Y11F(WY11)
		通道 1	—	Y120~Y12F(WY12)

　　由表 2-3 和表 2-5 所给的 X、Y 后面的数据可知, FP1 系列 PLC 的 I/O 点数共有 416 点 (输入 X0~X12F 共 208 点, 输出 Y0~Y12F 也是 208 点), 但受外部接线端子和主机驱动能力的限制, 最多可扩展 152 点(C72 型), 其余的可作内部寄存器使用。

　　例 2-1　现有一台 FP1 系列 PLC 的 C24 型主机, 若需扩展至输入 32 点, 输出 16 点, 应选择何种扩展单元? 并确定 I/O 口的地址编号。

　　控制单元 C24 的 I/O 总点数为 24(输入 16 点, 输出 8 点), 按题目要求, 需要增加的输入点数为 16 点, 输出点数为 8 点。参照表 2-5, 对该控制单元只需进行一级扩展, 故选 E24 扩展单元就可以。

　　扩展后 I/O 口的地址编号如下:

C24 型主机。输入端 X0～XF,输出端 Y0～Y7。

E24 型扩展单元。输入端 X30～X3F,输出端 Y30～Y37。

2.3 FP 系列小型机的其他机型简介

FP0R、FPΣ 和 FP-M 是日本松下电工继小型机 FP1 系列之后又开发的小型 PLC 产品。它们集 CPU、I/O、通信等诸多功能模块于一体,具有体积小、功能强和性能价格比高等特点,适用单机、小规模控制,在机床、纺织、电梯控制等领域得到了广泛的应用,特别适合在我国的中小企业推广应用。下面对 FP0R 机型的特点、技术性能等进行较为详细的介绍,对 FPΣ 和 FP-M 机型进行简单的说明。

2.3.1 微型可编程控制器 FP0R 机型介绍

FP0R 是松下新一代超小型可编程控制器,高度仅为 90mm,宽度只有 25mm。即使扩展至最大 3 台,总宽度也只有 100mm。超小型的外形设计改变了以往人们对小型 PLC 的印象。它的安装面积在同类产品中是最小的,所以 FP0R 可安装在小型机器、小型设备及越来越小的控制板上。由于其体积小巧、功能十分强大又有高度的兼容性,增加了许多大型机的功能和指令。以往的 FP0 型号可以轻松地使用 FP0R 型号替代,而且外部的电路和设备不需要做任何改动。故 FP0R 一经推出就受到广泛的关注。其特点如下。

1）品种规格

FP0R 有 C10、C14、C16、C32、T32 和 F32 等多种规格,其型号中后缀有 R、T、P 三种,它们的含义是:R 是继电器输出型,T 是 NPN 型晶体管输出型,P 是 PNP 型晶体管输出型。

除主控单元外,还可外加 I/O 扩展模块,扩展模块也有 E8～E32 多种规格。FP0R 可单台使用,也可多模块组合,最多可增加 3 个扩展模块。I/O 点从最少 10 点至最多 128 点,用户可根据自己的需要选取适当的组合。FP0R 机型可实现轻松扩展,扩展单元无任何电缆即可直接连接到主控单元上。

2）运行速度

FP0R 拥有超高的运行速度,在同类产品中是最快的。当程序在 3000 步以下时,每个基本指令执行速度为 0.08μs,而 3001 步以上时为 0.58μs,FP0R 还可读取最短为 50μs 的窄脉冲,即 FP0R 有输入窄脉冲捕捉功能。

3）程序容量

FP0R 具有 32k 步的大容量内存、32k 字的大容量数据寄存器和大容量的注释存储空间,可进行浮点型实数运算用于复杂控制及大数据量控制。

4）特殊功能

FP0R 内置 4 轴脉冲输出,因此无须扩展定位单元即可实现多轴（4 轴）电机控制;拥有高速计数器加脉冲输出功能,与梯形程序图进行组合,通过高速计数器输入来测量编码器发出的脉冲信号,并根据这一信号来调整脉冲输出的频率,从而实现从轴对主轴速度的同步。此外,FP0R 还具备 PWM 输出、PID 控制、方向控制、JOG 定位控制等功能。即使是 FP1 已有的那些功能,在 FP0 中也进一步被扩展了,使用更加方便。如 FP0R 输出的 PWM 脉冲可用来直接驱动松下电工微型变频器 VF0 构成小功率变频调速系统。

5) 通信功能

FP0R 的通信功能非常丰富,配备标准 USB2.0 编程端口实现了程序的高速传输。部分机型集成了 RS-485 或者 RS-232C 通信接口,并且支持多种通信协议,可以非常方便地与计算机、触摸屏或者其他外部设备进行通信。FP0R 可经 RS-232 端口直接连接调制解调器,通信时若选用"调制解调器"通信方式,则 FP0R 可使用 AT 命令自动拨号,实现远程通信。若使用 Modbus 功能最多可链接 99 台 FP0R,且各 FP0R 均可用作主机或子机,因此通过用户程序运行权标,即可建立多主机链接构成分布式控制网络。

6) 方便的编程手段

FP0R 可在松下电工编程工具软件 FPWIN GR Ver2.8 以上版本环境下编程。而且,由于 FP0R 的编程工具接口可以是标准 USB2.0 端口和 RS-232 C 端口,所以连接个人电脑仅需一根电缆,不需适配器。

7) 其他性能

FP0R 拥有可靠的程序保护功能,程序内存使用 E^2PROM,无须备用电池。特别是 FP0R-F32 型不需要电池就可以对数据进行全面的备份,维护起来十分方便。部分机型 FP0R 的扩展能力也很出众,它可以扩展 A/D 模块、D/A 模块、热电偶模块和通信模块等。此外,FP0R 还增加了程序运行过程中的重写功能。

2.3.2　FP0R 系列可编程控制器产品规格及技术性能

本节将介绍可编程控制器 FP0R 系列控制单元的产品规格和主要技术性能。图 2-2 为 FP0R 系列控制单元的外形图。

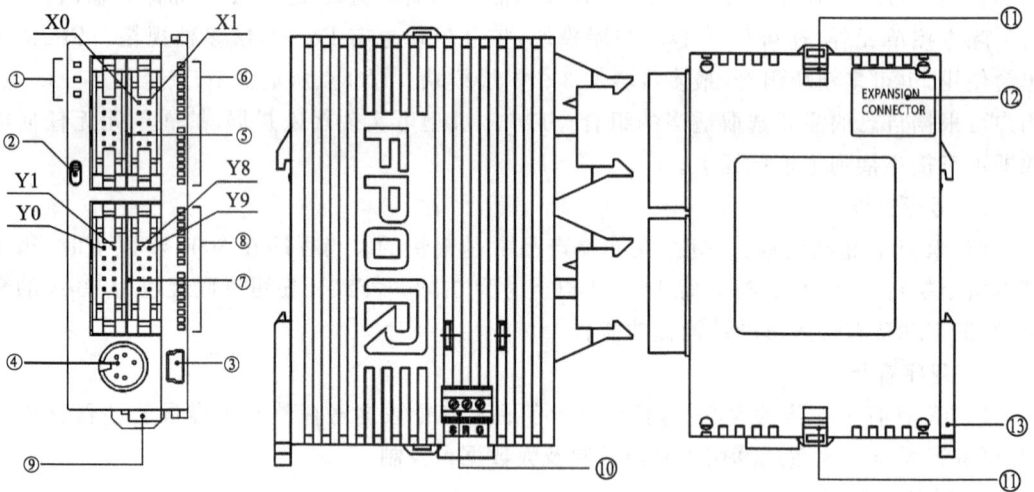

图 2-2　可编程控制器 FP0R 系列控制单元的外形图

①运行监视指示灯;②工作方式选择开关;③USB2.0 编程接口;④编程口;⑤输入接口;⑥输入显示指示灯;⑦输出接口;⑧输出显示 LED;⑨电源接口;⑩COM 口(RS232C 端口);⑪扩展钩;⑫扩展用接口;⑬DIN 钩

1. FP0R 系列 PLC 控制单元的分类

FP0R 系列控制单元的分类如表 2-6 所示。"◇"表示带有 RS-232C 端口；"△"表示带有 RS-485 端口。其中 FP0R-T32 带有日历和时钟功能；FP0R-F32 通过 FRAM 无须电池就可以对所有数据进行全面备份。继电器输出类型电流负载能力为 2A；晶体管输出类型分为 NPN 型和 PNP 型，这两种晶体管的电流负载能力都是 0.2A。供电电源应为 24V 直流电源。

表 2-6　控制单元产品规格简表

型号	类型	内置内存 （程序容量）	I/O 点数	输出类型
FP0R-C10 FP0R-C10◇ FP0R-C10△	标准型 带 RS-232C 端口 带 RS-485 端口	E^2PROM 16000 步	6/4	继电器
FP0R-C14 FP0R-C14◇ FP0R-C14△	标准型 带 RS-232C 端口 带 RS-485 端口	E^2PROM 16000 步	8/6	继电器
FP0R-C16 FP0R-C16◇ FP0R-C16△	标准型 带 RS-232C 端口 带 RS-485 端口	E^2PROM 16000 步	8/8	晶体管 PNP 晶体管 PNP
FP0R-C32 FP0R-C32◇ FP0R-C32△	标准型 带 RS-232C 端口 带 RS-485 端口	E^2PROM 32000 步	16/16	晶体管 NPN 晶体管 PNP
FP0R-T32◇ FP0R-T32△	带 RS-232C 端口、实时/时钟功能 带 RS-485 端口、实时/时钟功能	E^2PROM 32000 步	16/16	晶体管 NPN 晶体管 PNP
FP0R-F32◇ FP0R-F32△	带 RS-232C 端口·无电池全数据 自动备份功能 带 RS-485 端口·无电池全数据 自动备份功能	E^2PROM 32000 步	16/16	晶体管 NPN 晶体管 PNP

2. FP0R 系列 PLC 控制单元技术性能

可编程控制器的功能在很大程度上取决于它的技术性能。虽然 FP0R 是超小型机，但是由于在技术上的改进，其性能明显优于其他同类产品。表 2-7 中给出了 FP0R 系列控制单元的主要功能指标。

表 2-7　FP0R 控制单元主要技术性能指标

FP0R 控制单元种类	C10	C14	C16	C32	T32	F32
I/O 点数	6/4	8/6	8/8	16/16		
程序内存	使用 E^2PROM，无须备份电池					
程序容量	16000 步			32000 步		
基本指令	约 110 种					

续表

FP0R 控制单元种类		C10	C14	C16	C32	T32	F32
高级指令		约 210 种					
运算速度	3000 步以下	基本指令 0.08μs、定时器指令 2.2μs、高级指令 0.32μs(MV 指令)					
	3001 步以上	基本指令 0.58μs、定时器指令 3.66μs、高级指令 1.62μs(MV 指令)					
外部输入继电器(X)		1760 点					
外部输出继电器(Y)		1760 点					
内部继电器		4096 点					
特殊内部寄存器		224 点					
链接继电器		2048 点					
定时器/计数器		1024 点					
数据寄存器		12315 字			32765 字		
特殊数据寄存器		440 字					
连接数据寄存器		256 字					
索引寄存器		14 字					
主控继电器		256 点					
标号数		256 个					
步梯级数		1000 级					
子程序数		500 个子程序					
特殊功能	高速计数器	单相 6 点(各输入最大 50kHz)或 2 相 3 通道(各输入最大 15kHz)					
	脉冲输出	无		4 点(各输入最大 50kHz)可独立控制 2 通道			
	PWM 输出	无		4 点(6Hz～4.8kHz)			
	脉冲捕捉输入/中断输入	合计 8 点,带高速计数器					
	中断程序数	输入:8 程序(仅 C10 型 6 程序);定时:1 程序;脉冲一致:4 程序					
	定时中断	0.5ms 单位:0.5～1500ms;10ms 单位:10～30000ms					
	固定扫描	0.5ms 单位:0.5～600ms					
维护	程序及系统寄存器	保存于 E^2PROM					
	自诊断功能	看门狗定时器(约 690ms)、程序检查					
	其他功能	RUN 中可改写下载程序和注释、8 位密码设定、禁止程序上载					

2.3.3　微型可编程控制器 FPΣ机型简介

FPΣ属于模块式机型,体积小(与 FP0R 相同),运算速度快,每一步基本指令的扫描时间为 0.04μs,功能强大,相当于一个中型 PLC 的功能。在位置控制和机械自动化控制方面表现优异。它有以下几个突出的特点。

1) 存储容量大

FPΣ的编程容量为 12KB,数据寄存器的容量为 32KB,因此在编程时,不必担心是否有足够的存储空间,设备是否能够处理大量数据、编译和重复操作等,充分适应通信、定位、模拟量控制等不断扩大的功能需求。

2）全方位的通信功能

FPΣ具有全方位的通信功能。通过工具接口（RS-232C），FPΣ能够与触摸屏或电脑实现通信；选择带有双通道的 RS-232C 型通信卡，能够实现与两套外设连接；通过 RS-485，可实现最多 99 台的 1∶N 通信连接；通过 PC-Link，可实现最多 16 站的 PLC 连接。

3）高速计数器和脉冲输出功能

高速计数器和脉冲输出功能是 FPΣ的又一个新特征。FPΣ的高速计数器有 5 种方式。FPΣ的脉冲输出功能可以实现高达 100kHz 的梯形加减控制，通过步进电动机和伺服电动机能够实现位置控制，FPΣ脉冲输出有 4 种形式。

4）模拟量控制

FPΣ的又一典型特征是可用作模拟计数器，而且模拟单元也可用作智能模块。

5）可扩展性

FPΣ对于扩展单元的排序和类型没有单独要求，继电器输出型和晶体管输出型的组合都行。扩展时直接使用连接器和扩展钩来安装扩展单元，无须扩展电缆，但特别需要注意的是，FPΣ所能扩展的最大点数以及挂接的扩展单元类型与 FPΣ的侧视图密切相关。

6）超强的数据处理能力

在实际的过程控制应用中，为了实现高精度运算，必须采用浮点数运算。FPΣ不但能处理整数，还有多条处理浮点运算的指令（FP1 系列只能处理整数），可以充分满足数据处理的需求。另外，在 FP1 等其他机型中，只能进行单字、双字的传输，而 FPΣ一次可以传输 3字 48 位的数据，这也是 FP 强大的特点之一。

总之，FPΣ机身小巧、使用简便，在某些方面具备中型 PLC 的功能，加上全方位的通信功能，可以实现最大 100kHz 的位置控制性能，高速、丰富的实数运算能力，卓越的维护性能和数据备份的高可靠性，使得 FPΣ深受用户的欢迎，在市场上刚推出，就获得了"小型 PLC 中的领跑者"美誉。

2.3.4　FP-M 单板式可编程控制器简介

为适应各种不同用户的需要，松下电工设计了单板式可编程控制器系列产品。已投入使用的单板式 PLC 产品有 FP-M 和 FP-C 两大系列。FP-M 是在 FP1 型 PLC 基础上改进设计的产品，其指令系统与硬件配置均与 FP1 兼容，保存了诸如高速计数器、脉冲捕捉输入、密码设定、电位器输入、输入时间滤波等标准特性。FP-C 是在 FP3 型 PLC 基础上改进设计的产品，其性能基本同 FP3。单板式 PLC 在编程上完全与整体式或模块式的 PLC 相同，只是结构上更加紧凑，体积更加小巧，适于插在机箱内价格也相对便宜，可以说是较经济实用的产品。

1. FP-M 的主控板

FP-M 的主控板上带有 CPU。FP-M 的程序容量大至 2720 步和 5000 步，除 RAM 运行之外，还具有 E^{2}PROM 或 EPROM 可供选择。主控板分为 R 型和 T 型两种，R 型为继电器输出型，采用螺钉端子板与外设相连；T 型为晶体管输出型，采用扁平电缆与外设相连。其基本硬件配置与 FP1 的主机相同，主要区别有以下两点。

（1）FP-M 有两个 RS-232 口，一个是编程工具口，另一个是通信口（只有后缀带 C 的机型有此端口）。但这两个端口不能混用，编程口需使用专用编程电缆。

（2）FP-M 有两个电源插座，一个是外接 24V 直流电源的，另一个是用来给扩展板供电的，通过专用电源电缆将主控板电源引到扩展板。

2. FP-M 的扩展板

控制板下最多可安装四个扩展板，扩展板上不带 CPU 和外接电源口，它的电源是由主控板提供的。扩展板分为 E 型和 M 型两种，E 型为继电器输出型，采用螺钉端子板与外设相连；M 型为晶体管输出型，采用扁平电缆与外设相连。扩展板上有扩展插座和扩展电源插座，均需由专用电缆与主控板相连。每个扩展板上都有一个 I/O 地址设定开关，当有多个扩展板与主控板相连时，需经开关设定来对各板进行 I/O 地址分配。FP-M 的特殊功能板主要有 A/D 板、D/A 板、模拟 I/O 板、高速计数板，以及各种通信专用板。为了满足用户的需要，在 FP-M 中用于模拟量处理的板，除 A/D、D/A 外还增加了模拟 I/O 板，该板将 A/D 和 D/A 的功能合在一起，经济实用。

此外，松下电工还拥有其他系列的 PLC 产品，如 FP-X、FP-X0、FP-e、FP0、FP2、FP3 等。限于篇幅，在此就不一一介绍了。

小　　结

本章介绍了松下电工 FP1 系列 PLC 的主要产品规格类型、技术性能、内部寄存器性能及 I/O 配置，这对于学习第 3 章 FP1 的指令系统是非常重要的。PLC 中输入继电器、输出继电器、内部辅助继电器、定时器和计数器，可以看成与传统继电器-接触器控制系统中的各类继电器（如中间继电器、时间继电器）相对应的"软继电器"。但与传统继电器-接触器控制系统相比，PLC 的优点一是继电器的数量多；二是这些"软继电器"均可提供无数副常开和常闭触点供编程使用，这些触点既无数量的限制也不存在使用寿命的问题；三是在需要改变控制逻辑时，由更改硬接线变为修改程序。由此可进一步体会到 PLC 控制的优越性。

FP1 内部还配有数量充裕的数据寄存器和特殊内部寄存器，不仅给 PLC 控制系统的编程提供了很大方便，还丰富了 PLC 的指令控制功能。FP1 系列每一种型号的控制单元的 I/O 端口数量及地址是固定的。若 I/O 口不够用，可最多连接二级扩展单元，所连接的扩展单元 I/O 的地址是固定的，这些在使用时应加以注意。

另外，本章还对松下 FP 系列小型机的其他机型如 FP0R、FP∑、FP-M 进行了简单的介绍。

习　　题

2-1　FP1 系列 PLC 控制单元有哪几种型号？它们的主要技术性能有什么区别？

2-2　FP1 系列 PLC 内部有哪几类寄存器？举例说明"字"继电器与对应的"位"继电器之间有什么样的关系？

2-3　通用数据寄存器和特殊数据寄存器的主要区别是什么？索引寄存器的作用是什么？

2-4　在 FP1-C24 主机内部，有哪两个特殊数据寄存器的数据可在外部用螺丝刀旋转电位器进行调节？可调数值范围是多少？

2-5　判断题：

(1) 输入继电器只能由外部信号驱动,而不能由内部指令来驱动。　　　　　　　　(　　)

(2) 输出继电器可以由外部输入信号或 PLC 内部控制指令来驱动。　　　　　　　(　　)

(3) 内部继电器既可供内部编程使用,又可供外部输出。　　　　　　　　　　　(　　)

(4) 任一种型号的 FP1 系列 PLC,其内部定时器和计数器的数量是可变的,但两者的总数是不变的。

　　　　　　　　　　　　　　　　　　　　　　　　　　　　　　　　　　(　　)

(5) PLC 内部的"软继电器"(包括定时器、计数器)均可提供无数副常开、常闭触点供编程使用。

　　　　　　　　　　　　　　　　　　　　　　　　　　　　　　　　　　(　　)

(6) 只要需要,FP1 系列 PLC 主机可连接若干台 I/O 扩展单元,使其 I/O 总数达 416 点。　(　　)

(7) PLC 的 I/O 口地址编号可随意设定。　　　　　　　　　　　　　　　　　(　　)

(8) 特殊内部寄存器用户不能占用,但其触点可供编程使用。　　　　　　　　　(　　)

2-6　填空题：

(1) C14 和 C16 型有内部继电器_____点,C24～C72 型有内部继电器_____点。

(2) FP1 系列 PLC 中,产品型号以 C 字母开头代表_____,以 E 字母开头代表_____,后面跟的数字代表_____。

(3) 型号末端带字母"C"的 FP1 系列主机的主要特点是_____。

(4) FP1 系列 PLC 中,主控单元和扩展单元的 I/O 点数加起来最多可达_____个点。

(5) FP1-C24 主机,共有 3 种工作选择方式,分别为_____、_____、_____。

(6) R357 为内部"字"继电器(寄存器)_____的第_____位。

(7) A/D 转换单元通道 0 的地址为_____,通道 2 的地址为_____。

(8) SV50 是与_____相对应的_____值寄存器；EV120 是与_____相对应的_____值寄存器。

(9) FP1 系列 PLC 未用作 I/O 端口的输入、输出继电器均可作____使用。

(10) FP1 系列主机内部配有的 24V 直流电源是供_____使用的。

2-7　试根据实际 PLC 系统所需的 I/O 点数选择 FP1 系列 PLC 的控制单元和 I/O 扩展单元,并确定 I/O 口的地址编号。

(1) 输入 7 点,输出 6 点,共 13 点。

(2) 输入 8 点,输出 22 点,共 30 点。

(3) 输入 24 点,输出 6 点,共 30 点。

(4) 输入 46 点,输出 30 点,共 76 点。

(5) 输入 80 点,输出 50 点,共 130 点。

(6) 输入 88 点,输出 64 点,共 152 点。

2-8　FP0R 系列 PLC 控制单元有哪几种型号？它们的主要技术性能有什么区别？

第3章 FP1的指令系统

由于可编程控制器主要面向工业控制,使用对象是工厂的电气技术人员,而不是专业程序员,为了便于掌握和应用,一般仍采用兼容传统继电器系统的方式,并尽量开发一些其他的简单易学的编程方法。目前常用的主要有梯形图法、助记符法以及控制系统流程图法等。梯形图法来源于传统的继电器系统,由于逻辑关系直观明确,易学易用,因此一直被广泛使用。虽然许多制造商所推出的PLC不尽相同,各有独到之处,但80%以上的PLC都采用了梯形图作为编程语言。而且,国际电工委员会(IEC)在1988年12月公布的可编程控制器标准草案中,也规定了标准梯形图,为统一PLC梯形图指令奠定了基础。

3.1 概　　述

3.1.1 继电器系统与PLC指令系统

可编程控制器来源于继电器系统和计算机系统,可以将其理解为计算机化的继电器系统,在本书的第1章,分别从软件和硬件角度与继电器系统和计算机系统分别进行了比较。在学习可编程控制器的指令系统与编程之前,如果能对继电器系统有所了解,更易取得事半功倍的效果。

继电器是现代控制系统中的重要元件,是一种用弱电信号控制强电信号传输的电磁开关。继电器最早出现于19世纪中期,当时主要用于增强微弱电报信号的远距离传输能力;到了20世纪初,开始在控制系统中得到应用,而且发展十分迅速。继电器在控制系统中主要起两种作用。

(1)逻辑运算。运用继电器触点的串、并联连接等完成逻辑与、或、非等功能,从而可完成较复杂的逻辑运算。

(2)弱电控制强电。在现代控制系统中,经常采用继电器实现弱电对强电的控制。即通过有关的触点的通断,控制继电器的电磁线圈,从而来控制强电的断通。

继电器主要由电磁线圈、铁心、触点及复位弹簧等部件组成,与控制信号直接有关的部件是电磁线圈和触点。在进行电气控制设计时,将这两部分抽象出来,电磁线圈作为输出,触点则作为输入或开关:触点控制了电路的通断,而线圈则反过来可控制触点的打开与闭合。

触点通常可分为常开触点和常闭触点两种。

(1)常开触点是指线圈在失电情况下,簧片不与之接触,电流不能流过;而线圈通电时,簧片与之接触,电流可以流过。

(2)常闭触点是指与常开触点相反的情况。

对于简单控制功能的完成,采用继电器控制系统具有简单、可靠、方便等特点,因此,继电器控制系统得到了广泛应用,不失为一种有效的、成功的控制方式。

PLC内部的硬件资源多数是以继电器的概念出现的。注意,只是概念上的继电器,并非物理继电器。这些内部资源包括与现场传感器、执行元件相对应的 I/O 继电器、辅助(控制)继电器、移位寄存器、步进控制器等。这里所指的继电器均为软继电器,是由 PLC 内部的存储单元构成的。由于 PLC 指令和编程比较抽象,如果结合继电器梯形图的概念,以其实际的电流流动来领会 PLC 梯形图中的信号流,更易于理解掌握。

3.1.2 FP1 指令系统分类

FP1 指令系统包含 190 多条指令,内容十分丰富,不仅可以实现传统继电器–接触器系统中的基本逻辑操作,还能完成数学运算、数据处理、中断、通信等复杂功能。考虑到实用性和学习的方便,本书将分类重点介绍一些常用的指令,并配合举例进行说明;对于其他指令,仅做简单说明,可根据课时安排及授课的需要选择,详细用法请参见《松下可编程控制器编程手册》。表 3-1 中给出了松下可编程控制器常用型号的指令统计表。

表 3-1　FP1 系列可编程控制器指令统计表　　　　　　(单位:条)

分类名称		C14/C16	C24/C40	C56/C72
基本指令	顺序指令	19	19	19
	功能指令	7	8	8
	控制指令	15	18	18
	条件比较指令	0	36	36
高级指令	数据传输指令	11	11	11
	数据运算及比较指令	36	41	41
	数据转换指令	16	26	26
	数据移位指令	14	14	14
	位操作指令	6	6	6
	特殊功能指令	7	18	19
总计		131	196	198

FP1 的指令按照功能可分为两大类,即基本指令和高级指令。其中基本指令主要是指直接对输入/输出触点进行操作的指令。另外,按照在手持编程器上的输入方式可分为 3 种。

(1) 键盘指令。可以直接在键盘上输入的指令(即各种指令在手持编程器上有相应的按键)。

(2) 非键盘指令。键盘上找不到,输入时需借助"SC"和"HELP"键,指令方可输入。

(3) 扩展功能指令。也是键盘上找不到的,但可通过输入其功能号将其输入,即用"FN"键加上数字键输入该类指令。这类指令在指令表中都各自带有功能编号,在显示器上显示为"FN×××",其中 N 是功能编号,×××是指令的助记符。输入功能编号后,助记符可自动显示,不必由用户输入。

上述说明主要是针对手持编程器而言,如果采用 FP-WIN 软件,全都可以通过菜单选择的方式输入。这 3 类指令中,键盘指令和非键盘指令统称为基本指令,而扩展功能指令称为高级指令。

在松下 FP1 系列可编程控制器中,FP1-C24 的功能比较具有代表性,而且应用较广,因此,本书主要以该型号 PLC 为例进行介绍。掌握该型号的指令系统之后,其他型号与此大同小异,可参考手册很快掌握。另外,各公司的 PLC 虽然各不相同,但是在原理上都是类似的,掌握一种之后,再根据实际的需要学习其他的,也会相对容易得多。

3.2　FP1 的基本指令

基本指令可分为 4 大类,即:

(1) 基本顺序指令。主要执行以位(bit)为单位的逻辑操作,是继电器控制电路的基础。

(2) 基本功能指令。有定时器、计数器和移位寄存器指令。

(3) 控制指令。可根据条件判断,来决定程序执行顺序和流程的指令。

(4) 比较指令。主要进行数据比较。

基本指令多数是构成继电器顺序控制电路的基础,所以借用继电器的线圈和触点来表示。同时,该类指令还是可编程控制器使用中最常见,也是用得最多的指令,因此,属于必须熟练掌握和运用的内容。下面分别进行介绍。

3.2.1　基本顺序指令

基本顺序指令主要是对继电器和继电器触点进行逻辑操作的指令。有的后面带操作数,表示直接操作,如 ST、OT 等;有的不带操作数,用于构成复杂的程序结构,如 ANS、ORS 等。为了便于记忆和查找,表 3-2 列出了基本顺序指令共 19 条,并按照功能分成 8 个部分进行介绍。

表 3-2　基本顺序指令

指　令			功　能	步数	适用型号		
中文名称	英文名称	助记符			C14 C16	C24 C40	C56 C72
开始	Start	ST	用 A 类触点(常开)开始逻辑运算的指令	1			
开始非	Start not	ST/	用 B 类触点(常闭)开始逻辑运算的指令	1			
输出	Out	OT	输出运算结果到指定的输出端	1			
与	AND	AN	串联一个 A 类(常开)触点	1			
或	OR	OR	并联一个 A 类(常开)触点	1			
非	Not	/	将该指令处的运算结果取反	1			
与非	AND not	AN/	串联一个 B 类(常闭)触点	1			
或非	OR not	OR/	并联一个 B 类(常闭)触点	1			
组与	AND stack	ANS	执行多指令块的与操作	1			
组或	OR stack	ORS	执行多指令块的或操作	1			
推入堆栈	Push stack	PSHS	存储该指令处的操作结果	1			
读取堆栈	Read stack	RDS	读出 PSHS 指令存储的操作结果	1			

指　令			功　能	步数	适用型号		
中文名称	英文名称	助记符			C14 C16	C24 C40	C56 C72
弹出堆栈	Pop stack	POPS	读出并清除由 PSHS 指令存储的操作结果	1			
上升沿微分	Leading edge differential	DF	检到触发信号上升沿,使触点接通一个扫描周期	1			
下降沿微分	Trailing edge differential	DF/	检到触发信号下降沿,使触点接通一个扫描周期	1			
置位	Set	SET	保持触点接通,为 ON	3			
复位	Reset	RST	保持触点断开,为 OFF	3			
保持	Keep	KP	使输出为 ON,并保持	1			
空操作	No operation	NOP	空操作	1			

　　FP1 的指令表达式比较简单,由操作码和操作数构成,格式为:
　　　　　　　地址　　　　　操作码　　　　　操作数
其中,操作码规定了 CPU 所执行的功能,例如,AN X0,表示对 X0 进行与操作;操作数规定了 CPU 进行某种操作时的信息,它包含了操作数的地址、性质和内容,操作数可以没有,也可以是一个、两个、三个甚至四个,随指令的不同而不同,如取反指令“/”就没有操作数。表3-3 给出了基本顺序指令的操作数。

表 3-3　基本顺序指令的操作数

指令助记符	继电器			定时/计数器触点	
	X	Y	R	T	C
ST、ST/					
OT	×			×	×
AN、AN/					
OR、OR/					
SET、RST	×			×	×
KP	×			×	×

　　表 3-3 中对应项目为“×”表示该项不可用,为空则表示可用。例如,OT 指令对应继电器 X 项为“×”,说明 OT 指令的操作数不能为 X 继电器。原因很简单,因为 X 属于输入继电器,而 OT 是输出指令,自然不能连用。后面的标记都遵循这一原则,将不再一一说明。

　　1. 输入/输出指令:ST、ST/、OT、/

　　ST　　加载　　用 A 类触点(常开触点)开始逻辑运算的指令。
　　ST/　　加载非　　用 B 类触点(常闭触点)开始逻辑运算的指令。
　　OT　　输出　　输出运算结果到指定的输出端,是继电器线圈的驱动指令。

/   非   将该指令处的运算结果取反。

其中,ST 和 ST/用于开始一个新的逻辑行。

例 3-1 如图 3-1 所示。

梯形图

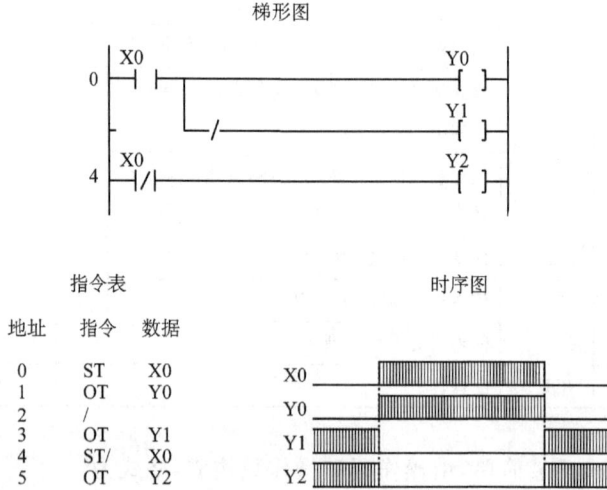

指令表   时序图

地址	指令	数据
0	ST	X0
1	OT	Y0
2	/	
3	OT	Y1
4	ST/	X0
5	OT	Y2

图 3-1 输入/输出指令举例

例题说明 当 X0 接通时,Y0 接通;当 X0 断开时,Y1 接通、Y2 接通。

由例题中可见,Y0 和 Y1 都受控于 X0,但是因为 Y1 前面有非指令,因此与 Y0 的状态正好相反,这与继电器系统明显不同,在继电器系统中,X0 断开,Y1 回路就不可能导通。

此外,对于输出 Y2,也是当输入触点 X0 断开时,Y2 接通,与 Y1 的控制方式一样。可见,常闭触点的功能可以用上述两种方式实现,这在时序图中可以更为直观地看到。

注意事项 (1)/指令为逻辑取反指令,可单独使用,但是一般都是与其他指令组合形成新指令使用,如 ST/。

(2)OT 不能直接从左母线开始,但是必须以右母线结束。

(3)OT 指令可以连续使用,构成并联输出,也属于分支的一种,可参见堆栈指令。

(4)一般情况下,对于某个输出继电器只能用一次 OT 指令,否则,可编程控制器按照出错对待。

2. 逻辑操作指令:AN、AN/、OR、OR/

AN   与   串联一个 A 类(常开)触点。

AN/   与非   串联一个 B 类(常闭)触点。

OR   或   并联一个 A 类(常开)触点。

OR/   或非   并联一个 B 类(常闭)触点。

例 3-2 如图 3-2 所示。

例题说明 当 X0、X4 接通且 X3 断开时,R0 接通;R0 同时又是 Y0 的控制触点,R0 接通时 Y0 也接通。

由于 X0、X1 和 X2 三个触点并联,X2 与 X0 同为常开触点,所以 X2 和 X0 具有同样的

梯形图

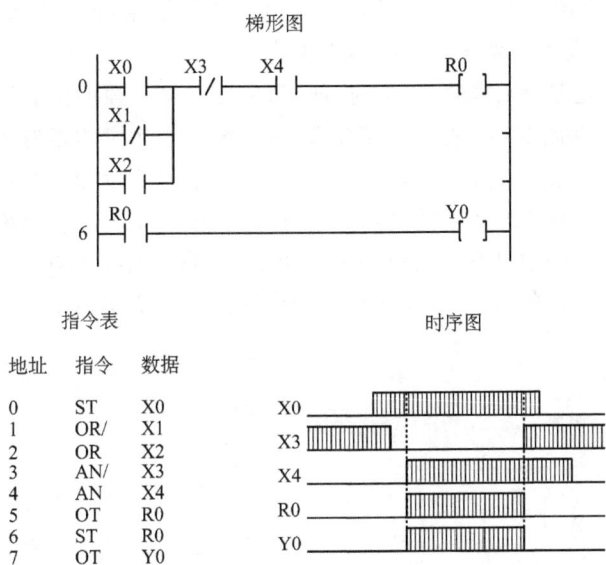

指令表　　　　　　　　　时序图

地址	指令	数据
0	ST	X0
1	OR/	X1
2	OR	X2
3	AN/	X3
4	AN	X4
5	OT	R0
6	ST	R0
7	OT	Y0

图 3-2　基本逻辑指令举例

性质；而 X1 为常闭触点，与 X0 的性质正好相反。X2 和 X1 的时序图也与 X0 相同或相反，故这里略去。

　　注意事项　AN、AN/、OR、OR/可连续使用。

3. 块逻辑操作指令：ANS、ORS

ANS　　　组与　　　执行多指令块的与操作，即实现多个逻辑块相串联。

ORS　　　组或　　　执行多指令块的或操作，即实现多个逻辑块相并联。

　　例 3-3　如图 3-3 所示。

梯形图

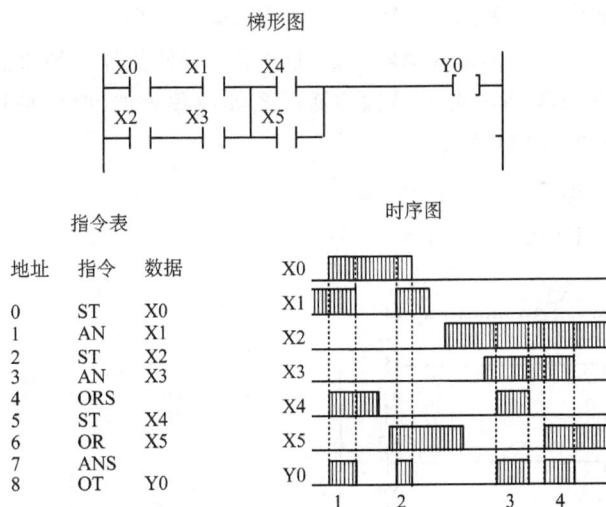

指令表　　　　　　　　　时序图

地址	指令	数据
0	ST	X0
1	AN	X1
2	ST	X2
3	AN	X3
4	ORS	
5	ST	X4
6	OR	X5
7	ANS	
8	OT	Y0

图 3-3　块逻辑指令举例

例题说明　从时序图上看,该例的逻辑关系显得比较复杂,但是仔细分析就可发现 Y0 有 4 个接通段,分别代表了该例子的 4 种有效组合。

(1) 当 X0、X1 接通且 X4 接通时,Y0 接通,对应图中第 1 段的接通情况。

(2) 当 X0、X1 接通且 X5 接通时,Y0 接通,对应图中第 2 段的接通情况。

(3) 当 X2、X3 接通且 X4 接通时,Y0 接通,对应图中第 3 段的接通情况。

(4) 当 X2、X3 接通且 X5 接通时,Y0 接通,对应图中第 4 段的接通情况。

注意事项　掌握 ANS、ORS 的关键主要有两点:一是要理解好串、并联关系;二是要形成块的观念。针对例 3-3,在图 3-4 中,分别从程序和逻辑关系表达式两方面对此加以具体说明。

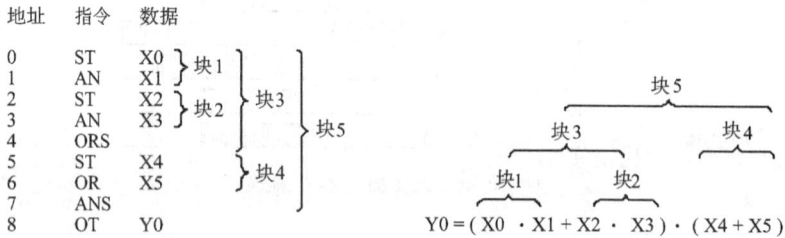

$$Y0 = (X0 \cdot X1 + X2 \cdot X3) \cdot (X4 + X5)$$

图 3-4　块逻辑指令的编程步骤

从图 3-4 可见,X0 和 X1 串联后组成逻辑块 1,X2 和 X3 串联后组成逻辑块 2,用 ORS 将逻辑块 1 和逻辑块 2 并联起来,组合成逻辑块 3;然后由 X4 和 X5 并联后组成逻辑块 4,再用 ANS 将逻辑块 3 和逻辑块 4 串联起来,组合成逻辑块 5,结果输出给 Y0。

4. 堆栈指令:PSHS、RDS、POPS

PSHS　　　推入堆栈　　　将在该指令处以前的运算结果存储起来。

RDS　　　读取堆栈　　　读出 PSHS 指令存储的操作结果。

POPS　　　弹出堆栈　　　读出并清除由 PSHS 指令存储的操作结果。

堆栈指令主要用来解决具有分支结构的梯形图如何编程的问题,使用时必须遵循规定的 PSHS、RDS、POPS 的先后顺序。

例 3-4　如图 3-5 所示。

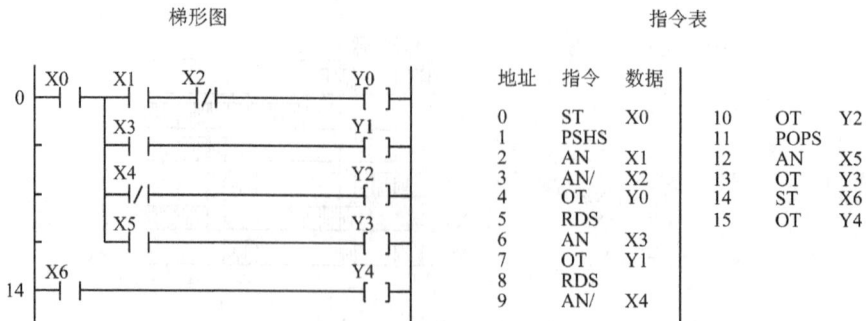

图 3-5　堆栈指令举例

例题说明　当 X0 接通时,程序依次完成下述操作:

(1) 存储 PSHS 指令处的运算结果(这里指 X0 的状态),这时 X0 接通,则当 X1 也接通且 X2 断开时,Y0 输出。

(2) 由 RDS 指令读出存储的结果,即 X0 接通,则当 X3 接通时,Y1 输出。

(3) 由 RDS 指令读出存储的结果,即 X0 接通,则当 X4 断开时,Y2 输出。

(4) 由 POPS 指令读出存储的结果,即 X0 接通,则当 X5 接通时,Y3 输出;然后将 PSHS 指令存储的结果清除,即解除与 X0 的关联,后续指令的执行将不再受 X0 影响。

(5) 当 X6 接通时,Y4 输出。此时与 X0 的状态不再相关。

本例中连用了两个 RDS 指令,目的是说明该指令只是读存储结果,而不影响存储结果;在执行了 POPS 后,就结束了堆栈指令,不再与 X0 的状态相关,如例中,Y4 的状态只受 X6 控制。

注意事项　(1) 当程序中遇到 PSHS 时,可理解为是将左母线到 PSHS 指令(即分支点)之间的所有指令存储起来,推入堆栈,提供给下面的支路使用。换个角度,也可理解为左母线向右平移到分支点,随后的指令从平移后的左母线处开始。

(2) RDS 用于 PSHS 之后,这样,当每次遇到 RDS 时,该指令相当于将 PSHS 保存的指令重新调出,随后的指令表面上是接着 RDS,实际上相当于接着 PSHS 指令来写。从功能上看,也就是相当于将堆栈中的那段梯形图与 RDS 后面的梯形图直接串联起来。

(3) POPS 相当于先执行 RDS 的功能,然后结束本次堆栈,因此,用在 PSHS 和 RDS 的后面,作为分支结构的最后一个分支回路。

(4) 从上面对构成堆栈的三个指令的分析可知,最简单的分支,即两个分支,可只由 PSHS 和 POPS 构成;而三个以上的分支,则通过反复调用 RDS 指令完成,这点可参见例题。也就是说,一组堆栈指令中,有且只有一个 PSHS 和一个 POPS,但是可以没有或有多个 RDS 指令。

(5) 注意区分分支结构和并联输出结构梯形图。二者的本质区别在于:分支结构中,分支点与输出点之间串联有触点,而不单纯是输出线圈。

(6) 堆栈指令的复杂应用还包括嵌套使用。

5. 微分指令:DF、DF/

DF　　上升沿微分　　检测到触发信号上升沿,使触点接通一个扫描周期。
DF/　　下降沿微分　　检测到触发信号下降沿,使触点接通一个扫描周期。

例 3-5　如图 3-6 所示。

例题说明　当检测到触发信号的上升沿时,即 X1 断开、X2 接通且 X0 由 OFF→ON 时,Y0 接通一个扫描周期。另一种情况是 X0 接通、X2 接通且 X1 由 ON→OFF 时,Y0 也接通一个扫描周期,这是由于 X1 是常闭触点。

当检测到触发信号的下降沿时,即 X2 接通且 X0 由 ON→OFF 时,Y1 接通一个扫描周期。

注意事项　(1) DF 和 DF/指令的作用都是在控制条件满足的瞬间,触发后面的被控对象(触点或操作指令),使其接通一个扫描周期。这两条指令的区别在于:前者是当控制条件接通瞬间(上升沿)起作用,而后者是在控制条件断开瞬间(下降沿)起作用。这两个微分指

梯形图

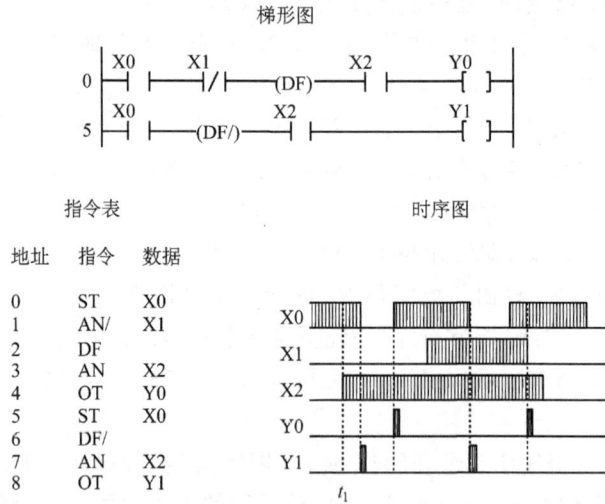

图 3-6　微分指令举例

令在实际程序中很有用,可用于控制那些只需触发执行一次的动作。在程序中,对微分指令的使用次数无限制。

(2) 这里所谓的"触发信号",指的是 DF 或 DF/前面指令的运算结果,而不是单纯的某个触点的状态,如例中 X0 与 X1 的组合;也不是后面的触点状态,如在时序图中的 t_1 时刻,X0 和 X1 都处于有效状态,X2 的上升沿却不能使 Y0 接通。

6. 置位、复位指令:SET、RST

SET　　置位　　保持触点接通,为 ON。
RST　　复位　　保持触点断开,为 OFF。

例 3-6　如图 3-7 所示。

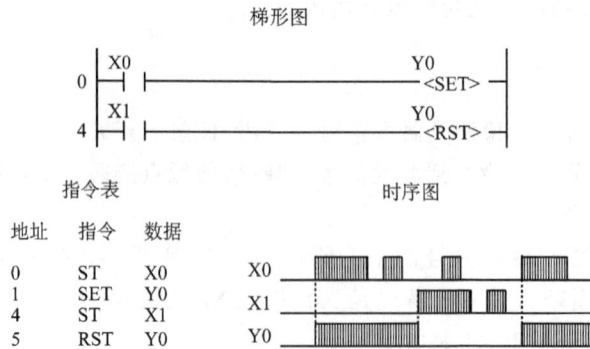

梯形图

图 3-7　置位、复位指令举例

例题说明　该程序执行的结果是,当 X0 接通时,使 Y0 接通,此后不管 X0 是何状态,Y0 一直保持接通;而当 X1 接通时,将 Y0 断开,此后不管 X1 是何状态,Y0 一直保持断开。

7. 保持指令:KP

KP　　保持　　　使输出为 ON,并保持。

KP 指令的作用是将输出线圈接通并保持。该指令有两个控制条件,一个是置位条件(S),另一个是复位条件(R)。当满足置位条件时,输出继电器(Y 或 R)接通,一旦接通后,无论置位条件如何变化,该继电器仍然保持接通状态,直至复位条件满足时断开。

S 端与 R 端相比,R 端的优先权高,即如果两个信号同时接通,复位信号优先有效。

例 3-7　如图 3-8 所示。

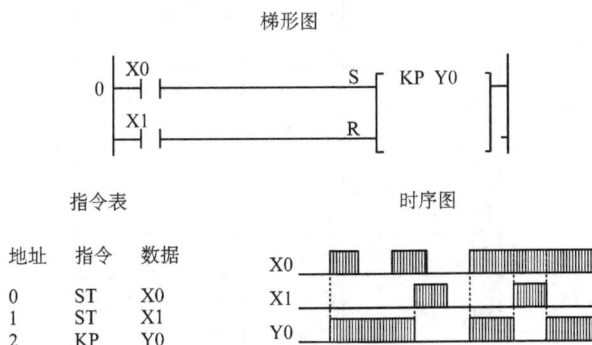

图 3-8　保持指令举例

例题说明　当 X0 接通时,Y0 接通;当 X1 接通时,Y0 断开,而不论 X0 状态如何。

注意事项　该指令与 SET、RST 有些类似,另外,SET、RST 允许输出重复使用,而 KP 指令则不允许。

8. 空操作指令:NOP

NOP　　空操作　　　空操作。

PLC 执行 NOP 指令时,无任何操作,但是要消耗一定的时间。

当没有输入程序或进行清理内存操作时,程序存储器各单元均自动为空操作指令。

可用 NOP 作为查找时的特殊标记,人为插入若干个 NOP 指令,对程序进行分段,便于检查和修改。如程序中某一点插入的 NOP 指令的数量超出 1 个,编程系统会自动对其进行编号,因此,该指令常在调试程序时使用。此时,程序的大小有所增加,但是对运算结果没有影响。

3.2.2　基本功能指令

基本功能指令主要包括一些具有定时器、计数器和移位寄存器功能的指令。其中,定时和计数本质上是同一功能。根据指令功能分类,将高级指令中的可逆计数指令 F118(UDC)、左右移位指令 F119(LRSR)以及辅助定时器指令 F137(STMR)也包括在内。表 3-4 列出了基本功能指令共 8 条,按照功能不同分成 3 个部分进行介绍。

表 3-4　基本功能指令

指　令			功　能	步数	适用型号		
中文名称	英文名称	助记符			C14 C16	C24 C40	C56 C72
0.01s 延时定时器	0.01s on-delay timer	TMR	以 0.01s 为时间单位的延时接通定时器	3			
0.1s 延时定时器	0.1s on-delay timer	TMX	以 0.1s 为时间单位的延时接通定时器	3			
1.0s 延时定时器	1.0s on-delay timer	TMY	以 1.0s 为时间单位的延时接通定时器	4			
辅助定时器	Auxiliary timer	F137(STMR)	以 0.01s 为时间单位的延时接通定时器	5	×	×	
计数器	Counter	CT	减计数器	3			
加减计数器	Up/down counter	F118(UDC)	加减计数器	5			
移位寄存器	Shift register	SR	16bit 数据左移 1 位	1			
左/右移位寄存器	Left/right shift register	F119(LRSR)	将指定区域 D1～D2 向左或向右移位 1bit。	5			

表 3-5 给出了基本功能指令的操作数。

表 3-5　基本功能指令的操作数

指令 助记符	可用寄存器										索引 修正值
	继电器			定时/ 计数器		寄存器	索引 寄存器		常数		
	WX	WY	WR	SV	EV	DT	IX	IY	K	H	
TM 预置值	×	×	×		×	×	×	×		×	×
CT 预置值	×	×	×		×	×	×	×		×	×
SR	×	×		×	×	×	×	×	×	×	×

1. 定时器指令：TM、F137(STMR)

TMR　　以 0.01s 为最小时间单位，设置延时接通的定时器。

TMX　　以 0.1s 为最小时间单位，设置延时接通的定时器。

TMY　　以 1.0s 为最小时间单位，设置延时接通的定时器。

定时器的工作原理：定时器为减 1 计数。当程序进入运行状态后，输入触点接通瞬间定时器开始工作，先将设定值寄存器 SV 的内容装入过程值寄存器 EV 中，然后开始计数。每来一个时钟脉冲，过程值减 1，直至 EV 中内容减为 0 时，该定时器各对应触点动作，即常开触点闭合、常闭触点断开。而当输入触点断开时，定时器复位，对应触点恢复原来状态，且 EV 清 0，但 SV 不变。若在定时器未达到设定时间时断开其输入触点，则定时器停止计时，其过程值寄存器被清 0,且定时器对应触点不动作,直至输入触点再接通,重新开始定时。其梯形图符号见图 3-9。

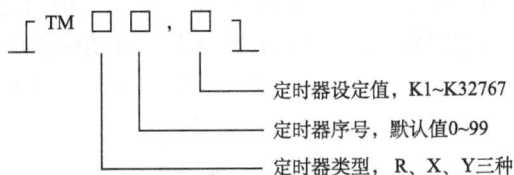

图 3-9　定时器指令的梯形图符号

简单地说,当定时器的执行条件成立时,定时器以 R、X、Y 所规定的时间单位对预置值作减计数,预置值减为 0 时,定时器导通。其对应的常开触点闭合,常闭触点断开。

例 3-8　如图 3-10 所示。

梯形图

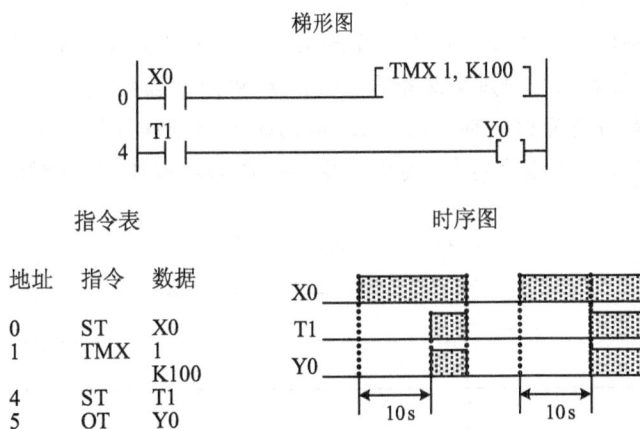

图 3-10　定时器指令举例

例题说明　当 X0 接通时,定时器开始定时,10s 后,定时时间到,定时器对应的常开触点 T1 接通,使输出继电器 Y0 导通为 ON;当 X0 断开时,定时器复位,对应的常开触点 T1 断开,输出继电器 Y0 断开为 OFF。

注意事项　(1) TM 指令是减法计数型预置定时器,参数有两个,一个是时间单位,即定时时钟,可分为 3 种,R=0.01s,X=0.1s,Y=1.0s;另一个是预置值,只能用十进制,编程格式为 K 加上十进制数,因此,取值范围可表示为 K1~K32767。这样,定时时间就可以根据上述两个参数直接计算出来,即

$$定时时间 = 时间单位 \times 预置值$$

也正是由于这个原因,TMR 1 K1000、TMX 1 K100、TMY 1 K10 这 3 条指令的延时时间是相同的,都是 10s,差别仅在于定时的时间精度不同。对于这个例子,由于只用到定时结果,采用上述任何一种写法都可以。

(2) 定时器的设定值和过程值会自动存入相同编号的专用寄存器 SV 和 EV 中,因此可通过察看同一编号的 SV 和 EV 内容来监控该定时器的工作情况。采用不同的定时时钟会

影响精度,也就是说,过程值 EV 的变化过程不同。

(3) 同输出继电器的概念一样,定时器也包括线圈和触点两个部分,采用相同编号,但是线圈是用来设置,触点则是用于引用。因此,在同一个程序中,相同编号的定时器只能使用一次,即设置一次,而该定时器的触点可以通过常开或常闭触点的形式被多次引用。

(4) 在 FP1-C24 中,初始定义有 100 个定时器,编号为 T0～T99,通过系统寄存器 No. 5 可重新设置定时器的个数。

(5) 由于定时器在定时过程中需持续接通,所以在程序中定时器的控制信号后面不能串联微分指令。

(6) 在实际的 PLC 程序中,定时器的使用是非常灵活的,如将若干个定时器串联或是将定时器和计数器级联使用可扩大定时范围,或将两个定时器互锁使用可构成方波发生器,还可以在程序中利用高级指令 F0(MV)(高级指令见本章的 3.3 节)直接在 SV 寄存器中写入预置值,从而实现可变定时时间控制。

例 3-9　试利用高级指令 F0(MV)实现可变定时的时间控制。

例题说明　利用高级指令 F0(MV)实现可变定时的时间控制梯形图如图3-11所示。图中,若先闭合控制触点 X0,通过高级指令 F0(MV)将定时器的设定时间由 6s 改为 4s,即预置值的直接设定具有优先权。在只闭合 X1 的情况下,延时时间为 6s;若先闭合 X1,后闭合 X0,因为先执行的定时器指令,所以高级指令 F0(MV)不起作用,延时时间仍为 6s。

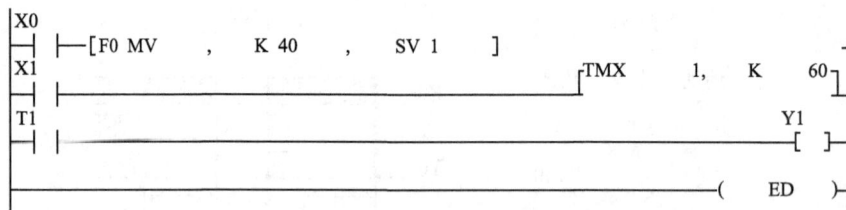

图 3-11　可变定时的时间控制梯形图

F137(STMR)是以 0.01s 为最小时间单位设置延时接通的定时器。该定时器与 TMR 类似,但是设置方式上有所区别。下面举例说明。

例 3-10　如图 3-12 所示。

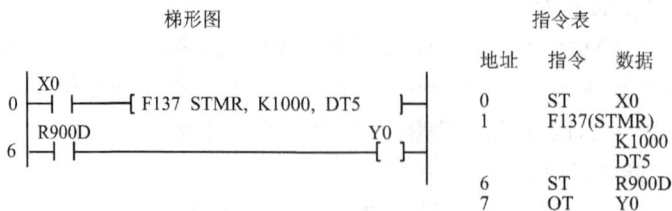

图 3-12　F137(STMR)辅助定时器指令举例

例题说明　该例与上例中使用 TMX 实现的定时结果类似,R900D 作为辅助定时器触点,在编程时,务必将 R900D 编写在紧随 F137(STMR)指令之后。此外,这里的 DT5 起到与经过值寄存器 EV 类似的作用。

2. 计数器指令:CT、F118(UDC)

CT 指令是一个减计数型的预置计数器。其工作原理为:程序一进入"运行"方式,计数器就自动进入初始状态,此时 SV 的值被自动装入 EV,当计数器的计数输入端 CP 检测到一个脉冲上升沿时,预置值被减1,当预置值被减为0时,计数器接通,其相应的常开触点闭合,常闭触点断开。计数器的另一输入端为复位输入端 R,当 R 端接收到一个脉冲上升沿时计数器复位,计数器不接通,其常开触点断开,常闭触点闭合;当 R 端接收到脉冲下降沿时,将预置值数据再次从 SV 传送到 EV 中,计数器开始工作。计数器 CT 指令的梯形图符号如图 3-13 所示。

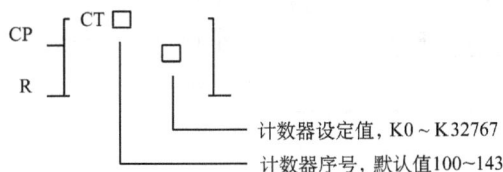

图 3-13　计数器指令的梯形图符号

图 3-13 中,CP 为计数脉冲输入端,R 为计数器复位端。

例 3-11　如图 3-14 所示。

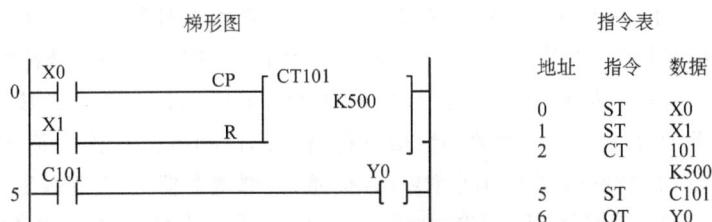

图 3-14　计数器指令举例

例题说明　程序开始运行时,计数器自动进入计数状态。当检测到 X0 的上升沿 500 次时,计数器对应的常开触点 C101 接通,使输出继电器 Y0 导通为 ON;当 X1 接通时,计数器复位清0,对应的常开触点 C101 断开,输出继电器 Y0 断开为 OFF。

注意事项　(1) FP1-C24 中,共有 44 个计数器,编号为 C100~C143。此编号可用系统寄存器 No.5 重新设置。设置时注意 TM 和 CT 的编号要前后错开。

(2) 计数器与定时器有密切的关系,编号也是连续的。定时器本质上就是计数器,只不过是对固定间隔的时钟脉冲进行计数,因此两者有许多性质是类似的。

(3) 与定时器一样,每个计数器都有对应相同编号的 16 位专用寄存器 SV 和 EV,以存储预置值和过程值。

(4) 同一程序中相同编号的计数器只能使用一次,而对应的常开和常闭触点可使用无数次。

(5) 计数器有两个输入端,即计数脉冲输入端 CP 和复位端 R,分别由两个输入触点控制,R 端比 CP 端优先权高。

（6）计数器的预置值即为计数器的初始值，该值为 0～32767 的任意十进制数，书写时前面一定要加字母"K"。

此外，高级指令中还有一条 F118（UDC）指令，也起到计数器的作用，其计数范围为 K−32768～K32767。与 CT 不同的是，该指令可以根据参数设置，分别实现加/减计数的功能，下面举例说明。

例 3-12　如图 3-15 所示。

梯形图		指令表		

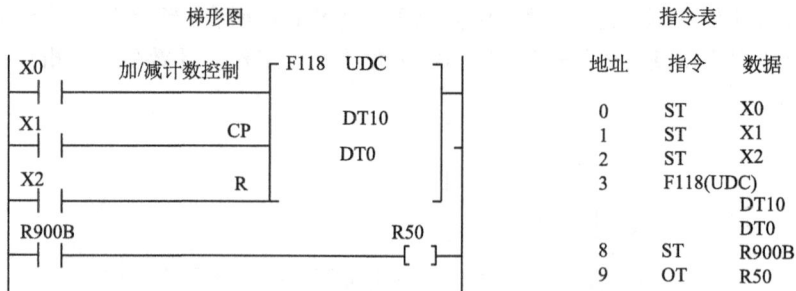

图 3-15　F118（UDC）加/减计数指令举例

例题说明　使用指令 F118（UDC）高级编程时，一定要有加/减控制、计数输入和复位触发 3 个信号。

当检测到复位触发信号 X2 的下降沿时，DT10 中的数据被传送到 DT0 中，计数器开始工作；当检测到 X2 的上升沿时，即复位信号有效，DT0 被清 0，计数器停止工作。

X0 为加/减控制信号，当其为 ON 时，进行加计数；为 OFF 时，进行减计数。

X1 为计数输入信号，检测到其上升沿时，根据 X0 的状态，执行加 1 或减 1 计数。

这里，DT10 相当于 CT 指令中的预置值寄存器 SV，DT0 相当于经过值寄存器 EV。当 DT0 中的结果为 0 时，特殊内部寄存器 R900B 接通，内部寄存器 R50 有输出。

注意事项　F118（UDC）指令与 CT 指令不同，它不是一个减预置值的计数器，只能加/减计数，本身永远不会"动作"，故 F118（UDC）指令没有触点。若要利用它进行控制，则必须借助一些其他指令或触点以达到控制目的。本例中使用了特殊内部寄存器 R900B 的控制触点，当运算结果为 0，该触点为 ON。

3．移位指令：SR、F119（LRSR）

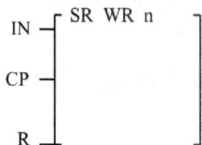

图 3-16　移位指令的梯形图符号

SR 为左移移位指令。其功能是当 R 端为 OFF 状态时，该指令有效。这时，每检测到一个 CP 端的上升沿（OFF→ON），WRn 中的数据就从低位向高位依次左移一位，其中，WRn 的最低位用数据输入端 IN 的状态补入，最高位数据丢失。当 R 为 ON 状态时，该指令复位，WRn 中的数据被清 0。其梯形图符号如图 3-16 所示。图中，IN 为数据输入端；CP 为移位脉冲输入端；R 为移位寄存器的复位端。

此外，需要指出的是，该指令的操作数只能用内部字继电器 WR，n 为 WR 继电器的编号。

例 3-13　如图 3-17 所示。

梯形图		指令表		

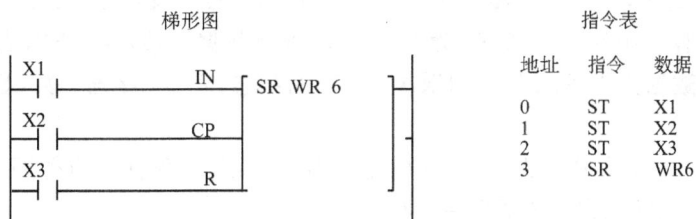

图 3-17　移位寄存器指令举例

例题说明　当复位信号 X3 为 OFF 状态时,每当检测到移位信号 X2 的上升沿,WR6 寄存器的数据左移 1 位,最高位丢失;最低位由当时数据输入信号 X1 的状态决定,如果当时 X1 处于接通状态则补 1,否则补 0。

如果 X3 接通,WR6 的内容清 0,这时 X2 信号无效,移位指令停止工作。

F119(LRSR)指令为左/右移位寄存器指令,使 16bit 内部继电器中的数据向左或向右移动 1bit。F119(LRSR)指令可以使用作为数据区的寄存器和常数,见表 3-6。

表 3-6　F119(LRSR)指令

操作数	可用寄存器										索引修正值
	继电器			定时/计数器		寄存器	索引寄存器		常数		
	WX	WY	WR	SV	EV	DT	IX	IY	K	H	
D1	×						×	×	×	×	×
D2	×						×	×	×	×	×

表 3-6 中,D1 为移位区内首地址寄存器;D2 为移位区内末地址寄存器。

注意事项　移位区内的首地址和末地址要求是同一种类型的寄存器,并满足 D1≤D2。

例 3-14　如图 3-18 所示。

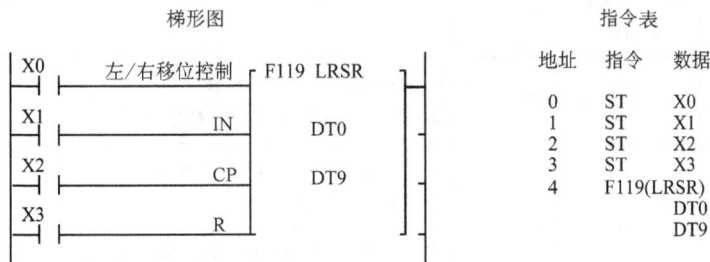

图 3-18　F119(LRSR)移位指令举例

例题说明　F119(LRSR)指令需要有 4 个输入信号,即左/右移位信号、数据输入、移位信号和复位触发信号,分别对应例中 X0～X3 共 4 个触点。DT0 指定移位区首地址,DT9 指定末地址。

当 X3 为 ON 时,复位信号有效,DT0 和 DT9 均被清 0,移位寄存器停止工作。

当 X3 为 OFF 时,移位寄存器正常工作。这时,由移位触发信号 X2 的上升沿触发移位操作,移动的方向由 X0 决定。若 X0 为 ON,表示进行数据左移,为 OFF,表示进行数据右移。至于移入的数据为 1 还是为 0,则取决于 X1 的状态,若 X1 接通,移入数据为 1,否则,移入数据为 0。

这里,DT0～DT9 构成了连续的 16 位寄存器区,移位操作使所有位同时进行,整个区域按照高位在左侧、低位在右侧的顺序排列。

3.2.3　控制指令

从程序的执行步骤和结构构成上看,基本顺序指令和基本功能指令是按照其地址顺序执行的,直到程序结束;而控制指令则可以改变程序的执行顺序和流程,产生跳转和循环,构成复杂的程序及逻辑结构。因此,控制指令在 PLC 的指令系统中占有重要的地位,用好控制指令,能够使程序更加整齐、清晰,增加了程序的可读性和编程的灵活性。表 3-7 列出了控制指令共 18 条,按照功能不同分成 6 个部分进行介绍。

为了更好理解控制指令,有必要先分析一下 PLC 指令的执行特点,前面已经说过,PLC 采用的是扫描执行方式,这里就存在扫描和执行的关系问题:对于一段代码,扫描并执行是正常的步骤,但是也存在另外一种情况,就是扫描但不执行,从时间上看,仍然要占用 CPU 时间,但从结果上看,什么也没有做,相当于忽略了这段代码。因此,这种情况比较特殊,在控制指令部分会经常遇到,要注意区别。

表 3-7　控制指令

指　令			功　能	步数	适用型号		
中文名称	英文名称	助记符			C14 C16	C24 C40	C56 C72
主控继电器	Master control relay	MC	当控制触点为 ON 时,执行 MC 和 MCE 之间的指令	2			
主控继电器结束	Master control relay end	MCE		2			
跳转	Jump	JP	当控制触点为 ON 时,跳转到和 JP 指令具有相同编号的 LBL 指令处	2			
跳转标号	Label	LBL	执行跳转 JP 和循环跳转 LOOP 指令时的跳转目的标号	1			
循环	Loop	LOOP	当控制触点为 ON 时,跳转到和 LOOP 指令具有相同编号的 LBL 指令处,重复执行	4			
结束	End	ED	主程序结束指令	1			
条件结束	Conditional end	CNED	当触发信号接通时,程序结束,否则继续执行后面的指令	1			

（注：表格最左侧分组列依次为"主控"、"跳转、循环"、"结束"）

续表

指　　令			功　　能	步数	适用型号		
中文名称	英文名称	助记符			C14 C16	C24 C40	C56 C72
开始步进程序	Start step	SSTP	指定步进过程开始标志	3			
下步步进过程（脉冲型）	Next step (Pulse)	NSTP	检测到触发信号上升沿时,执行指定步进过程,同时清除当前过程	3			
下步步进过程（扫描型）	Next step (Scan)	NSTL	触发信号接通,执行指定步进过程,同时清除当前过程	3			
清除步进过程	Clear step	CSTP	触发信号接通,清除指定步进过程	3			
步进程序区结束	Step end	STPE	步进过程区结束	1			
子程序调用	Subroutine call	CALL	调用与其编号相同的子程序	2			
子程序进入	Subroutine entry	SUB	子程序开始	1			
子程序返回	Subroutine return	RET	子程序结束并返回到主程序	1			
中断程序	Interrupt	INT	中断程序开始	1	×		
中断返回	Interrupt return	IRET	中断程序结束并返回到主程序	1	×		
中断控制	Interrupt control	ICTL	设置中断类型及参数	5	×		

（表格最左侧纵列标注：步进、子程序、中断）

另外,触发信号的概念在这部分经常用到,实际上与前文提到的控制信号是一样的,可以是一个触点,也可以是多个触点的组合,用于控制(触发)相关程序的执行。

1. 主控继电器指令:MC、MCE

MC　　主控继电器指令。

MCE　　主控继电器结束指令。

功能:用于在程序中将某一段程序单独界定出来。当 MC 前面的控制触点闭合时,执行 MC 至 MCE 间的指令;当该触点断开时,不执行 MC 至 MCE 间的指令。

例 3-15　如图 3-19 所示。

例题说明　当控制触点 X0 接通时,执行 MC0 到 MCE0 之间的程序,这时,从图 3-19 中的梯形图可以看出,效果等同于右侧的简化梯形图。否则,不执行 MC0 到 MCE0 之间的程序。

值得注意的是,当主控继电器控制触点断开时,在 MC 至 MCE 之间的程序,遵循扫描但不执行的规则,可编程控制器仍然扫描这段程序,不能简单地认为可编程控制器跳过了这段程序。而且,在该程序段中不同的指令状态变化情况也有所不同,具体情况见表 3-8。

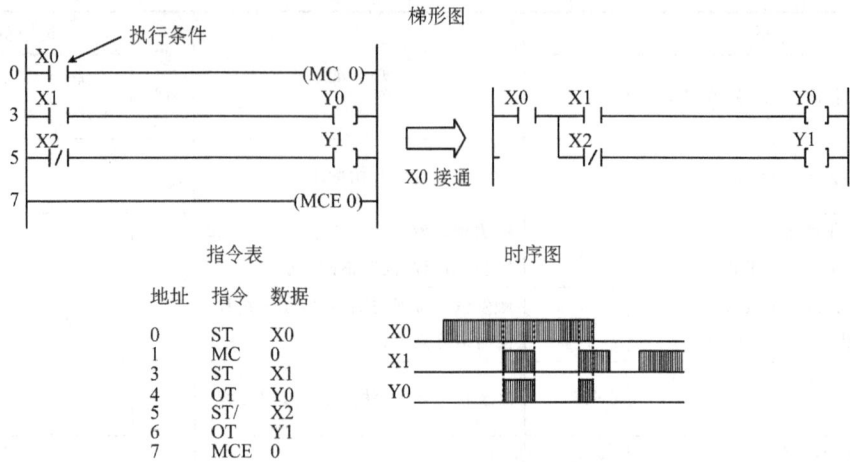

图 3-19　主控继电器指令举例

表 3-8　控制触点断开时对 MC 与 MCE 之间的指令影响

指令或寄存器	状态变化
OT(Y、R 等)	全部 OFF 状态
KP、SET、RST	保持控制触点断开前对应各继电器的状态
TM、F137(STMR)	复位,即停止工作
CT、F118(UDC)	保持控制触点断开前经过值,但停止工作
SR、F119(LRSR)	保持控制触点断开前经过值,但停止工作
其他指令	扫描但是不执行

　　注意事项　(1) MC 和 MCE 在程序中应成对出现,每对编号相同,编号范围为 0～31 的整数。而且,同一编号在一个程序中只能出现一次。

　　(2) MC 和 MCE 的顺序不能颠倒。

　　(3) MC 指令不能直接从母线开始,即必须有控制触点。

　　(4) 在一对主控继电器指令(MC、MCE)之间可以嵌套另一对主控继电器指令。如图 3-20 所示。

　　2. 跳转指令：JP、LBL

　　JP　　跳转指令。

　　LBL　　跳转标记指令。

　　当控制触点闭合时,跳转到和 JP 指令编号相同的 LBL 处,不执行 JP 和 LBL 之间的程序,转而执行 LBL 指令之后的程序。与主控指令不同,遵循不扫描不执行的原则,在执行跳转指令时,JP 和 LBL 之间的指令略过,所以可使整个程序的扫描周期变短。

　　例 3-16　如图 3-21 所示。

梯形图　　　　　　　　　　　　　　　　　　　　指令表

```
        X0
   0 ├─┤ ├─────────────────────(MC   0)┤
        X1                   Y0
   3 ├─┤ ├─────────────────────┤( )┤
        X2                   Y1
   5 ├─┤/├─────────────────────┤( )┤
        X3
   7 ├─┤ ├─────────────────────(MC   1)┤
        X4                   Y2
  10 ├─┤ ├─────────────────────┤( )┤
        X5    X6
     ├─┤ ├──┬─┤/├──┘
  15 ├────────────────────────(MCE  1)┤
  17 ├────────────────────────(MCE  0)┤
  19 ├───────────────────────(   ED  )┤
```

地址	指令	数据
0	ST	X0
1	MC	0
3	ST	X1
4	OT	Y0
5	ST/	X2
6	OT	Y1
7	ST	X3
8	MC	1
10	ST	X4
11	ST	X5
12	AN/	X6
13	ORS	
14	OT	Y2
15	MCE	1
17	MCE	0
19	ED	

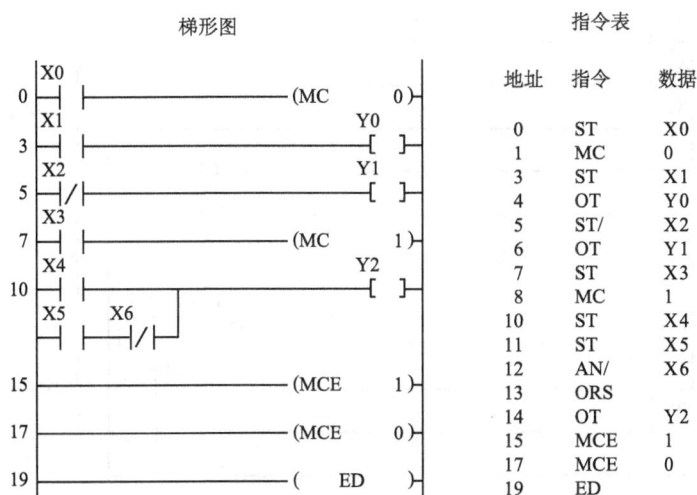

图 3-20　主控继电器指令(MC、MCE)的嵌套使用

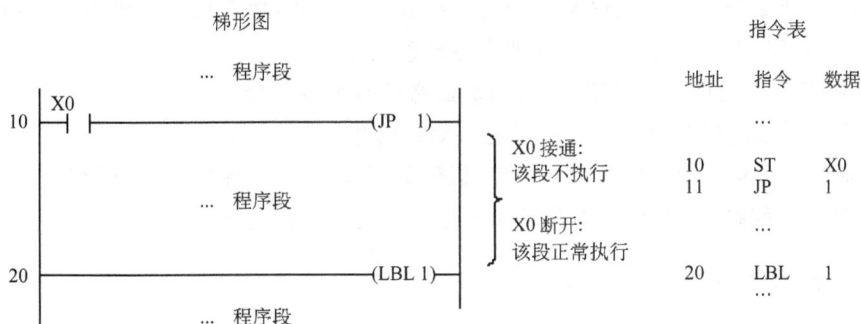

梯形图　　　　　　　　　　　　　　　　　　　　指令表

```
          ... 程序段

        X0
  10 ├─┤ ├────────────────────(JP   1)┤
          ... 程序段

  20 ├──────────────────────(LBL 1)┤
          ... 程序段
```

地址	指令	数据
	...	
10	ST	X0
11	JP	1
	...	
20	LBL	1
	...	

X0 接通:
该段不执行

X0 断开:
该段正常执行

图 3-21　跳转指令举例

例题说明　在 JP1 指令的前面、JP1 与 LBL1 中间及 LBL1 的后面都可能有其他的指令程序段,如图 3-21 所示。当控制触点 X0 断开时,跳转指令不起作用,JP1 与 LBL1 中间的指令正常执行,与没有跳转指令一样;当控制触点 X0 接通时,执行跳转指令,跳过 JP1 与 LBL1 中间的程序段,直接执行 LBL1 后面的程序段。

例 3-17　如图 3-22 所示为一手动/自动工作方式切换程序。

例题说明　图 3-22 所示的梯形图中,X0 表示手动、自动方式选择开关。当 X0 闭合时,转移条件成立,程序将跳过手动程序,直接执行自动程序然后执行公共程序;若 X0 断开,则执行手动程序后跳过自动程序去执行公共程序。这种用一个按钮进行手动、自动工作方式切换的编程方法广泛用于生产线上自动循环和手动调节之间的切换。

注意事项　跳转指令与主控指令之间有类似之处,但是有一些关键性的区别,在学习时要注意对比掌握。

(1)可以使用多个编号相同的 JP 指令,即允许设置多个跳向一处的跳转点,编号可以是 0～63 的任意整数,但不能出现相同编号的 LBL 指令,否则程序将无法确定将要跳转的位置。

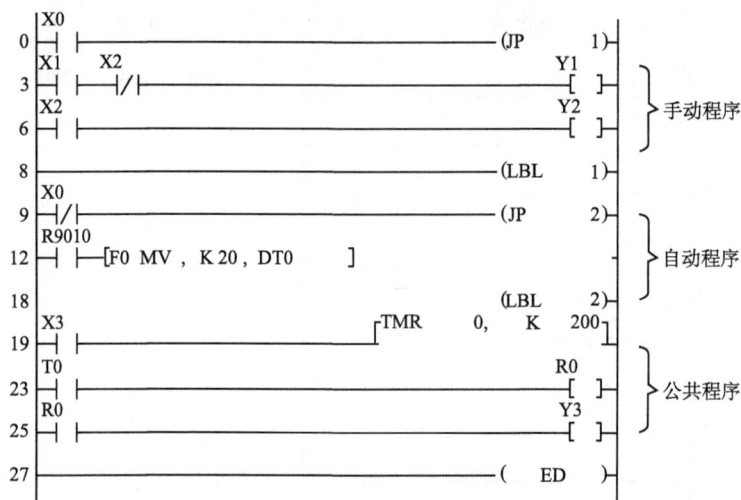

图 3-22　手动/自动工作方式切换梯形图

（2）LBL 指令应该放在同序号的 JP 指令的后面，当然，放在前面也可以，不过这时扫描不会终止，而且可能发生瓶颈错误，详细内容请参见手册。

（3）JP 指令不能直接从母线开始，即前面必须有触发信号。

（4）在一对跳转指令之间可以嵌套另一对跳转指令。

（5）不能从结束指令 ED 以前的程序跳转到 ED 以后的程序中去；不能在子程序或中断程序与主程序之间跳转；不能在步进区和非步进区之间进行跳转。

3. 循环跳转指令：LOOP、LBL

LOOP　循环指令。

LBL　　循环标记指令。

循环指令的功能为：当执行条件成立时，循环次数减 1，如果结果不为 0，跳转到与 LOOP 相同编号的 LBL 处，执行 LBL 指令后的程序。重复上述过程，直至结果为 0，停止循环；当执行条件不成立时，不循环执行。

例 3-18　如图 3-23 所示。

例题说明　当 X6 接通时，数据寄存器 DT0 的预置值减 1，若结果不为 0，LOOP 指令跳转到 LBL1 处，执行 LBL1 之后的程序。重复执行相同的操作直至 DT0 中的内容变为 0，结束循环。

当 X6 断开时，不执行循环。

注意事项　循环指令具有上述跳转指令与主控指令的一些特点，同时又有自己的独特之处，在学习时仍然需要和前两种指令区别掌握。

（1）可以使用多个编号相同的 LOOP 指令，编号可以是 0～63 的任意整数，但不能出现相同编号的 LBL 指令，否则程序将无法确定循环区间。此外，该指令可以与 JP 指令共用相同编号的 LBL 指令，但为了程序清晰，尽量避免。

（2）LBL 指令与同编号的 LOOP 指令的前后顺序不限，但工作过程不同。一般将 LBL

梯形图　　　　　　　　　　　　　　　　　　　　指令表

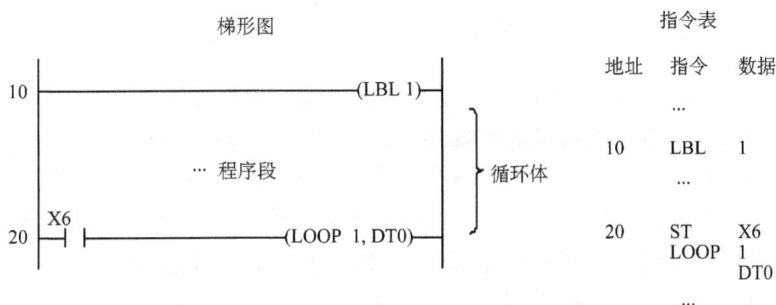

图 3-23　循环跳转指令举例

指令放于 LOOP 指令的上面,此时,执行循环指令的整个过程都是在一个扫描周期内完成的,所以整个循环过程不可太长,否则扫描周期变长,影响 PLC 的响应速度,有时甚至会出错。

（3）LOOP 指令不能直接从母线开始,即必须有触发信号。当某编号的 LOOP 对应的触发信号接通时,与同编号的 LBL 即构成一个循环。

（4）循环跳转指令可以嵌套使用。

（5）不能从结束指令 ED 以前的程序跳转到 ED 以后的程序中去,不能在子程序或中断程序与主程序之间跳转,也不能在步进区和非步进区进行跳转。

4. 结束指令：ED、CNDE

ED　　　结束指令,表示主程序结束。

CNDE　　条件结束指令,当控制触点闭合时,可编程控制器不再继续执行程序,结束当前扫描周期,返回起始地址；否则,继续执行该指令后面的程序段。

ED 和 CNDE 指令的使用方法见下例。

例 3-19　如图 3-24 所示。

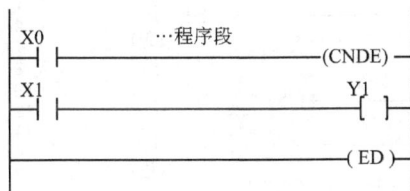

图 3-24　结束指令举例

例题说明　这里仅是要说明指令的用法,因此图 3-24 中忽略了前面的程序段。当控制触点 X0 闭合时,条件结束指令 CNDE 起作用,返回程序起始地址,当前的扫描结束时,进入下一次扫描；否则,控制触点 X0 断开,继续执行下面的指令,当遇到 ED 指令,才结束当前的扫描。

5. 步进指令：SSTP、NSTP、NSTL、CSTP、STPE

SSTP　　　　　　步进开始指令，表明开始执行该段步进程序。

NSTP、NSTL　　　转入指定步进过程指令。

这两个指令的功能一样，都是当触发信号来时，程序转入下一段步进程序段，并将前面程序所用过的数据区清除，输出 OT 关断、定时器 TM 复位。区别在于触发方式不同，前者为脉冲式，仅当控制触点闭合瞬间动作，即检测控制触点的上升沿，类似于微分指令；后者为扫描式，每次扫描检测到控制触点闭合都要动作。

CSTP　　复位指定的步进过程。

STPE　　步进结束指令，结束整个步进过程。

在工业控制中，一个控制系统往往由若干个功能相对独立的工序组成，因此系统程序也由若干个程序段组成，我们称之为过程。步进指令用于可编程控制器的步进控制编程。步进控制编程是可编程控制器应用非常重要的一个方面，尤其适用于顺序控制。可以根据实际的工艺流程需要，将整个系统的控制程序划分为一段段相对独立的程序，使用步进指令分段执行这些程序段，以达到顺序控制的目的。步进指令按严格的顺序分别执行各个程序段，每一段程序都有自己的编号，编号可以取 0～127 的任意数字，但不能和别的程序段编号相同。只有执行完前一段程序后，下一段程序才能被激活。在执行下一段程序之前，PLC 要将前面程序所用过的数据区清除，输出 OT 关断、定时器 TM 复位，为下一段程序的执行做准备。

除了用于生产过程的顺序控制，步进指令还可用于选择分支控制、并行分支控制等，限于篇幅，本书不作具体介绍，可参阅手册。步进指令的标准用法如下例所示。

例 3-20　如图 3-25 所示。

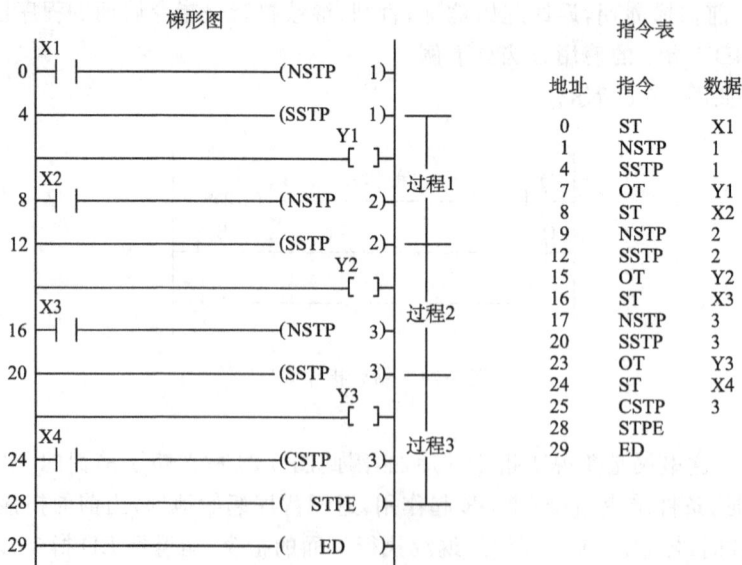

图 3-25　步进指令举例

例题说明　当检测到 X1 的上升沿时,执行步进过程 1,输出继电器 Y1 接通;当 X2 接通时,清除步进过程 1,输出继电器 Y1 断开,并执行步进过程 2,输出继电器 Y2 接通;当 X3接通时,清除步进过程 2,输出继电器 Y2 断开,并执行步进过程 3,输出继电器 Y3 接通;当X4 接通时,清除步进过程 3,输出继电器 Y3 断开,步进程序执行完毕。

注意事项　(1)步进程序中允许输出直接同左母线相连。

(2)步进程序中不能使用 MC 和 MCE、JP 和 LBL、LOOP 和 LBL、ED 和 CNDE 指令。

(3)在步进程序区中,识别一个过程是从一个 SSTP 指令开始到下一个 SSTP 指令,或一个 SSTP 指令到 STPE 指令,即步进程序区全部结束。

(4)当 NSTP 或 NSTL 前面的控制触点接通时,程序进入下一段步进程序。这里的控制触点和步进控制程序区结束指令 STPE 都是必需的。

(5)下一个步进过程的开始同时也清除上一个步进过程。因为既没有下一个步进过程来清除,也不能自清除,所以,最后一个步进过程必须用 CSTP 指令清除,而且步进控制程序区结束应有 STPE 指令。

(6)尽管在每个步进程序段中的程序都是相对独立的,但在各段程序中的输出继电器、内部继电器、定时器和计数器不能出现相同的编号,否则按出错处理。

6. **子程序调用指令:CALL、SUB、RET**

CALL　子程序调用指令,执行指定的子程序。

SUB　　子程序开始标志指令,用于定义子程序。

RET　　子程序结束指令,执行完毕返回到主程序。

子程序调用指令的功能:当 CALL n 指令的执行条件成立时,程序转至子程序起始指令SUB n 处,执行 SUB n 到 RET 之间的第 n 号子程序。遇到 RET 指令,子程序结束并返回到 CALL n 的下一条指令处,继续执行主程序。

例 3-21　如图 3-26 所示。

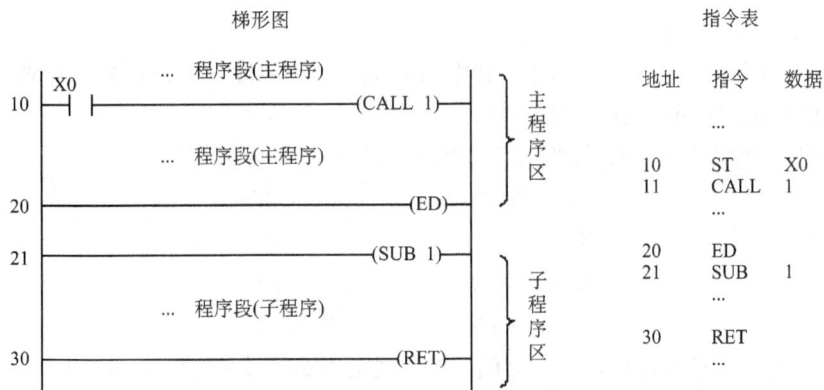

图 3-26　子程序及调用指令举例

例题说明　当 X0 接通时,程序从主程序转到编号为 1 的子程序的起始地址 SUB 1 处,开始执行子程序;当执行到 RET 处时,子程序执行完毕,返回到主程序调用处,从 CALL 1

指令的下一条指令继续执行随后的主程序。

当 X0 断开时,不调用子程序,继续执行主程序。

注意事项　(1)FP1-C24 可用子程序的个数为 16,即子程序编号范围为 SUB0～SUB15,且两个子程序的编号不能相同。

(2)子程序必须编写在主程序的 ED 指令后面,由子程序入口标志 SUB 开始,最后是 RET 指令,缺一不可。

(3)子程序调用指令 CALL 可以在主程序、子程序或中断程序中使用,可见,子程序可以嵌套调用,但最多不超过 5 层。

(4)当控制触点为 OFF 时,子程序不执行。这时,子程序内的指令状态如表 3-9 所示。

表 3-9　控制触点断开时对子程序内指令状态的影响

指令或寄存器	状态变化
OT、KP、SET、RST	保持控制触点断开前对应各继电器的状态
TM、F137(STMR)	不执行
CT、F118(UDC);SR、F119(LRSR)	保持控制触点断开前经过值,但停止工作
其他指令	不执行

7. 中断指令:ICTL、INT、IRET

ICTL　中断控制指令,用于设定中断的类型及参数。

INT　　中断程序开始标志。

IRET　中断程序结束标志。

为了提高 PLC 的实时控制能力,提高 PLC 与外部设备配合运行的工作效率以及 PLC 处理突发事件的能力,FP1 设置了中断功能。中断就是中止当前正在运行的程序,去执行为要求立即响应信号而编制的中断服务程序,执行完毕再返回原先被中止的程序并继续运行。

1)FP1 的中断类型

FP1-C24 以上机型均有中断功能,其中断功能有两种类型,一种是外部中断,又叫硬件中断;另一种是定时中断,又叫软件中断。

(1)外部中断共有 8 个中断源 X0～X7,分别对应的中断入口是:

$$\begin{array}{ll} X0—INT0 & X4—INT4 \\ X1—INT1 & X5—INT5 \\ X2—INT2 & X6—INT6 \\ X3—INT3 & X7—INT7 \end{array}$$

其优先级别为 INT0 最高,INT7 最低。FP1 规定中断信号的持续时间应大于或等于 2ms。

使用前应先通过对系统寄存器 No.403 的设置来设定 8 个中断源是否使能。No.403 的低 8 位 bit0～bit7 对应输入继电器 X0～X7。当某位设定成 1 时,则该位对应的输入继电器 X 就可以作为中断源使用;当某位设定成 0 时,则该位对应的输入继电器仍作为普通输入端使用。

(2)内部定时中断是通过软件编程来设定每间隔一定的时间去响应一次中断服务程序,定时中断的中断入口为 INT24。

2）中断的实现

（1）对于内部定时中断，是通过编程来实现的，定时中断的时间，由中断命令控制字设定。

（2）对于外部中断，应先设定系统寄存器 No.403 的值，然后再设定中断控制字，并按中断程序的书写格式编写程序。当中断源脉冲信号的上升沿到来后即响应中断，停止执行主程序，并按中断优先权的高低依次执行各中断服务子程序。子程序结束后，返回到主程序。值得指出的是：与普通微机不同，PLC 的中断是非嵌套的，也就是说，在执行低级中断时，若有高级中断到来，并不立即响应高级中断，而是在执行完当前中断后，才响应高级中断。

3）中断控制字的设置

ICTL 是中断控制字指令，该指令的格式为"ICTL S1,S2"。

其中操作数 S1 和 S2 可以是常数 H，也可以是某个寄存器的数据。S1 用来设置中断类型，S2 设置中断参数。操作数 S1 写入格式和含义分别见表 3-10(a)、(b)，S2 则要根据 S1 的控制字来设定，具体设定及含义见表 3-10(c)。

表 3-10　S_1 和 S_2 的设定及含义

(a) ICTL 指令中 S1 的写入格式

位址	高 8 位：选择中断操作	低 8 位：选择中断类型
S1 写入字的含义	H00：中断"屏蔽/非屏蔽"控制	H00：外部启动中断（硬中断）
	H01：中断为清除/非清除方式	H02：定时启动中断（软中断）

(b) ICTL 指令中 S1 的设定及含义

中断类型	S1 中的设定值	含义
外部启动中断（包括高速计数器启动中断）	H0000（缩写成 H0）	当 S1 的设定值为 H0 时，所有的外部中断源（包括高速计数器启动中断）为屏蔽/非屏蔽状态，每一个中断源是否为屏蔽状态，由 S2 设定
	H0100（缩写成 H100）	当 S1 的设定值为 H100 时，表示已执行的中断触发源可以清除，选择哪些中断源，由 S2 设定
定时启动中断	H0002（缩写成 H2）	当 S1 的设定值为 H2 时，为定时启动中断方式，中断时间间隔由 S2 设定

(c) ICTL 指令中 S2 的设定及含义

中断类型	S1 设定的值	含义
外部启动中断（包括高速计数器启动中断）	H0	S2 高 8 位不用，低 8 位中 0～7 位对应 X0～X7 这 8 个外部中断源，写入"0"表示"禁止（屏蔽）"，写入"1"表示"允许（非屏蔽）"，只有相应的位写入"1"时，其对应的中断源才有效
	H100	S2 高 8 位不用，低 8 位中 0～7 位对应 X0～X7 这 8 个外部中断源，写入"0"表示"复位（清除）"，写入"1"表示"保持有效（不清除）"，只有相应的位写入"0"时，其对应的中断源才复位
定时启动中断	H2	定时启动中断，中断时间间隔＝S2×10(ms)，而 S2 的设定范围为 K0～K3000，其中 K0 表示不执行定时启动中断

注意事项 （1）使用外部中断之前,首先设置系统寄存器 No.403。

（2）ICTL 指令应和 DF 指令配合使用。

（3）中断子程序应放在主程序结束指令 ED 之后。

（4）INT 和 IRET 指令必须成对使用。

（5）中断子程序中不能使用定时器指令 TM。

（6）中断子程序的执行时间不受扫描周期的限制。中断子程序中可以使用子程序调用指令。

例 3-22 如图 3-27 所示。

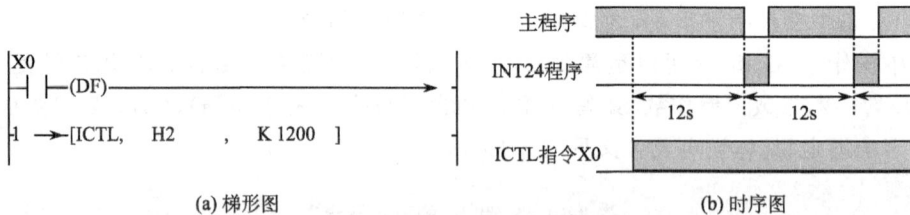

图 3-27　定时启动中断举例

例题说明 图 3-27(a)中,中断指令参数 S1 设为 H2,规定为"定时启动中断"。S2 用来设定中断间隔,间隔时间＝K1200×10ms＝12s。当中断控制信号 X0 接通时,中断控制程序 24(INT24)每隔 12s 执行一次。时序图如图 3-27(b)所示。

例 3-23 如图 3-28 所示。

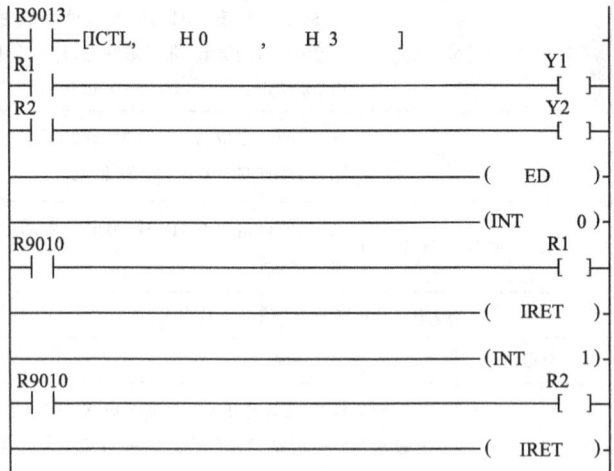

图 3-28　外部硬中断举例

例题说明 图 3-28 中包含 2 个中断程序(INT0 和 INT1)。主程序中,中断控制指令 ICTL 的第一个参数 S1＝H0,表示设置成外部硬中断;第二个参数 S2＝H3,即允许 X0、X1 中断。

在程序运行之前,首先设定系统寄存器 No. 403 的值为 H3。上电后运行程序,无中断时 Y1 和 Y2 全为 OFF 状态,来中断时则应按如下方式响应:

（1）X0 中断则 Y1 为 ON;X1 中断则 Y2 为 ON。

（2）X0、X1 同时来中断,则按优先权的排队顺序响应,即先响应 X0,再响应 X1。

（3）X0、X1 均中断,则按中断到来的先后顺序响应之。

3.2.4　比较指令

在 FP1-C24 型可编程控制器的指令系统中,共有各种类型的比较指令 36 条。这是松下电工新开发的指令,因此,对于 FP 系列 PLC,只有 C24 以上机型才具有。该类指令适用的机型可参见表 3-11。

表 3-11　比较指令

指　令			功　能	步数	适用型号		
中文名称	英文名称	助记符			C14 C16	C24 C40	C56 C72
相等时开始	word start equal	ST=	比较两个单字(16bit)数据,按下列结果分别执行 Start、AND 或 OR 操作。ON:当 S1＝S2 OFF:当 S1≠S2	5	×		
相等时与	word AND equal	AN=		5	×		
相等时或	word OR equal	OR=		5	×		
不等时开始	word start equal not	ST<>	比较两个单字(16bit)数据,按下列结果分别执行 Start、AND 或 OR 操作。ON:当 S1≠S2 OFF:当 S1＝S2	5	×		
不等时与	word AND equal not	AN<>		5	×		
不等时或	word OR equal not	OR<>		5	×		
大于时开始	word start larger	ST>	比较两个单字(16bit)数据,按下列结果分别执行 Start、AND 或 OR 操作。ON:当 S1>S2 OFF:当 S1≤S2	5	×		
大于时与	word AND larger	AN>		5	×		
大于时或	word OR larger	OR>		5	×		
不小于时开始	word start equal or larger	ST>=	比较两个单字(16bit)数据,按下列结果分别执行 Start、AND 或 OR 操作。ON:当 S1≥S2 OFF:当 S1<S2	5	×		
不小于时与	word AND equal or larger	AN>=		5	×		
不小于时或	word OR equal or larger	OR>=		5	×		
小于时开始	word start smaller	ST<	比较两个单字(16bit)数据,按下列结果分别执行 Start、AND 或 OR 操作。ON:当 S1<S2 OFF:当 S1≥S2	5	×		
小于时与	word AND smaller	AN<		5	×		
小于时或	word OR smaller	OR<		5	×		
不大于时开始	word start equal or smaller	ST<=	比较两个单字(16bit)数据,按下列结果分别执行 Start、AND 或 OR 操作。ON:当 S1≤S2 OFF:当 S1>S2	5	×		
不大于时与	word AND equal or smaller	AN<=		5	×		
不大于时或	word OR equal or smaller	OR<=		5	×		

单字比较

续表

指　　令			功　　能	步数	适用型号		
中文名称	英文名称	助记符			C14 C16	C24 C40	C56 C72
双字比较 相等时开始	double word start equal	STD=	比较两个双字(32bit)数据,按下列结果分别执行 Start、AND 或 OR 操作。 ON:当(S1+1,S1)=(S2+1,S2) OFF:当(S1+1,S1)≠(S2+1,S2)	9	×		
相等时与	double word AND equal	AND=		9	×		
相等时或	double word OR equal	ORD=		9	×		
不等时开始	double word start equal not	STD<>	比较两个双字(32bit)数据,按下列结果分别执行 Start、AND 或 OR 操作。 ON:当(S1+1,S1)≠(S2+1,S2) OFF:当(S1+1,S1)=(S2+1,S2)	9	×		
不等时与	double word AND equal not	AND<>		9	×		
不等时或	double word OR equal not	ORD<>		9	×		
大于时开始	double word start larger	STD>	比较两个双字(32bit)数据,按下列结果分别执行 Start、AND 或 OR 操作。 ON:当(S1+1,S1)>(S2+1,S2) OFF:当(S1+1,S1)≤(S2+1,S2)	9	×		
大于时与	double word AND larger	AND>		9	×		
大于时或	double word OR larger	ORD>		9	×		
不小于时开始	double word start equal or larger	STD>=	比较两个双字(32bit)数据,按下列结果分别执行 Start、AND 或 OR 操作。 ON:当(S1+1,S1)≥(S2+1,S2) OFF:当(S1+1,S1)<(S2+1,S2)	9	×		
不小于时与	double word AND equal or larger	AND>=		9	×		
不小于时或	double word OR equal or larger	ORD>=		9	×		
小于时开始	double word start smaller	STD<	比较两个双字(32bit)数据,按下列结果分别执行 Start、AND 或 OR 操作。 ON:当(S1+1,S1)<(S2+1,S2) OFF:当(S1+1,S1)≥(S2+1,S2)	9	×		
小于时与	double word AND smaller	AND<		9	×		
小于时或	double word OR smaller	ORD<		9	×		
不大于时开始	double word start equal or smaller	STD<=	比较两个双字(32bit)数据,按下列结果分别执行 Start、AND 或 OR 操作。 ON:当(S1+1,S1)≤(S2+1,S2) OFF:当(S1+1,S1)>(S2+1,S2)	9	×		
不大于时与	double word AND equal or smaller	AND<=		9	×		
不大于时或	double word OR equal or smaller	ORD<=		9	×		

为了更好理解这类指令,首先分析一下比较指令的组成。

比较指令由 3 部分组成,第一部分为助记符,分别由 ST、AN、OR 开始,用于指定条件满足后要进行的操作是开始,还是逻辑与、逻辑或;第二部分为比较运算符,主要有等于(=)、大于(>)、小于(<)、大于或等于(>=)、小于或等于(<=)和不等于(<>)共 6 种关系,满足关系则为真、不满足则为假;第三部分为比较操作数,可以为常数,即通常所说的直接寻址方式,也可以为寄存器的值,即通常所说的间接寻址方式。第二部分比较运算符指定进行的操作即是针对这两个数。见图 3-29。

另外,比较指令还分为单字(16bit)比较和双字(32bit)比较,语法完全一样,差别只是参与比较的数据字长不同。

由上述分析可见,比较指令虽然数量较多,但规律性很强,因此只需掌握其典型用法和规律,很容易触类旁通。具体用法请参见表 3-11,下面简单举例说明。

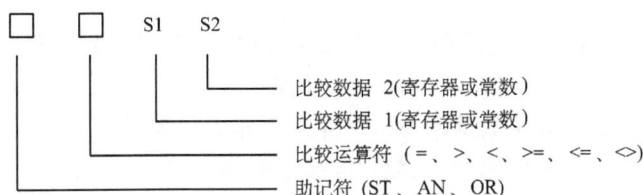

图 3-29　比较指令格式

例 3-24　如图 3-30 所示。

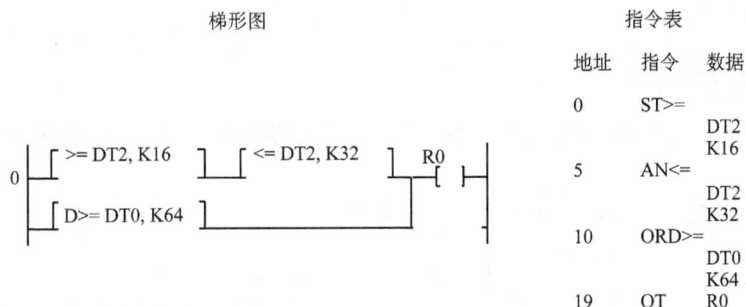

图 3-30　条件比较指令举例

例题说明　该程序的功能为：根据 DT2 中的数据范围，或(DT1,DT0)中的内容，决定 R0 的输出状态。设 DT2 中数据用 x 表示，(DT1,DT0)中数据用 y 表示，则当 $16 \leqslant x \leqslant 32$，或者 $y \geqslant 64$ 时，R0 导通，输出为 ON；否则，R0 断开，输出为 OFF。

从该例可以看出，比较指令实际上相当于一个条件触点，根据条件是否满足，决定触点的通断。

注意事项　(1) 单字比较为 16 位数据，双字比较为 32 位数据，用寄存器寻址时，后者采用两个相邻寄存器联合取值，如例中(DT1,DT0)，表示由 DT1 和 DT0 联合构成 32 位数据。

(2) 在构成梯形图时，ST、AN、OR 与基本顺序指令中用法类似，区别仅在于操作数上，前者为寄存器(16bit 或 32bit)，后者为继电器(1bit)。

(3) 单字指令步数为 5 步，而双字指令步数为 9 步。

3.3　高级指令概述

从表 3-1 可见，FP1 系列 PLC 除基本指令以外，还有 100 多条高级指令，使得编程能力大大扩展，所以高级指令又称为扩展功能指令。与基本功能指令书写方式不同，高级指令是用功能编号表示的，即由大写字母"F"加上指令功能号构成。

3.3.1　高级指令的类型

按照指令的功能，高级指令可分为以下 8 种类型。

（1）数据传送指令：16 位、32 位数据，以及位数据的传送、复制、交换等功能。

（2）算术运算指令：二进制数和 BCD 码的加、减、乘、除等算术运算。

（3）数据比较指令：16 位或 32 位数据的比较。

（4）逻辑运算指令：16 位数据的与、或、异或和异或非运算。

（5）数据转换指令：16 位或 32 位数据按指定的格式进行转换。

（6）数据移位指令：16 位数据进行左移、右移、循环移位和数据块移位等。

（7）位操作指令：16 位数据以位为单位，进行置位、复位、求反、测试以及位状态统计等操作。

（8）特殊功能指令：包括时间单位的变换、I/O 刷新、进位标志的置位和复位、串口通信及高速计数器指令等。

3.3.2 高级指令的构成

高级指令由大写字母"F"、指令功能号、助记符和操作数组成，指令的格式见图 3-31。

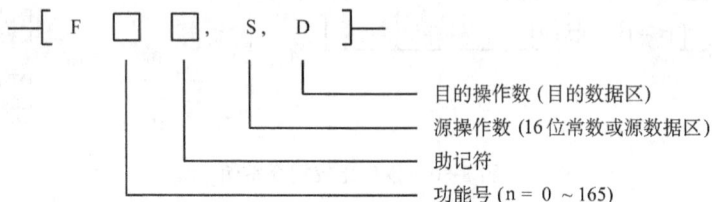

图 3-31 高级指令的一般格式

图 3-31 中，Fn 是指令功能号，Fn＝F0～F165。不同的功能号规定 CPU 进行不同的操作。指令的助记符用英文缩写表示，一般可据此大致推测出该指令的功能，如高级指令 F0，助记符 MV 是英文 MOVE（移动）的缩写。S 是源操作数或源数据区，D 是目的操作数或目的数据区，分别指定操作数或其地址、性质和内容。操作数可以是一个、两个或者三个，取决于所用的指令，可以是单字（16bit）和双字（32bit）的数据，若为位操作指令，还可以是位（1bit）数据。

3.3.3 高级指令的操作数

1）进位制

有关进位制的内容在数字电路、计算机基础知识中都有详细介绍，因此，本书仅就涉及的问题作简要的说明。

（1）二进制系统（BIN）。二进制数系统是 PLC 指令系统中最经常使用的。一般都是以二进制的"位"（1bit）、或者是"字"（16bit）和"双字"（32bit）为单位进行操作。

（2）十进制常数（K 常数）。在 PLC 中，十进制主要用于输入数据，如定时/计数器的预置值应使用十进制常数编程，这在基本指令部分多次用到。十进制常数在 PLC 内部则自动转换为二进制数后再处理。

（3）十六进制常数（H 常数）。十六进制系统用 16 作为基数。可用的符号是数字 0～9 和字母 A～F，用字母依次对应表示数 10～15。十六进制常数是用来以较少的位（digit）来表示二进制数的,十六进制数用 1 位(1digit)来表示二进制的 4 位(4bit)。这样,一个寄存器的 16 位二进制数,可以用 4 位十六进制数来表示。

一般在常数前加"H"来表示该数为十六进制常数。

(4) 二进制表示的十进制数(BCD 码)。BCD 码表示用二进制数编码的十进制数,本质上为十进制数,二进制数编码是其表现形式。引进 BCD 码是为了便于处理输入到数字设备中的数据,或将从数字设备中输出的数据译码。BCD 码将人类习惯使用的十进制数转换为机器使用的二进制数。简单地把十进制的每位转换为二进制的 4 位,即可得到十进制数的 BCD 码表示。当数据从数字开关输入,或当数据输出到七段显示器时,通常使用 BCD 码。

这里要注意区分十六进制和 BCD 码两种表示方式。在形式上,二者都由 4 位二进制数来表示,由概率论可知,4 位二进制数可以有 16 种不同的组合,即可表示 16 个不同的数,十六进制用尽了这 16 种组合,表示范围为 0～9 和 A～F,而 BCD 码仅用了 10 种组合,表示范围与十进制一样,也为 0～9。

2) 寄存器和常数

字继电器(WX、WY、WR)、定时器/计数器(T、C、SV、EV)、数据寄存器(DT)、索引寄存器(IX、IY)和常数(K、H)均由 1 个字(16bit)构成,且以字为单位进行处理。字继电器的内容按位对应其继电器元件的状态。

3.3.4　使用高级指令应注意的问题

当向可编程控制器输入程序时,高级指令的功能号(F0～F165)用来区分各种高级指令。

(1) 在高级指令的前面必须加控制触点(触发信号),而在后面只能是右母线。

(2) 根据执行的过程,FP1 的指令有两种类型,即 F 型和 P 型。如果控制触点接通后,其后续的指令每个扫描周期都要执行一次,称为"F 型"指令;否则,如果后续的指令只在触发信号的上升沿执行一次,称为"P 型"指令。本书中只介绍"F 型"指令,如果在控制过程中需要只执行一次高级指令,可在 F 型高级指令的前面使用微分指令(DF)实现。

(3) 如果多个高级指令连续使用同一控制触点,不必每次都画出或写出该控制触点。见图 3-32(a)中虚线部分,第二、第三个指令的 X0 触点可以省略,则图 3-32(a)简化为图 3-32(b)。

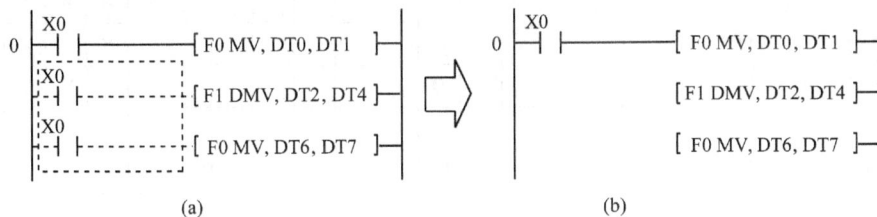

图 3-32　梯形图

3.4　FP1 的高级指令

高级指令的内容虽然很多,但是具有较强的规律性,因此本书中分类进行介绍,且每类选取具有代表性的指令举例说明,其他的指令在此基础上可参考表中的功能说明或使用手册,举一反三,学习掌握。

3.4.1　数据传送指令

数据传送指令及操作数如表 3-12 所示。该类指令的功能是将源操作数中的数据,按照规定的要求,复制到目的操作数中去,可分为数据传送、位传送、数字传送、块传送及复制、寄存器交换等。

表 3-12　数据传送指令及操作数

指令	功能	步数	操作数	可用寄存器										索引修正值
				继电器			定时/计数器		寄存器	索引寄存器		常数		
				WX	WY	WR	SV	EV	DT	IX	IY	K	H	
F0(MV)	16 位数据传输	5	S											
			D	×								×	×	
F1(DMV)	32 位数据传输	7	S								×			
			D	×						×	×			
F2(MV/)	16 位数据取反传输	5	S											
			D	×								×	×	
F3(DMV/)	32 位数据取反传输	7	S								×			
			D	×						×	×			
F5(BTM)	位传输	7	S											
			n											
			D	×								×	×	
F6(DGT)	十六进制数据传输	7	S											
			n											
			D	×								×	×	
F10(BKMV)	块传输	7	S1							×	×	×	×	
			S2							×	×	×	×	
			D	×						×	×	×	×	
F11(COPY)	块复制	7	S											
			D1	×						×	×			
			D2	×						×	×			
F15(XCH)	两个单字(16bit)数据交换	5	D1	×								×	×	
			D2	×								×	×	
F16(DXCH)	两个双字(32bit)数据交换	5	D1	×						×		×	×	
			D2	×						×		×	×	
F17(SWAP)	16 位数据高低字节互换	3	D	×								×	×	

1. 数据传送:F0(MV)、F1(DMV)、F2(MV/)、F3(DMV/)

[F0 MV, S, D]:16bit data move,将一个 16 位的常数或寄存器中的数据传送到另一个寄存器中去。

[F1 DMV, S, D]:32bit data move,将一个 32 位的常数或寄存器区中的数据传送到另一个寄存器区中去。

[F2 MV/, S, D]:16bit data invert and move,将一个 16 位的常数或寄存器中的数据取反后传送到另一个寄存器中去。

[F3 DMV/, S, D]:32bit data invert and move,将一个 32 位的常数或寄存器区中的数据取反后传送到另一个寄存器区中去。

下面以 F0(MV)和 F3(DMV/)为例说明该类指令用法。

例 3-25　如图 3-33 所示。

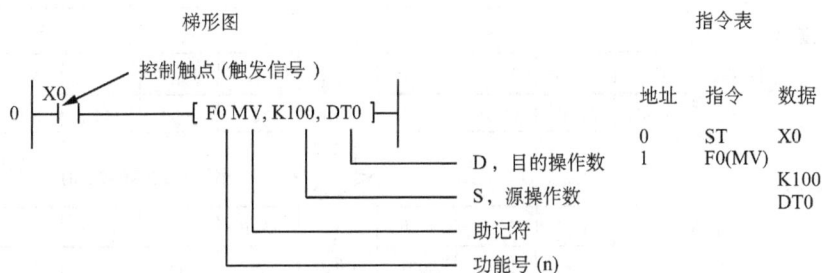

图 3-33　F0(MV)指令举例

该程序的功能是:当控制触点 X0 闭合时,每个扫描周期都要重复将十进制数 100 传送到内部字寄存器 DT0 中。

从表 3-12 中还可以看出,F0(MV)指令对源操作数没有要求,而目的操作数不能是输入继电器 WX 和常数 K、H。原因很明显:目的操作数是用来保存结果的,自然不能用输入继电器和常数。后面介绍的其他指令也有类似情况,书中不再赘述。

例 3-26　如图 3-34 所示。

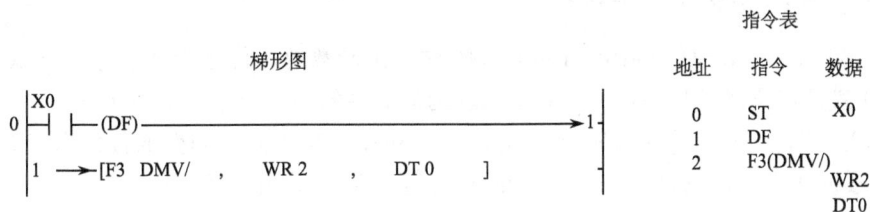

图 3-34　F3(DMV/)指令举例

与例 3-25 相比,该例有 5 点不同,下面加以详细说明。

(1) 在控制触点后,增加了微分指令 DF,表示该指令仅在检测到控制触点 X0 闭合时执行一次。

（2）F3（DMV/）指令助记符的第一个字符为"D"，表示该指令为双字操作，目的操作数为 DT0 寄存器，表示数据保存在寄存器 DT1、DT0 构成的 32 位单元中。在以后的双字操作指令中也遵循这一原则，即由相邻 2 个 16 位寄存器联合构成一个 32 位寄存器，默认指定的是低 16 位寄存器。如果低 16 位区已指定为 S、D，则高 16 位分别自动指定为 S+1、D+1，本例中：

$$S+1（高位）=WR3, \quad S（低位）=WR2$$
$$D+1（高位）=DT1, \quad D（低位）=DT0$$

（3）F3（DMV/）指令助记符的最后一个字符为"/"，表示在进行传送时，要对被传送的数据先进行取反，然后将结果送往目的寄存器区。

（4）源操作数和目的操作数都用寄存器方式寻址，源操作数在执行指令后内容不变，目的操作数则被覆盖，相当于执行数据复制操作。数据的传递关系与结果参看图 3-35。

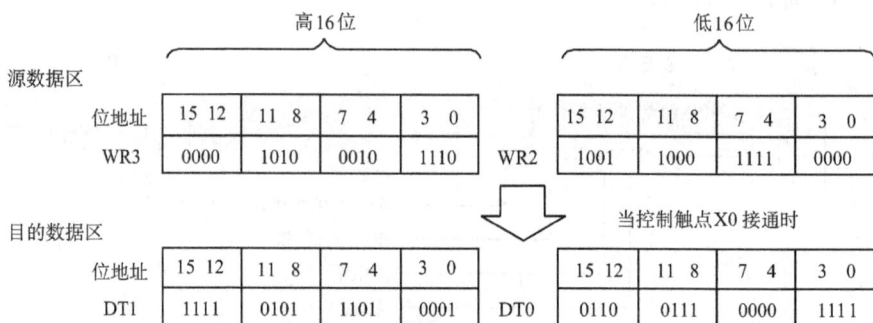

图 3-35 　例 3-26 操作数的传递情况

（5）从表 3-12 还可以看出，与 F0（MV）指令不同的是，S 和 D 不能用 IY 寄存器。IX 和 IY 除用作索引寄存器外，还可以用作通用寄存器。当用作通用 16 位寄存器时，二者可单独使用；当用作 32 位存储区时，二者联用，IX 存低 16 位，IY 存高 16 位，因此程序中只能引用 IX，IY 由系统自动引用，无论是 S 还是 D 均如此。这个规则对于所有的双字（32bit）指令都适用。

2. 位传输：F5（BTM）、F6（DGT）

[F5 BTM，S，n，D]：Bit data move，16 位二进制数的位传送指令。将一个 16 位二进制数的任意指定位，复制到另一个 16 位二进制数据中的任意指定位中去。

[F6 DGT，S，n，D]：Hexadecimal digit move，16 位十六进制数的位传送指令。将一个 16 位数据按十六进制，传送若干位（digit）到另一个 16 位寄存器区中。

例 3-27 如图 3-36 所示。

例题说明 在 F5（BTM）指令中，S 为源操作数，是被传送的 16 位常数或寄存器中的数据；D 为目的操作数，表示接收数据的 16 位目的寄存器；n 是 16 位的操作数，又称传输控制码，它指明了源操作数中哪一位数据将被传送以及传送到目的操作数中的哪一位。在 n 中，bit0～bit3 用以指定源操作数中哪一位将被传送，bit8～bit11 用以指定被传送数据放在目的操作数的什么位置，bit4～bit7、bit12～bit15 这 8 位未用，可随便取值，不影响结果，为简

梯形图　　　　　　　　　　　　　指令表

```
                                     地址    指令    数据
0   X0                                0      ST     X0
  ──┤├──[F5 BTM, WX0, HB05, DT0]──     1      F5(BTM)
                                              WX0
                                              HB05
                                              DT0
```

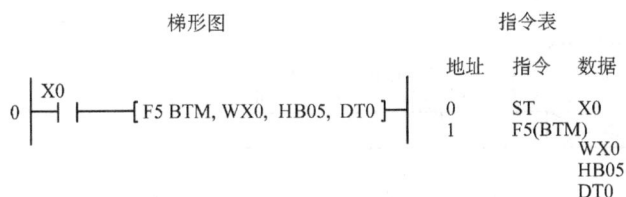

图 3-36　位传输指令举例

便计,一般均取为 0。因此,本例中源区位地址取为 H5,目的区位地址取为 HB。n 的设置见图 3-37。

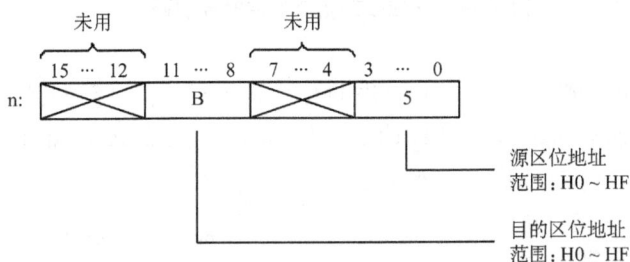

```
        未用                未用
    ┌─────────┐        ┌─────┐
    15 … 12   11 … 8    7 … 4   3 … 0
n: │╲╲╲╲╲│    B    │╲╲╲╲╲│    5    │
                                    └─── 源区位地址
                                         范围:H0~HF
                         └──────────── 目的区位地址
                                         范围:H0~HF
```

图 3-37　F5(BTM)指令的传输控制码定义

程序执行的功能为:当控制触点 X0 接通时,WX0 中第 05 位数据传送到 DT0 中的第 11 位,如图 3-38 所示。WX0 中的数据由前面的程序赋值,DT0 中的数据可能已经赋值,也可能没有赋值,但是执行完该指令后,DT0 的第 11 位被赋值为 1(图 3-38)。

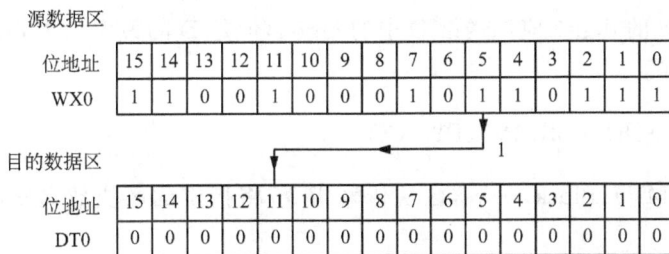

源数据区

位地址	15	14	13	12	11	10	9	8	7	6	5	4	3	2	1	0
WX0	1	1	0	0	1	0	0	0	1	0	1	1	0	1	1	1

目的数据区

位地址	15	14	13	12	11	10	9	8	7	6	5	4	3	2	1	0
DT0	0	0	0	0	0	0	0	0	0	0	0	0	0	0	0	0

图 3-38　例 3-27 中操作数的传递情况

对于 F6(DGT),在 n 的定义上有所不同,一是数据操作的最小单位为十六进制的 1 位,即 1digit,相当于二进制的 4bit;二是要复制的数据不像 F5 那样只有 1 位,而是有效范围内的任意位,因此还需要指定参与操作的位数。n 的设置可参考图 3-39。

由图 3-39 中可见,n 的 bit12~bit15 未用,以十六进制表示,即 digit3 未用。

为了能够表示数据段,采用的是"首地址+段长度"的表示方式,即由 digit2 表示目的区首地址;digit1 表示要复制的数据段位数,digit0 表示源区首地址,这样进行操作的数据区地址就可唯一确定。

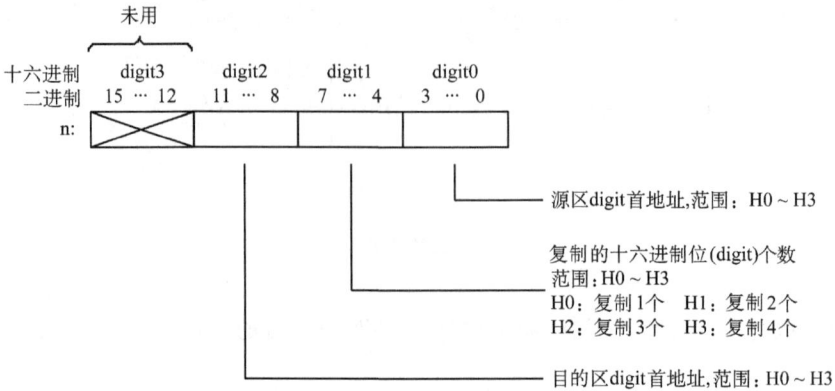

图 3-39　F6(DGT)指令的传输控制码定义

举例而言,若想将源区的 4 个十六进制位(digit0～digit3)复制到目的区的 4 个十六进制位(digit1～digit3,digit0),可将 n 取值为 H0130,其含义见图 3-40,执行情况见图 3-41。

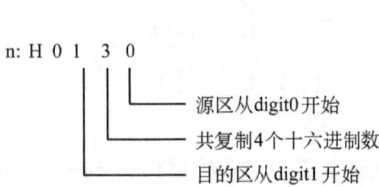

图 3-40　F6(DGT)指令的传输控制码举例

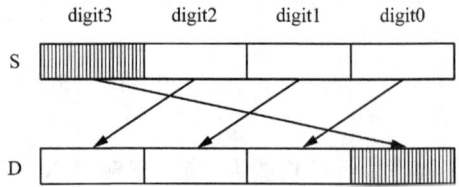

图 3-41　F6(DGT)指令执行结果

值得注意的是,这里有个"循环"的概念,即如果目的区位数不够,自动回到最小位,再进行复制。如例中 S 的 digit3 应该送给 D 中的 digit4,但是 D 的最大位为 digit3,则该数据自动送往 D 的 digit0。

3. 块传输指令:F10(BKMV)、F11(COPY)

(1) F10(BKMV):Block move,区块传输指令,将指定的区块数据复制到另一指定区域上。

格式:[F10 BKMV, S1, S2, D]

说明:数据段采用的是"首地址＋尾地址"的表示方式,即将指定的以 S1 为起始地址、S2 为终止地址的数据块复制到以 D 为起始地址的目的区中。要求 S1 和 S2 应为同一类型的寄存器,且 S2≥S1。

例如,[F10 BKMV, WR0, WR3, DT1]的含义为将内部寄存器 WR0～WR3 的数据区块复制到数据寄存器以 DT1 为起始地址的数据区中。

(2) F11(COPY):Block copy,块复制指令,将指定的 16 位数据复制到 1 个或多个 16 位寄存器构成的区块中。

格式:[F11 COPY, S, D1, D2]

说明:即将由 S 指定的 16bit 常数或寄存器中的值重复复制到以 D1 为起始地址、D2 为终止地址的目的区中。要求 D1 和 D2 应为同一类型的寄存器,且 D2≥D1。

4. 数据交换指令:F15(XCH)、F16(DXCH)、F17(SWAP)

(1) F15(XCH):16bit data exchange,16 位数据交换。

格式:[F15 XCH, D1, D2]

说明:将 D1 和 D2 寄存器中的 16 位数据互相交换。

(2) F16(DXCH):32bit data exchange,32 位数据交换。

格式:[F16 DXCH, D1, D2]

说明:将(D1+1,D1)寄存器中的 32 位数据与(D2+1,D2)中的 32 位数据互换。

(3) F17(SWAP):Higher/lower byte in 16bit data exchange,16 位数据的高低字节互换。

格式:[F17 SWAP, D]

说明:将 D 寄存器中的 16 位数据高 8 位和低 8 位互换。

3.4.2　算术运算指令

算术运算指令共有 32 条,但是同前面介绍的比较指令类似,规律性很强。因此,书中仅对其规律加以总结分析,掌握规律后,结合表 3-13 和表 3-14,不难掌握这类指令。

表 3-13　BIN(二进制)算术运算指令及操作数

指令	功　能	步数	操作数	可用寄存器										索引修正值
				继电器			定时/计数器		寄存器	索引寄存器		常数		
				WX	WY	WR	SV	EV	DT	IX	IY	K	H	
F20(+)	16 位数据加 (D)+(S)→(D)	5	S											
			D	×								×	×	
F21(D+)	32 位数据加 (D+1,D)+(S+1,S)→ (D+1,D)	7	S								×			
			D	×							×	×	×	
F22(+)	16 位数据加 (S1)+(S2)→(D)	7	S1											
			S2											
			D	×								×	×	
F23(D+)	32 位数据加 (S1+1,S1)+(S2+1,S2)→ (D+1,D)	11	S1								×			
			S2								×			
			D	×							×	×	×	
F25(−)	16 位数据减 (D)−(S)→(D)	5	S											
			D	×								×	×	

指令	功　能	步数	操作数	继电器			定时/计数器		寄存器	索引寄存器		常数		索引修正值
				WX	WY	WR	SV	EV	DT	IX	IY	K	H	
F26(D−)	32 位数据减 (D+1,D)−(S+1,S)→ (D+1,D)	7	S								×			
			D	×							×	×	×	
F27(−)	16 位数据减 (S1)−(S2)→(D)	7	S1											
			S2											
			D	×								×	×	
F28(D−)	32 位数据减 (S1+1,S1)−(S2+1,S2)→ (D+1,D)	11	S1								×			
			S2								×			
			D	×							×	×	×	
F30(＊)	16 位数据乘 (S1)×(S2)→(D+1,D)	7	S1											
			S2											
			D	×							×	×	×	
F31(D＊)	32 位数据乘 (S1+1,S1)×(S2+1,S2)→ (D+3,D+2,D+1,D)	11	S1								×			
			S2								×			
			D	×						×	×	×	×	
F32(％)	16 位数据除 (S1)/(S2)→(D) … (DT9015)	7	S1											
			S2											
			D	×								×	×	
F33(D％)	32 位数据除 (S1+1,S1)/(S2+1,S2)→ (D+1,D) … (DT9016, DT9015)	11	S1								×			
			S2								×			
			D	×							×	×	×	
F35(＋1)	16 位数据加 1 (D)+1→(D)	3	D	×								×	×	
F36(D+1)	32 位数据加 1 (D+1,D)+1→(D+1,D)	3	D	×							×	×	×	
F37(−1)	16 位数据减 1 (D)−1→(D)	3	D	×								×	×	
F38(D−1)	32 位数据减 1 (D+1,D)−1→(D+1,D)	3	D	×							×	×	×	

表 3-14　BCD 算术运算指令及操作数

指令	功　能	步数	操作数	继电器			定时/计数器		寄存器	索引寄存器		常数		索引修正值
				WX	WY	WR	SV	EV	DT	IX	IY	K	H	
F40(B+)	4 位 BCD 数加 (D)+(S)→(D)	5	S											
			D	×								×	×	
F41(DB+)	8 位 BCD 数加 (D+1,D)+(S+1,S)→ (D+1,D)	7	S								×			
			D	×							×	×	×	
F42(B+)	4 位 BCD 数加 (S1)+(S2)→(D)	7	S1											
			S2											
			D	×								×	×	
F43(DB+)	8 位 BCD 数加 (S1+1,S1)+(S2+1,S2)→ (D+1,D)	11	S1								×			
			S2								×			
			D	×							×	×	×	
F45(B−)	4 位 BCD 数减 (D)−(S)→(D)	5	S											
			D	×								×	×	
F46(DB−)	8 位 BCD 数减 (D+1,D)−(S+1,S)→ (D+1,D)	7	S								×			
			D	×							×	×	×	
F47(B−)	4 位 BCD 数减 (S1)−(S2)→(D)	7	S1											
			S2											
			D	×								×	×	
F48(DB−)	8 位 BCD 数减 (S1+1,S1)−(S2+1,S2)→ (D+1,D)	11	S1								×			
			S2								×			
			D	×							×	×	×	
F50(B＊)	4 位 BCD 数乘 (S1)×(S2)→(D+1,D)	7	S1											
			S2											
			D	×								×	×	
F51(DB＊)	8 位 BCD 数乘 (S1+1,S1)×(S2+1,S2)→ (D+3,D+2,D+1,D)	11	S1								×			
			S2								×			
			D	×						×	×	×	×	
F52(B％)	4 位 BCD 数除 (S1)/(S2)→(D)…(DT9015)	7	S1											
			S2											
			D	×								×	×	

续表

指令	功能	步数	操作数	WX	WY	WR	SV	EV	DT	IX	IY	K	H	索引修正值
F53(DB%)	8 位 BCD 数除 (S1+1,S1)/(S2+1,S2)→ (D+1,D) … (DT9016, DT9015)	11	S1								×			
			S2								×			
			D	×								×	×	×
F55(B+1)	16 位数据加 1 (D)+1→(D)	3	D	×								×	×	
F56(DB+1)	32 位数据加 1 (D+1, D)+1→(D+1,D)	3	D	×								×	×	
F57(B−1)	16 位数据减 1 (D)−1→(D)	3	D	×								×	×	
F58(DB−1)	32 位数据减 1 (D+1,D)−1→(D+1,D)	3	D	×								×	×	

1. 指令分类

按照进位制可分为二进制 BIN 算术运算指令和 BCD 码算术运算指令,各为 16 条指令,后者在指令中增加大写字母"B"以示区别。这两类指令除码制不同外,概念及格式上是一一对应的,甚至在指令功能编号上,均是相差 20。对于同样的运算,在 BIN 码指令中,参与运算的是 16 位或 32 位二进制数,而在 BCD 码指令中,参与运算的是 4 位或 8 位 BCD 码数据,对应的也是 16 位或 32 位二进制数。如[F20+S, D]和[F40 B+S, D],前者表示将 S 和 D 中的 16 位二进制(BIN)数相加,结果送到 D 中去,后者表示将 S 和 D 中的 4 位 BCD 码数据相加,结果送到 D 中去。这两条指令在功能上十分类似,仅是操作数采用的码制不同,其规律性是显而易见的。

按照参与运算的数据字长(位数)可以分为单字(16bit)和双字(32bit)指令,后者在助记符中以大写字母"D"区别,在 FP1 的其他指令中也是采用这种方式。如[F25−S, D]和[F26 D−S, D],前者是 16 位的减法运算,可表示为(D)−(S)→(D),即将 D 寄存器中的数减去常数 S 或 S 寄存器中的数,然后将结果存到 D 寄存器中;后者为 32 位减法运算,这时虽然只有低位寄存器被指定,操作数寄存器的高位连续的寄存器就要自动参与计算,可以表示为(D+1, D)−(S+1, S)→(D+1, D),含义是将(D+1, D)两个连续寄存器中的 32 位数据减去常数 S 或(S+1, S)两个连续寄存器中的 32 位数据,结果存于(D+1, D)中。

按照运算规则可分为加、减、乘、除四则运算,以及加 1、减 1 共 6 种基本运算。其中,加 1 和减 1 可以看作加、减运算的特例,执行步数为 3 步,而普通加、减运算执行步数最少也为 5 步,因此,在有些程序中适当选用加 1 和减 1 指令可起到提高扫描速度的作用。

按照参与运算的操作数的多少可分为一操作数、二操作数和三操作数。一个操作数的情况仅见于加 1 和减 1 指令,类似于递增或递减计数器的功能。二操作数的情况仅用于加、减运算,以 D 表示被加数或被减数,以 S 表示加数或减数,同时运算结果直接存于 D 中。三操作数则分别用于加、减、乘、除四种运算,以 S1 表示被加(减、乘、除)数,以 S2 表示加(减、乘、除)数,运算结果存于 D 中。

2. 操作数的数据范围

16 位二进制数:−32768～32767 或 H8000～H7FFF。

32 位二进制数:−2147483648～2147483647 或 H80000000～H7FFFFFFF。

4 位 BCD 码:0～9999。

8 位 BCD 码:0～99999999。

3. 运算标志

算术运算要影响标志继电器,包括特殊内部继电器 R9008、R9009 和 R900B。这里仅对影响情况做简单概括,详细情况需要结合具体的指令,参考手册学习掌握。

R9008:错误标志。当有操作错误发生时,R9008 接通一个扫描周期,并把发生错误的地址存入 DT9018 中。

R9009:进位、借位或溢出标志。当运算结果溢出或由移位指令将其置 1 时,R9009 接通一个扫描周期。

R900B:0 结果标志。当比较指令中比较结果相同,或是算术运算结果为 0 时,R900B 接通一个扫描周期。

4. 运算规则

1) 加法指令的算法

二操作数:(D)＋(S)→(D)

三操作数:(S1)＋(S2)→(D)

2) 减法指令的算法

二操作数:(D)−(S)→(D)

三操作数:(S1)−(S2)→(D)

3) 乘法指令的算法

(S1)×(S2)→(D)

乘法运算可能会导致 16 位数据升为 32 位,因此结果用 32 位存储;同理,32 位乘法结果用 64 位存储。存储区自动取指定寄存器连续的高位寄存器,例如,指定寄存器为 D,对于 64 位,结果自动存于(D＋3,D＋2,D＋1,D)4 个连续寄存器中。

4) 除法指令的算法

(S1)÷(S2)→(D)

除法运算在每次运算完后,商数保存于 D 中或(D＋1,D)中。此外,还可能产生余数,如果是单字运算,可到 DT9015 中取余数;如果是双字运算,可到(DT9016,DT9015)中取余数。

5）加 1 和减 1 指令算法

加 1 指令：(D)＋1→(D)

减 1 指令：(D)－1→(D)

5. 其他

算术运算一般都是一次性的，而 PLC 采用的是扫描执行方式，因此该类指令常常和微分指令(DF)联合使用。下面举例对算术指令加以说明。

例 3-28 用算术运算指令完成算式 $\dfrac{5600-(1230+654)\times 2002}{256}$，这里包括了加、减、乘、除四种运算。要求 X1 闭合时开始运算，X0 闭合时各单元清 0，且清 0 优先。

使用二进制(BIN)运算指令实现时，梯形图如图 3-42 所示。同样的功能也可采用 BCD 码运算指令实现。

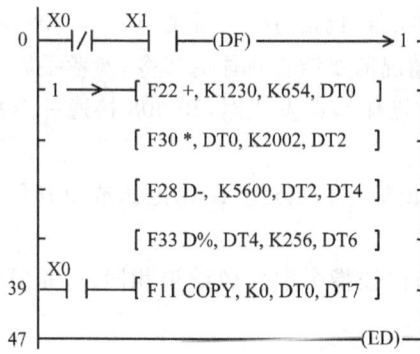

图 3-42 算术运算指令综合举例

3.4.3 数据比较指令

数据比较指令包括 16 位和 32 位数据比较指令、16 位和 32 位数据区间比较指令和数据块比较指令 5 条。比较的结果用特殊内部继电器 R9009、R900A、R900B 和 R900C 的状态来表示。数据比较指令见表 3-15。

表 3-15 数据比较指令及操作数

指令	功 能	步数	操作数	可用寄存器										索引修正值
				继电器			定时/计数器		寄存器	索引寄存器		常数		
				WX	WY	WR	SV	EV	DT	IX	IY	K	H	
F60(CMP)	16 位数据比较	5	S1											
			S2											
F61(DCMP)	32 位数据比较	9	S1								×			
			S2								×			

续表

指令	功 能	步数	操作数	可用寄存器										索引修正值
				继电器			定时/计数器		寄存器	索引寄存器		常数			
				WX	WY	WR	SV	EV	DT	IX	IY	K	H	
F62(WIN)	16 位数据区间比较	7	S1											
			S2											
			S3											
F63(DWIN)	32 位数据区间比较	13	S1								×			
			S2								×			
			S3								×			
F64(BCMP)	数据块比较	7	S1											
			S2							×	×	×	×	
			S3							×	×	×	×	

1. 16 位和 32 位数据比较指令：F60(CMP)、F61(DCMP)

[F60 CMP，S1，S2]：16bit data compare，16 位数据比较指令。

[F61 DCMP，S1，S2]：32bit data compare，32 位数据比较指令。

该类指令的功能为：当控制触点闭合时，将 S1 指定数据与 S2 指定数据进行比较，比较的结果反映到标志位中。F60(CMP)指令对标志位影响见表 3-16。F61(DCMP)指令对标志位的影响与表 3-16 相似，只是若已指定低 16 位区为(S1,S2)，则高位区自动指定为(S1＋1,S2＋1)。

表 3-16　16 位数据比较指令 F60(CMP)对标志位影响

		标志位结果			
		R900A	R900B	R900C	R9009
		＞标志	＝标志	＜标志	进位标志
有符号数比较	S1＜S2	OFF	OFF	ON	—
	S1＝S2	OFF	ON	OFF	OFF
	S1＞S2	ON	OFF	OFF	—
BCD 数据或无符号二进制数比较	S1＜S2	—	OFF	—	ON
	S1＝S2	OFF	ON	OFF	OFF
	S1＞S2	—	OFF	—	OFF

注：表中的"—"表示状态不确定

如果程序中多次使用 F60(CMP)或 F61(DCMP)指令，则标志继电器的状态总是取决于前面最临近的比较指令。为了保证使用中不出现混乱，一个办法是在比较指令和标志继电器前使用相同的控制触点来进行控制；另一个办法是在比较指令后立即使用相关的标志继电器。

2. 16 位和 32 位数据区间比较指令:F62(WIN)、F63(DWIN)

[F62 WIN，S1，S2，S3]:16bit data band compare,16 位数据区段比较指令。

[F63 DWIN，S1，S2，S3]:32bit data band compare,32 位数据区段比较指令。

该类指令的功能为:当控制触点闭合时,将 S1 指定数据与 S2 指定下限、S3 指定上限的数据区间中的数据比较,比较的结果反映到标志位中。F62(WIN)指令对标志位影响见表 3-17。

表 3-17 16 位数据区间比较指令 F62(WIN)对标志位影响

	标志位结果		
	R900A	R900B	R900C
	>标志	=标志	<标志
S1<S2	OFF	OFF	ON
S2≤S1≤S3	OFF	ON	OFF
S1>S3	ON	OFF	OFF

3. 数据块比较指令:F64(BCMP)

[F64 BCMP，S1，S2，S3]:Block data compare,数据块比较指令。

该指令功能为:当控制触点闭合时,根据 S1 指定的比较参数,该参数包括数据块的起点和长度,比较由 S2 指定首地址的数据块和由 S3 指定首地址的数据块中的内容,当两个数据块完全相同时,特殊内部继电器 R900B 接通。

这里要注意的是,比较是以字节(8bit)为单位进行的,而不是习惯上的以字(16bit)为单位。

S1 指定的比较参数的定义见图 3-43。

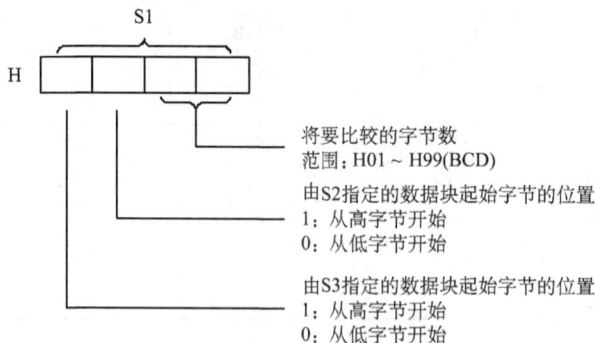

图 3-43 数据块比较指令中 S1 的设定

例如,S1 为 H1004,表示 S2 指定的数据块从低字节起的 4 个字节与 S3 指定的数据块从高字节起的 4 个字节相比较,即 S2 低字节与 S3 高字节相比,S2 高字节与 S3+1 低字节相比,依次类推。当两个数据块的内容相同时,R900B 接通。

3.4.4 逻辑运算指令

该类指令很简单,包括与、或、异或和异或非 4 种。操作数均为 16 位,且均有三操作数,将 S1 和 S2 分别进行上述 4 种运算,结果存于 D 中。表 3-18 仅简单列出格式,用法请读者自行学习掌握。

表 3-18 逻辑运算指令及操作数

指令	功 能	步数	操作数	继电器			定时/计数器		寄存器	索引寄存器		常数		索引修正值
				WX	WY	WR	SV	EV	DT	IX	IY	K	H	
F65(WAN)	16 位数据与	7	S1											
			S2											
			D	×								×	×	
F66(WOR)	16 位数据或	7	S1											
			S2											
			D	×								×	×	
F67(XOR)	16 位数据异或	7	S1											
			S2											
			D	×								×	×	
F68(XNR)	16 位数据异或非	7	S1											
			S2											
			D	×								×	×	

1) 16 位数据与指令:F65(WAN)

格式:[F65 WAN, S1, S2, D]

功能:16bit data AND,16 位数据"与"运算。

2) 16 位数据或指令:F66(WOR)

格式:[F66 WOR, S1, S2, D]

功能:16bit data OR,16 位数据"或"运算。

3) 16 位数据异或指令:F67(XOR)

格式:[F67 XOR, S1, S2, D]

功能:16bit data exclusive OR,16 位数据"异或"运算。

4) 16 位数据异或非指令:F68(XNR)

格式:[F68 XNR, S1, S2, D]

功能:16bit data exclusive NOR,16 位数据"异或非"运算。

3.4.5 数据转换指令

数据转换指令包含各种数制、码制之间的相互转换,有二进制、十六进制及 BCD 码数据同 ASCII 码之间的相互转换,二进制数据与 BCD 码间的相互转换,指令较多。此外还有二进制数据的求反、求补、取绝对值;符号位的扩展等操作以及解码、编码、译码、数据分离、数据组合、数据查表等操作(表 3-19)。通过这些指令,在程序中可以较好地解决 PLC 输入、输出的数据类型与内部运算数据类型不一致的问题。

表 3-19　数据转换指令及操作数

指令	功　能	步数	操作数	继电器			定时/计数器		寄存器	索引寄存器		常数		索引修正值
				WX	WY	WR	SV	EV	DT	IX	IY	K	H	
F70(BCC)	计算区块检查码并存放在 D 中	9	S1											
			S2							×	×	×	×	
			S3											
			D	×						×	×	×	×	
F71(HEXA)	十六进制数→ASCII 码	7	S1							×	×	×	×	
			S2											
			D	×						×	×	×	×	
F72(AHEX)	ASCII 码→十六进制数	7	S1							×	×	×	×	
			S2											
			D	×						×	×	×	×	
F73(BCDA)	4 位 BCD 码→ASCII 码	7	S1							×	×	×	×	
			S2											
			D	×						×	×	×	×	
F74(ABCD)	ASCII 码→4 位 BCD 码	9	S1							×	×	×	×	
			S2											
			D	×						×	×	×	×	
F75(BINA)	16 位二进制数→ASCII 码	7	S1											
			S2											
			D	×						×	×	×	×	
F76(ABIN)	ASCII 码→16 位二进制数	7	S1							×	×	×	×	
			S2											
			D	×						×	×	×	×	
F77(DBIA)	32 位二进制数→ASCII 码	11	S1								×			
			S2								×			
			D	×						×	×	×	×	
F78(DABI)	ASCII 码→32 位二进制数	11	S1							×	×	×	×	
			S2											
			D	×						×	×	×	×	

续表

指令	功　能	步数	操作数	继电器			定时/计数器		寄存器	索引寄存器		常数		索引修正值
				WX	WY	WR	SV	EV	DT	IX	IY	K	H	
F80(BCD)	16 位二进制数→4 位 BCD 码	5	S											
			D	×								×	×	
F81(BIN)	4 位 BCD 码→16 位二进制数	5	S											
			D	×								×	×	
F82(DBCD)	32 位二进制数→8 位 BCD 码	7	S							×				
			D	×						×		×	×	
F83(DBIN)	8 位 BCD 码→32 位二进制数	7	S							×				
			D	×						×		×	×	
F84(INV)	16 位二进制数求反	3	D	×								×	×	
F85(NEG)	16 位二进制数求补	3	D	×								×	×	
F86(DNEG)	32 位二进制数求补	3	D	×						×		×	×	
F87(ABS)	16 位二进制数取绝对值	3	D	×								×	×	
F88(DABS)	32 位二进制数取绝对值	3	D	×								×	×	
F89(EXT)	16 位数据符号位扩展	3	D	×						×		×	×	
F90(DECO)	指定数据解码	7	S											
			n											
			D	×								×	×	
F91(SEGT)	16 位数据七段显示解码	5	S											
			D	×						×		×	×	
F92(ENCO)	指定数据编码	7	S							×	×	×	×	
			n											
			D	×						×		×	×	
F93(UNIT)	16 位数据组合	7	S							×	×	×	×	
			n											
			D	×								×	×	
F94(DIST)	16 位数据分离	7	S											
			n											
			D	×						×		×	×	
F95(ASC)	字符→ASCII 码	15	S	×	×	×	×	×	×	×	×			×
			D	×						×		×	×	×
F96(SRC)	32 位表数据查找	7	S1											
			S2	×						×		×	×	
			S3	×						×	×	×	×	

1. 区块检查码计算指令：F70(BCC)

[F70 BCC，S1，S2，S3，D]：Block check code calculation，这条指令常用于数据通信时检查数据传输是否正确。该指令是 FP1 指令系统中唯一的一条四操作数的指令。

该指令功能为：根据 S1 中的值所指定的计算方法，计算由 S2 指定首地址，长度为 S3 (字节数)的 16 位寄存器区的检查码 BCC，区块检查码结果存放在 D 指定的 16 位寄存器的低 8 位中。

该指令用于检测信息传输过程中的错误，其中

S1：指定了使用十进制数据计算区块检查码 BCC 的方法。

    当 S1＝K0 时，作加法运算；

    当 S1＝K1 时，作减法运算；

    当 S1＝K2 时，作异或运算。

S2：参与计算的数据区首地址。

S3：参与计算的数据字节数。

D：存放计算结果的寄存器。

2. 码制变换指令：F71～F83

(1) F71～F78 是 8 条三操作数的码制变换指令，分别实现十六进制数据、BCD 码、16 位二进制数据、32 位二进制数据与 ASCII 码间的互换，其操作数 S1、S2 和 D 的意义如下：

S1：参加变换的常数或寄存器，32 位数据时指的是低 16 位寄存器地址。

S2：指定参加变换的字节数(二进制)或字符数(ASCII)，视指令而定。

D：存放变换结果的 16 位寄存器或 32 位数据的低 16 位寄存器地址。可用除 WX、IX、IY、K、H 外的寄存器。

(2) F80～F83 是 4 条双操作数的码制变换指令，分别实现 16 位和 32 位二进制数据与 BCD 码数据间的互换，其操作数 S 和 D 的意义如下：

S：参加变换的常数或寄存器。

D：存放变换结果的 16 位寄存器或 32 位数据的低 16 位寄存器地址。

根据前面所学知识，不难推测出 S 和 D 可取用的寄存器范围。即目的寄存器不可取用 WX、K、H，当操作数是 32 位数据时，不可取用 IY。

3. 数据计算指令：F84～F88

F84～F88 这 5 条指令是将 D 指定的 16 位数据或 32 位二进制数据分别求反、求补、取绝对值，并将结果存储在 D 或(D＋1, D)中。操作数 D 不可用寄存器 WX、K、H。

4. 16 位数据符号位扩展指令：F89(EXT)

该指令的功能为：将 D 指定的 16 位数据的符号位全部复制到 D＋1 寄存器的各个位中，保留 D 寄存器，扩展结果作为 32 位数据存储于(D＋1, D)中。用该指令可将 16 位数据转变为 32 位数据。

5. 编码/解码指令:F90～F92

(1)〔F90 DECO,S,n,D〕:Decode,解码指令。所谓解码,就是将若干位二进制数转换成具有特定意义的信息,即类似于数字电路中的 3-8 译码器功能,将 S 指定的 16 位二进制数根据 n 规定的规则进行解码,解码的结果存于以 D 指定的 16 位寄存器作为首地址的连续区域。

其中,S 为参与解码的数据或寄存器,n 为解码控制字或存放控制字的寄存器,其格式如图 3-44 所示。

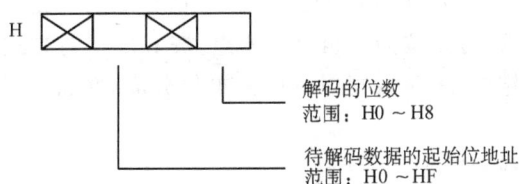

解码的位数
范围:H0 ~ H8

待解码数据的起始位地址
范围:H0 ~ HF

图 3-44　n 的格式示意图

(2)〔F91 SEGT,S,D〕:16bit data 7-segment decode,16 位数据七段解码指令,是把一个 4 位二进制数译成七段显示码,即将 S 指定的 16 位数据转换为七段显示码,转换结果存储于以 D 为首地址的寄存器区域中。

其中,S 为被译码的数据或寄存器。D 为存放译码结果的寄存器首地址。

在执行该指令时,将每 4 位二进制码译成 7 位的七段显示码,数码的前面补 0 变成 8 位,因此,译码结果使数据位扩大了一倍。详细内容可参见本书第 7 章实验五。

(3)〔F92 ENCO,S,n,D〕:Encode,编码指令。所谓编码,就是将具有特定意义的信息变成若干位二进制数。将 S 指定的 16 位二进制数据根据 n 的规定进行编码,编码结果存储于 D 指定的寄存器中。

其中,S 为被编码的数据或寄存器首地址,n 为编码控制字或存放控制字的寄存器。控制字 n 的格式如图 3-45 所示。

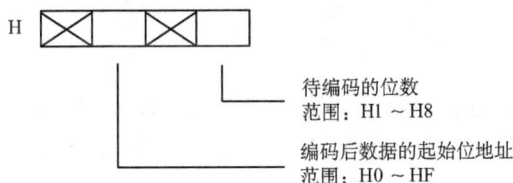

待编码的位数
范围:H1 ~ H8

编码后数据的起始位地址
范围:H0 ~ HF

图 3-45　n 的格式示意图

nL 为 n 的 bit0～bit3,用于设定编码数据的有效位长度,nL 的取值范围为 H1～H8。S 的有效位长度＝2nL。

nH 为 n 的 bit8～bit11,用于设定 D 寄存器从何位开始存放结果,nH 取值范围为 H0～HF。

6. 数据组合/分离指令:F93、F94

(1) [F93 UNIT, S, n, D]:16bit data combine,数据组合指令,其功能是将一组数据的低 4 位(bit0~bit3)重新组成一个 16 位数据。即将 S 指定的 n 个 16 位数据区的低 4 位提出,并将它们组合成一个字,结果存储于 D 指定的 16 位区。

S:存放被组合数据的寄存器首地址。

n:设定参与组合的寄存器数,n=K0~K4,若 n=K0,则不进行组合。

D:存放组合结果的寄存器。当 n<K4 时,D 中剩余的位填"0"。

(2) [F94 DIST, S, n, D]:16bit data distribute,数据分离指令,其功能和数据组合指令相反,是将一个 16 位数,每 4 位为一组分成 4 组,按 n 规定的方式,存到结果寄存器 D 的低 4 位中去。即将 S 指定的 16 位数据以 4 位为单位分离,并将结果存储在以 D 开始的 16 位数据区的低 4 位中。

S:参与分离的数据或寄存器。

n:指定分离的位数,n=K0~K4。若 n=K0,不进行分离。

D:存放结果的寄存器首地址,分离的结果只存放在寄存器的低 4 位中,其他 12 位均填"0"。

7. 字符→ASCII 码转换指令:F95(ASC)

[F95 ASC, S, D]:Character→ASCII code,将 S 指定的字符常数转换为 ASCII,转换后的结果存储于以 D 指定的 16 位寄存器开始的区域中。规定字符个数不得多于 12 个,即 D 指定的 16 位寄存器区不得多于 6 个。

8. 表数据查找指令:F96(SRC)

[F96 SRC, S1, S2, S3]:Table data search,在 S2(首地址)和 S3(尾地址)指定的数据区中查找与 S1 的内容相同的数据,并将查找到的数据的个数存储于特殊数据寄存器 DT9037 中,第一次发现该数据的位置存储于特殊数据寄存器 DT9038 中。

需特别指出的是,S2 和 S3 必须为同一类型的寄存器,且数据从 S2 至 S3 进行搜索。

3.4.6 数据移位指令

FP1 高级指令系统中包含了位、字以及字段的左/右移位指令,共有 16 位数据的左/右移位、字数据的左/右移位、16 位数据的左/右循环移位等 12 条指令(表 3-20)。其中位移位指令有进位标志位参与运算,并分为非循环移位指令(普通移位)和循环移位指令两种。这些移位指令比前文介绍过的 SR 指令的功能要强大得多,且不像 SR 那样每次只能移动 1 位,而是可以根据需要,在指令中设置一次移动若干位。此外,各种通用寄存器都可以参与多种移位操作,其操作结果影响内部特殊继电器 R9009(进位标志)或特殊数据寄存器 DT9014。

表 3-20　数据移位指令及操作数

指令	功　能	步数	操作数	继电器			定时/计数器		寄存器	索引寄存器		常数		索引修正值
				WX	WY	WR	SV	EV	DT	IX	IY	K	H	
F100(SHR)	16 位数据右移 n 位	5	D	×								×	×	
			n											
F101(SHL)	16 位数据左移 n 位	5	D	×								×	×	
			n											
F105(BSR)	16 位数据右移一个十六进制位	3	D	×								×	×	
F106(BSL)	16 位数据左移一个十六进制位	3	D	×								×	×	
F110(WSHR)	16 位数据区右移一个字	5	D1	×						×	×	×	×	
			D2	×						×	×	×	×	
F111(WSHL)	16 位数据区左移一个字	5	D1	×						×	×	×	×	
			D2	×						×	×	×	×	
F112(WBSR)	16 位数据区右移一个十六进制位	5	D1	×						×	×	×	×	
			D2	×						×	×	×	×	
F113(WBSL)	16 位数据区左移一个十六进制位	5	D1	×						×	×	×	×	
			D2	×						×	×	×	×	
F120(ROR)	16 位数据循环右移 n 位	5	D	×								×	×	
			n											
F121(ROL)	16 位数据循环左移 n 位	5	D	×								×	×	
			n											
F122(RCR)	16 位数据带进位标志循环右移 n 位	5	D	×								×	×	
			n											
F123(RCL)	16 位数据带进位标志循环右移 n 位	5	D	×								×	×	
			n											

1. 16 位数据的左/右移位指令

　　该类移位指令只是针对 16 位二进制数据,根据循环情况的不同又可分为普通(非循环)移位指令、循环移位指令和包含进位标志的循环移位指令 3 种情况。其区别主要在于移入位的数据处理上,简单地说,普通(非循环)移位指令不循环,移入位直接依次补 0;循环移位指令移入位则由移出位补入;包含进位标志的循环移位指令移入位由进位标志依次补入。

　　这里要注意的是,为了便于理解,也可将一次移动 n 位的过程理解成移动 n 次,每次移动 1 位,实际上指令是一次完成移位的。

1）普通（非循环）移位指令

[F100 SHR，D，n]：Right shift of 16bit data in bit units，寄存器 D 中的 16 位数据右移 n 位，高位侧移入数据均为 0，低位侧向右移出 n 位，且第 n 位移入进位标志位 CY（R9009）中。

[F101 SHL，D，n]：Left shift of 16bit data in bit units，寄存器 D 中的 16 位数据左移 n 位，高位侧向左移出 n 位，且第 n 位移入进位标志位 CY（R9009）中，低位侧移入数据均为 0。

其中，n 用于设定移位的位数，为常数或 16 位寄存器，取值范围为 K0～K255。指令运行情况见图 3-46。

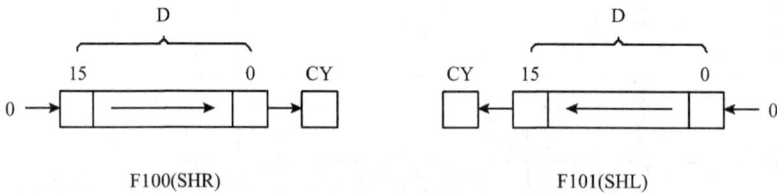

图 3-46 普通（非循环）移位指令移位示意图

2）循环移位指令

[F120 ROR，D，n]：16bit data right rotate，寄存器 D 中的 16 位数据右移 n 位，低位侧移出的 n 位依次移入高位侧，同时移出的第 n 位复制到进位标志位 CY（R9009）中。

[F121 ROL，D，n]：16bit data left rotate，寄存器 D 中的 16 位数据左移 n 位，高位侧移出的 u 位依次移入低位侧，同时移出的第 n 位复制到进位标志位 CY（R9009）中。

指令运行情况见图 3-47，注意这两条指令与 F100 和 F101 的区别在于：这里是循环移位，而不是补 0。

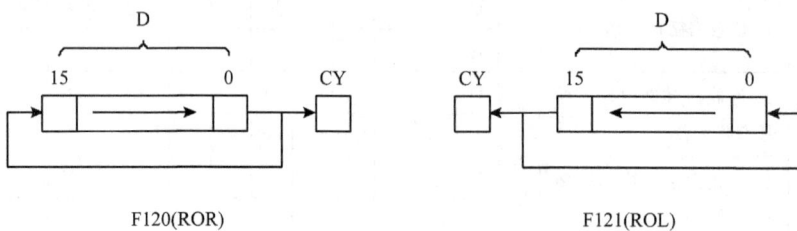

图 3-47 循环移位指令移位示意图

3）包含进位标志的循环移位指令

[F122 RCR，D，n]：16bit data right rotate with carry flag data，寄存器 D 中的 16 位数据右移 n 位，移出的第 n 位移入进位标志位 CY，而进位标志位 CY 原来的数据则移入从最高位侧计的第 n 位。

[F123 RCL，D，n]：16bit data left rotate with carry flag data，寄存器 D 中的 16 位数据左移 n 位，移出的第 n 位移入进位标志位 CY，而进位标志位 CY 原来的数据则移入从最低位侧计的第 n 位。

指令运行情况如图 3-48 所示。

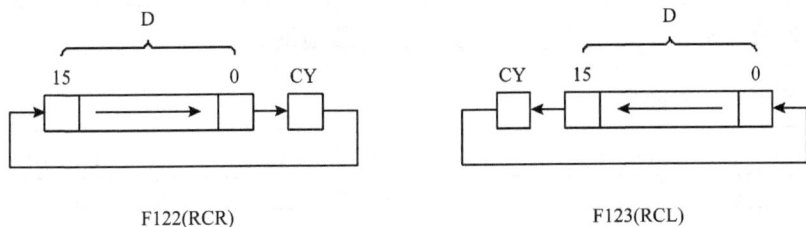

图 3-48　包含进位标志的循环移位指令移位示意图

2. 十六进制数的左/右移位指令

[F105 BSR, D]：Right shift of one hexadecimal digit (4 bit) of 16bit data，寄存器 D 中的 4 位十六进制数右移 1 位，相当于右移二进制的 4bit，移出的低 4bit 数据送到特殊数据寄存器 DT9014 的低 4bit，同时 D 的高 4bit 变为 0。

[F106 BSL, D]：Left shift of one hexadecimal digit (4 bit) of 16bit data，寄存器 D 中的 4 位十六进制数左移 1 位，相当于左移二进制的 4bit，移出的高 4bit 数据送到特殊数据寄存器 DT9014 的低 4bit，同时 D 的低 4bit 变为 0。

指令运行情况如图 3-49 所示。

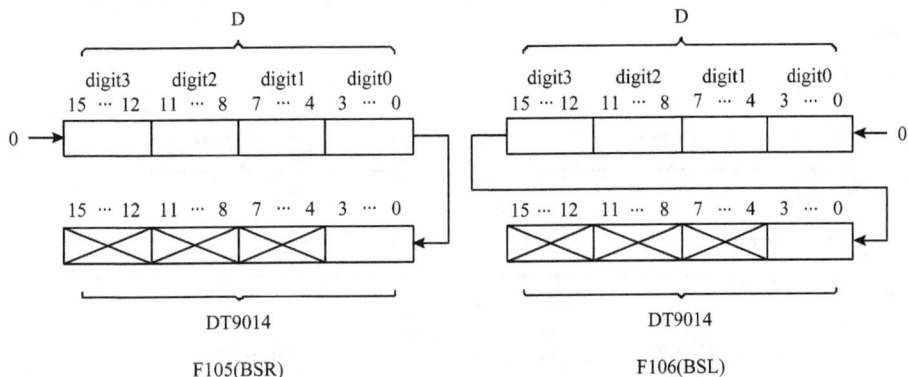

图 3-49　十六进制数的左/右移位指令移位示意图

3. 数据区按字左/右移位指令

[F110 WSHR, D1, D2]：Right shift of one word (16 bit) of 16bit data range，由 D1 为首地址，D2 为末地址定义的 16 位寄存器数据区，整体右移一个字，相当于二进制的 16bit。执行后，首地址寄存器的原数据丢失，末地址寄存器为 0。

[F111 WSHL, D1, D2]：Left shift of one word (16 bit) of 16bit data range，由 D1 为首地址，D2 为末地址定义的 16 位寄存器数据区，整体左移一个字，相当于二进制的 16bit。执行后，首地址寄存器为 0，末地址寄存器的原数据丢失。

同前面针对数据区操作的高级指令一样,D1 和 D2 应是同一类型的寄存器,且末地址寄存器号应大于或等于首地址寄存器号,即 D2≥D1。指令运行情况如图 3-50 所示,要注意的是首尾地址的编排顺序是左边为末地址、右边为首地址。

图 3-50 数据区按字左/右移位指令移位示意图

4. 十六进制数据区的左/右移位指令

[F112 WBSR, D1, D2]:Right shift of one hexadecimal digit (4 bit) of 16 bit data range,由 D1 为首地址,D2 为末地址定义的 16 位寄存器数据区,整体右移一个十六进制数,相当于二进制的 4bit。执行后,首地址寄存器 D1 的低 4bit 丢失,末地址寄存器 D2 的高 4bit 全补 0。

[F113 WBSL, D1, D2]:Left shift of one hexadecimal digit (4 bit) of 16bit data range,由 D1 为首地址,D2 为末地址定义的 16 位寄存器数据区,整体左移一个十六进制数,相当于二进制的 4bit。执行后,首地址寄存器 D1 的低 4bit 全补 0,末地址寄存器 D2 的高 4bit 丢失。

指令运行情况如图 3-51 所示。

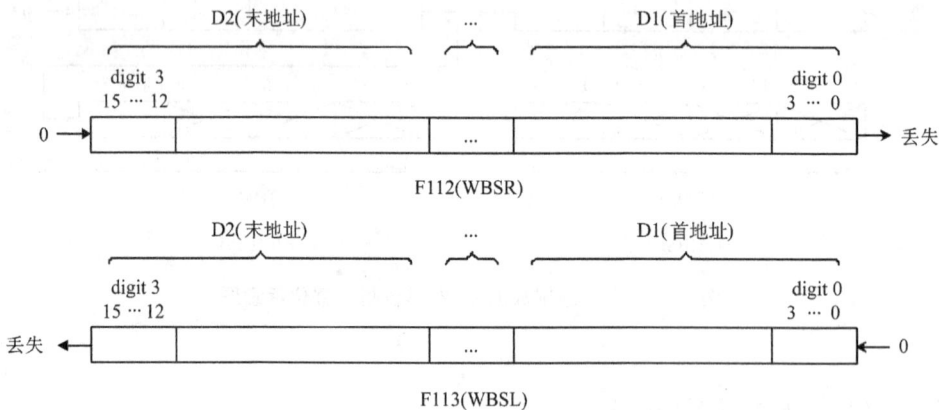

图 3-51 十六进制数据区的左/右移位指令移位示意图

3.4.7 位操作指令

位操作就是指被操作的对象不是字,而是字中的某一位或几位。FP1 系列 PLC 具有较强的位操作能力,可以进行 16 位数据的位置位(置 1)、位复位(清 0)、位求反以及位测试,还可计算 16 位或 32 位数据中,位值为"1"的位数。位操作指令共有 6 条,可分为位处理指令和位计算指令两类(表 3-21)。

表 3-21　位操作指令及操作数

指令	功　能	步数	操作数	可用寄存器										索引修正值
				继电器			定时/计数器		寄存器	索引寄存器		常数		
				WX	WY	WR	SV	EV	DT	IX	IY	K	H	
F130(BTS)	16 位数据中某一位置位	5	D	×								×	×	
			n											
F131(BTR)	16 位数据中某一位复位	5	D	×								×	×	
			n											
F132(BTI)	16 位数据中某一位求反	5	D	×								×	×	
			n											
F133(BTT)	测试 16 位数据中某一位的状态是为"0"还是为"1"	5	D	×								×	×	
			n											
F135(BCU)	统计 16 位数据中"1"的位数	5	S											
			D	×								×	×	
F136(DBCU)	统计 32 位数据中"1"的位数	7	S							×				
			D	×						×	×	×		

由于这些指令可以对寄存器中数据的任意位进行控制和运算,所以在编程中有时可以起到重要作用。同样一种控制要求,用一般的基本指令实现,程序往往比较复杂;如果利用好位操作指令,可取得很好的效果,使程序变得更为简洁。

1. 位处理指令

[F130 BTS, D, n]:16bit data bit set,位置 1 指令。

[F131 BTR, D, n]:16bit data bit reset,位清 0 指令。

[F132 BTI, D, n]:16bit data bit invert,位求反指令。

[F133 BTT, D, n]:16bit data bit test,位测试指令。

前 3 条指令的功能是对位进行运算处理,分别对 D 寄存器中位地址为 n 的数据位进行置位(置 1)、复位(清 0)、求反。其中,由于 n 用来表示 16 位数据的位地址,因此取值范围为 K0～K15。

第 4 条指令用于测试 16 位数据 D 中任意位 n 的状态为"0"还是为"1"。测试的结果存储在内部继电器 R900B 中,如果测试结果为 0,则 R900B=1;测试结果为 1,R900B=0。

2. 位计算指令

位计算指令就是计算寄存器的数据或常数中有多少位是"1"。

[F135 BCU, S, D]:Number of on bits in 16bit data,16 位位计算指令。

[F136 DBCU，S，D]：Number of on bits in 32bit data，32 位位计算指令。

F135(BCU)和 F136(DBCU)的功能是分别统计 S 指定的 16 位和 32 位数据中位值为"1"的位的个数，并把统计的结果存储于 D 指定的存储区中。

3.4.8　特殊指令

FP1 型 PLC 除具有以上高级指令外，还包括一些能完成某些特定功能的指令，如进位标志位的置位、清 0、串行通信、并行打印输出等(表 3-22)。

表 3-22　特殊指令及操作数

指令	功能	步数	操作数	继电器 WX	WY	WR	定时/计数器 SV	EV	寄存器 DT	索引寄存器 IX	IY	常数 K	H	索引修正值
F138(HMSS)	时/分/秒数据→秒数据	5	S								×	×	×	
			D	×							×	×	×	
F139(SHMS)	秒数据→时/分/秒数据	5	S								×	×	×	
			D	×							×	×	×	
F140(STC)	进位标志位(R9009)置位	1	未用											
F141(CLC)	进位标志位(R9009)复位	1	未用											
F143(IORF)	刷新部分 I/O	5	D1			×	×	×	×	×	×	×	×	
			D2			×	×	×	×	×	×	×	×	
F144(TRNS)	串行口数据通信	5	S	×	×	×								
			n											
F147(PR)	并行打印输出	5	S								×	×	×	×
			D	×		×	×	×	×	×	×	×	×	×
F148(ERR)	自诊断错误代码设定	3	n											
F149(MSG)	屏幕显示指定的字符信息	13	S	×	×	×	×	×	×	×	×	M*		×
F157(CADD)	时间累加：(S1+2,S1+1,S1)+(S2+1,S2)→(D+2,D+1,D)	9	S1								×	×	×	
			S2								×			
			D	×							×	×	×	
F158(CSUB)	时间递减：(S1+2,S1+1,S1)−(S2+1,S2)→(D+2,D+1,D)	9	S1								×	×	×	
			S2								×			
			D	×							×	×	×	

＊ 以 M 开始的字符常数

1. 时间变换指令：F138(HMSS)、F139(SHMS)

FP1-C24 以上机型均有日历及实时时钟功能。使用手持编程器或编程软件将年、月、日、时、分、秒、星期等的初值设置到特殊数据寄存器 DT9054～DT9057 中,即可实现自动计时,即使断电后,计时也不会间断。校表时,采用舍入法,DT9058 是 30 秒校表寄存器,当 DT9058 置入"1"时,若秒位显示小于 30 秒则舍去,若大于 30 秒,则分位加"1"。

1) F138(HMSS)

格式:[F138 HMSS, S, D]

功能:将以时/分/秒格式表示的时间数据,变换成以秒为单位的时间数据。将(S+1, S)中存放的时/分/秒数据转换为秒数据,结果存放于寄存器(D+1, D)中。在这里,S 和 D 中的数据均用 BCD 码表示,表示形式如图 3-52 所示。

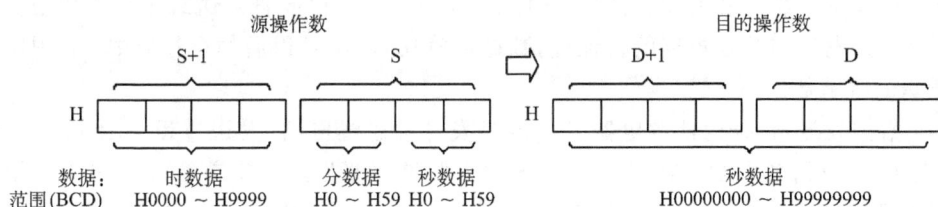

图 3-52　F138 指令中 S 和 D 的含义

由图中的数据范围可见,源数据的最大值是 9999 小时 59 分 59 秒,变换成秒后,相当于 35999999 秒,也就是说,实际上目的操作数的最大值只能达到 35999999 秒。

2) F139(SHMS)

格式:[F139 SHMS, S, D]

功能:将以秒为单位的时间数据,变换成以时/分/秒格式表示的时间数据。功能与 F138 完全相反,书中不再赘述。

2. 进位位(CY)的置位和复位指令:F140(STC)、F141(CLC)

格式:[F140 STC]、[F141 CLC]

功能:F140(STC)和 F141(CLC)指令是 FP1 高级指令中仅有的两条无操作数的指令,其功能是将特殊内部继电器 R9009(进位标志位)置位和复位,即将 R9009 置为 1 或者清 0。

3. 刷新部分 I/O 指令:F143(IORF)

格式:[F143 IORF, D1, D2]

功能:刷新指定的部分 I/O 点。

PLC 采用循环扫描方式,一个扫描周期包括监视服务、I/O 刷新和执行指令 3 个环节,即 I/O 口(WX、WY)的数据在每个扫描周期都要进行刷新。若输入信号发生在执行指令阶段,则不会被立即响应,会产生输入/输出的滞后现象,甚至会丢失有用信号,这在一些要求控制时间较严格、响应速度较快的场合不符合要求。为了减少由于循环扫描工作方式所产生的响应滞后现象,FP1 型 PLC 设置了 I/O 口部分刷新功能,可根据用户的需要,在扫描周期的执行阶段也能对部分 I/O 口进行刷新,从而提高了响应速度。

F143 指令只要触发信号接通,即使在执行程序阶段,也能立即将输入(WX)或输出

(WY)寄存器 D1 至 D2 的内容刷新,避免由扫描时间造成的延时。该指令要求 D1 和 D2 为同一类型的操作数,且 D2≥D1。

4. 串行数据通信指令:F144(TRNS)

格式:[F144 TRNS, S, n]

功能:通过 RS-232 串行口与外设通信,以字节为单位,发送或接收数据。一般型号末端带"C"的 PLC 带有 RS-232 串行口。

其中,S 为发送或接收数据的寄存器区首地址,且 S 只能使用数据寄存器 DT。寄存器 S 用作发送或接收监视之用,之后的寄存器 S+1,S+2,…存放着发送或接收的数据。也就是说,S+1 为发送和接收数据的首地址,数据存放在 S+1 及以后的寄存器中。n 则用来设定要发送的字节数。

(1) 数据发送:特殊内部继电器 R9039 是发送标志继电器,发送过程中 R9039 为 OFF 状态,发送结束后,其为 ON 状态。其间,S 用来监控将要发送的字节数,从 S+1 开始存放要发送的数据,n 用来设定要发送的字节数。当执行指令时,首先将 n 装入 S 中,每发送一个字节,S 寄存器的内容减 1,直至 S 的内容为 0,发送完毕。

(2) 数据接收:特殊内部继电器 R9038 是接收标志继电器,接收过程中 R9038 为 OFF 状态,接收结束后,其为 ON 状态。其间,从外设传来的数据存放在接收缓冲区第二个字开始的区域中,即从 S+1 开始的寄存器中。接收缓冲区的第一个字,即 S,用来监控接收到的字节数,缓冲区由系统寄存器 No. 417 和 No. 418 指定。例如,No. 417＝K200,No. 418＝K4,则表示从外设接收的 8 个字节(4 个字)的数据存放于数据寄存器 DT201 开始的区域中,DT200 用于记录接收到的字节数。此时,操作数 S 无实际意义,n 应设置成 0。当执行指令时,先将 0 装入缓冲区第一个寄存器中,每接收一个字节,该寄存器的内容加 1,当接收到由系统寄存器 No. 413 指定的结束符后,数据接收完毕。S 中的数据即是接收到的字节数。

在使用 F144 指令进行数据传送时,需要对系统寄存器 No. 412～No. 418 进行设置,此外还要对一些有关参数,如波特率等进行设置,详情请参阅附录。

进行串行通信操作时,一般要配合数据传输指令。如典型的传送操作,先用 F0(MV)指令将被传送的数据写到从 S+1 开始的区域,然后用 F144(TRNS)指令将数据传到外设。而 S 中则由系统动态保存为尚未传出的数据个数。

5. 并行打印输出指令:F147(PR)

格式:[F147 PR, S, D]

功能:通过并行通信口打印输出字符。每次执行打印指令可连续打印 12 个字符,并占用 37 个扫描周期,由 Y8 自动发出打印脉冲。C24 以上晶体管输出型的 PLC 具有并行打印输出功能。

其中,S 指定了要输出字符的首地址,S 和随后的 S+1、S+2 等保存的必须是字符型 ASCII 数据。D 为打印机信号输出,只可用 WY 输出继电器,且 0～8 位与打印机对应,PLC 与打印机之间的连接如表 3-23 所示。

表 3-23 FP1 与打印机连接端点

晶体管输出型 FP1	Y0	Y1	Y2	Y3	Y4	Y5	Y6	Y7	Y8	COM	DC+5V
打印机	Data1	Data2	Data3	Data4	Data5	Data6	Data7	Data8	Strobe	COM	DC+5V

实际打印输出时,D 的第 0~8 位有用,而第 9~15 位未用。当启动打印命令后 Y8 自动发出打印脉冲,ASCII 码从首区的低字节顺序输出。

在一个扫描周期内不能同时执行几个 F147 指令,因此将特殊内部继电器 R9033 设为打印输出控制继电器,打印开始自动变为 ON,打印结束自动变为 OFF。

6. 自诊断错误设置指令:F148(ERR)

格式:[F148 ERR, n]

功能:将某特殊状态设置为自诊断错误,或者将由自诊断错误 E45、E50 或 E200~E299 引起的错误状态复位。F148 指令的运行由 n 决定,n 为自诊断错误代码,设置范围为 0 和 100~299。

n=0:清除由自诊断错误 E45、E50 或 E200~E299 引起的错误状态;

n=100~299:将指令的触发信号设置为第 n 号自诊断错误。具体内容请参见手册的"错误代码表"。

7. 信息显示指令:F149(MSG)

格式:[F149 MSG, S]

功能:将 S 指定的字符常数(以 M 开始的字符串)显示在 FP 编程器 II 的屏幕上。

8. 时间运算指令:F157(CADD)、F158(CSUB)

1) F157(CADD)

格式:[F157 CADD, S1, S2, D]

功能:在(S1+2, S1+1, S1)指定的日期(年、月、日)和时间(时、分、秒)数据中加上(S2+1, S2)指定的时间数据,所得的结果(年、月、日、时、分、秒)存放在(D+2, D+1, D)中,日期、时间数据均用 BCD 码表示。

2) F158(CSUB)

格式:[F158 CSUB, S1, S2, D]

功能:同 F157(CADD)类似,只是相加运算变为相减运算,详细用法请参考手册。

小　　结

可编程控制器的基本原理来源于继电器的概念,或者说,可以将其理解为计算机化的继电器系统,因此,在指令和编程两方面结合了计算机与继电器系统的一些特性,学习时要注意区别。FP1 指令系统包含 190 多条指令,内容十分丰富,按照功能可分为两大类,即基本指令和高级指令。

基本指令主要可分为四大类,即基本顺序指令、基本功能指令、控制指令和比较指令。

基本顺序指令共 19 条,主要是对继电器和继电器触点进行逻辑操作的指令。有的后面带操作数,表示直接操作,有的不带操作数,用于构成复杂的程序结构。

基本功能指令主要包括具有定时器、计数器和移位寄存器三种功能的指令。其中,定时和计数本质上是同一功能。基本功能指令共 8 条,根据功能分类,除定时器指令 TM、计数器指令 CT 和移位寄存器指令 SR 外,还将高级指令中的可逆计数指令(F118)、左右移位指令(F119)以及辅助定时器指令(F137)也包括在内。

控制指令共 18 条,可以改变程序的执行顺序和流程,产生跳转和循环,构成复杂的程序及逻辑结构。因此,控制指令在 PLC 的指令系统中占有重要的地位,用好控制指令,能够使程序更加整齐、清晰,增加了程序的可读性和编程的灵活性。

比较指令共有 36 条,这是松下电工新开发的指令。从功能上看,该类指令主要实现等于(=)、大于(>)、小于(<)、大于或等于(>=)、小于或等于(<=)和不等于(<>)共 6 种关系的比较,满足关系则为真,不满足则为假,根据比较的结果决定触点的通断。此外,比较指令还分为单字(16bit)比较和双字(32bit)比较。

高级指令共有 100 多条,使得编程能力大大扩展。与基本功能指令的书写方式不同,高级指令是用功能编号表示的,即由功能号、助记符和操作数三部分构成,使用时要注意前面一定要有触发信号。

高级指令可分为数据传输指令、算术运算指令、数据比较指令、逻辑运算指令、数据转换指令、数据移位指令、位操作指令和特殊功能指令。

数据传输指令是把源操作数中的 16 位、32 位数据或位按一定的要求传输到目的操作数中去,而源操作数的内容不变。这是高级指令中最基本、最常用的操作指令。

数据运算指令完成二进制和 BCD 码的算术运算,包括 16 位和 32 位(对应 BCD 码的 4 位和 8 位)数据的加、减、乘、除四则运算以及加 1、减 1 操作。

数据比较指令是一类应用非常广泛的指令,包括 16 位和 32 位的数据与数据比较、数据与数据区间比较和数据块比较。比较的结果影响内部特殊寄存器 R9009(进位标志位)、R900A(大于标志位)、R900B(等于标志位)、R900C(小于标志位)。应注意标志位要紧接在比较指令后使用。

逻辑运算指令包括逻辑与、或、异或、异或非指令,指令条数少,较容易掌握。

数据转换指令包含各种数制、码制之间的相互转换,有二进制、十六进制及 BCD 码数据同 ASCII 码之间的互相转换,二进制数据与 BCD 码间的互换,指令较多。此外还有二进制数据的求反、求补和取绝对值;符号位的扩展等操作以及解码、编码、译码、数据分离、数据组合、表数据查表等操作。

位操作指令是对操作数中位进行的操作,可以进行 16 位数据的位置位、位复位、位求反以及位测试,还可计算 16 位或 32 位数据中,位值为"1"的位数。

特殊指令是完成某些特殊功能的指令,如进位标志位的置位、清 0、串行通信、并行打印输出等。

习　　题

3-1　填空题:

(1) TM 定时器是一种延时_____定时器,定时时钟可分为 3 种,分别为 R=_____,X=_____,Y=

_____,定时器设定值范围为_____。

（2）使用外部中断之前,应首先设置系统寄存器_____。

（3）FP1C40 共有计数器_____个,定时器_____个,通过编程软件_____的设置可以改变两者的个数,但两者的总和是_____。

（4）堆栈指令中_____、_____只能使用一次,_____可以使用多次。

（5）高级指令由_____、_____、_____ 3 部分组成,高级指令的执行前面必须有_____。

（6）子程序的位置必须在_____后面,SUB、RET 必须_____出现。子程序可以嵌套,但最多_____。

（7）SR 指令的操作数必须是_____。

（8）步进程序与众不同的地方是_____。最后一个步进过程必须用_____指令清除。

3-2　微分指令有哪些？它们的主要工作特点是什么？

3-3　试比较说明 OT、SET-RST 和 KP 指令的主要区别。

3-4　试述子程序指令和中断指令有何异同。

3-5　数据传送指令有哪些？各自的功能是什么？

3-6　试分别叙述 F60 和 F62 指令是如何影响标志位的。

3-7　写出下面梯形图（见习题 3-7 图）的助记符程序,并用逻辑表达式说明其逻辑关系。

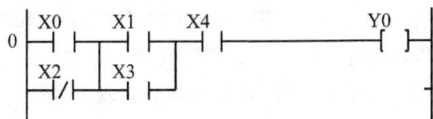

习题 3-7 图

3-8　分别用乘法指令和移位指令实现 DT0～DT2 中的二进制数据乘以 2。

3-9　分别说明下面两个梯形图（见习题 3-9 图）所完成的功能,并写出对应的助记符程序。

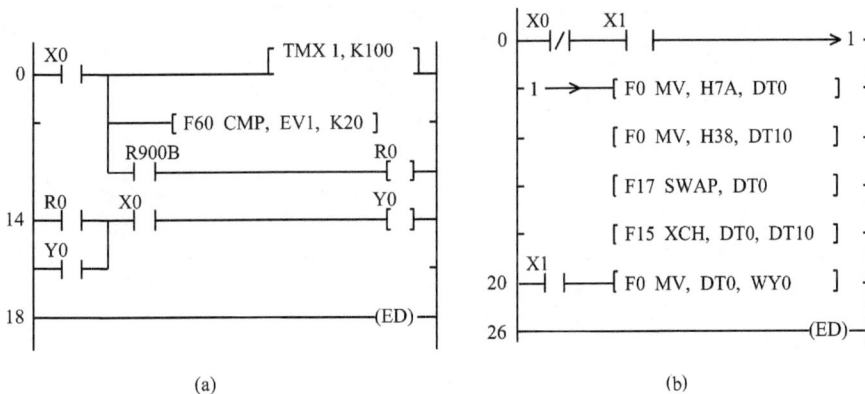

(a)　　　　　　　　　　　　　　　(b)

习题 3-9 图

3-10　绘出下列指令表（见习题 3-10 图）的梯形图。

3-11　当中断控制信号 X9 接通时,执行中断程序"1"（INT1)和中断程序"6"（INT6),试设计其梯形图程序。

3-12　当中断控制信号 X9 接通时,只有中断程序"2"（INT2)和中断程序"5"（INT5)复位,试设计其梯形图程序。

地址	指令	数据
0	ST	X1
1	OR	R20
2	AN/	X2
3	OT	Y31
4	OT	R20
5	ST	X3
6	TMY	50
		K25
10	OT	Y32
11	ST	T50
12	TMY	51
		K35
16	OT	Y33

地址	指令	数据
17	ST	X4
18	DF	
19	OT	R100
20	ST	R100
21	ST	X5
22	CT	110
		K10
25	ST	X3
26	OT	Y34
27	ED	

习题 3-10 图

3-13 试设计一梯形图,要求 X0 接通后,Y0 接通,10s 后 Y0 自行关断。

3-14 试设计一梯形图,要求 X0 接通 12 次,Y0 接通,而 X1 接通后,电路复原(即 Y0 断开)。

3-15 试用定时器实现频率为 5Hz 的方波,并用计数器计数,1h 后停止,驱动 Y0 输出。画出梯形图,写出助记符程序。

3-16 假设数据寄存器(DT0)=H1234,(DT1)=H4567,(DT2)=H8899,试将(DT0)和(DT1)中的数据进行交换,(DT2)中的数据高低 8 位进行交换。试设计其梯形图程序。

3-17 分别用二进制运算指令(BIN)和 BCD 码运算指令完成下式的计算:

$$\frac{(541230 + 673654) \times 2 - 58000}{324}$$

要求:X0 闭合时开始计算,X1 闭合时各单元全部清 0。试分别设计两种情况下的梯形图程序。

第4章 PLC 的编程及应用

本章介绍松下电工编程工具的使用方法及注意事项,并介绍 PLC 的编程特点、基本的编程方法及一些编程技巧,给出一些在 PLC 编程中常用的基本电路。结合实际应用分析这些基本电路的运用方法和技巧,以便使大家能快速地掌握 PLC 编程的基本方法、原则和技巧。希望本章能起到抛砖引玉的作用,要想掌握好 PLC 的编程,需要在实践中不断总结和积累经验,才能编写出可靠而且高效的 PLC 程序。

4.1 松下电工 PLC 编程工具简介

FP1 系列 PLC 的编程手段有两种:一种是利用其配套编程软件在个人计算机上进行编辑;另一种是使用 FP 手持编程器进行程序编辑。由于前者使用较多,这里重点介绍松下编程软件 FPWIN-GR 的使用方法和注意事项,而对 FP 手持编程器只作简单的介绍。

4.1.1 松下电工 PLC 编程软件

1. 概述

FPWIN-GR 软件采用的是典型的 Windows 界面,具有中、英文两种版本。菜单界面、编程界面、监控界面等可同时以窗口形式相叠或平铺显示,甚至可以把两个不同的程序在一个屏幕上同时显示,各种功能切换和指令的输入既可沿用 NPST-GR 软件用键盘上的快捷操作键操作,也可用鼠标点击图标操作。FPWIN-GR 具有两种工作方式:在线编辑方式和离线编辑方式。在线编辑方式是指计算机与 PLC 联机状态下,进行程序编辑、调试的一种工作方式。离线编辑方式则是指在脱机状态下进行程序编辑、调试的一种工作方式。使用何种工作方式可根据具体情况选用。特别是它在软件的"帮助"菜单中增加了软件操作方法和指令、特殊内部继电器、特殊数据寄存器等一览表。这样在没有手册的情况下,用户也能方便地使用。由于 FPWIN-GR2.91 是新近开发出来的软件,其各项功能更趋合理、使用更加方便。

2. FPWIN-GR 软件(汉化 2.91 版本)

下面简单地介绍一下该软件对计算机系统的要求和基本功能及使用方法,以便读者对该软件有一个基本的了解。

1) 运行环境基本配置

FPWIN-GR 软件所使用的的操作系统为 Windows 98,Windows Me,Windows 2000,Windows XP,Windows 7,所需硬盘空间为 40MB 以上。为了使效果达到最佳对计算机的配置还有以下建议:CPU 为 Pentium 100MHz 以上,画面分辨率为 800×600 以上,内存为 64MB 以上,显示色 High Color (16bit) 以上。

2）认识 FPWIN-GR

图 4-1 为一个标准的 Windows 程序窗口，大部分区域的名称、位置及作用已被大家所熟悉，本软件最大的特点就是具备以下 3 种程序编辑模式。

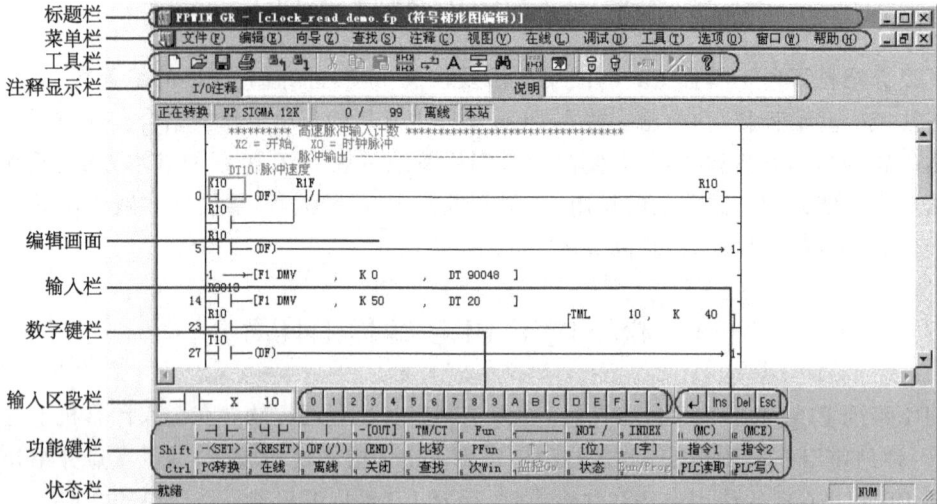

图 4-1　FPWIN-GR2.4 界面各部分名称及分布

（1）符号梯形图编辑模式。通过直接输入梯形图符号创建程序。这种模式比较适合于初学者和编程经验不多的用户。

（2）布尔梯形图编辑模式。通过输入助记符语言创建程序。计算机根据输入的布尔形式助记符，自动地显示出相应的梯形图。

（3）布尔非梯形图编辑模式。通过输入布尔形式助记符创建程序。编辑过程中不显示梯形图，只在屏幕上按指令地址的顺序列出指令助记符。对于习惯于使用助记符的用户，使用这种模式编程较为方便。

注：关于上述 3 种编辑模式可以通过［视图］菜单切换，只要改变其中任一种模式下的程序，其他编辑模式下的程序也全部自动修改。

下面详细介绍一下"输入段栏"和"功能键栏"。

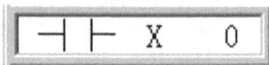

图 4-2　输入段栏

输入段栏：显示当前正在输入的回路（图 4-2）。通过单击输入栏中的［Enter］或按键盘中的［Enter］键确认输入内容。

功能键栏：如图 4-3 所示。在编写程序时，可以用鼠标点击［功能键栏］或用［F1］～［F12］功能键与［Shift］或［Ctrl］的组合实现指令输入。各个按钮左下角的数字表示所对应的功能键号。第 1 段、第 2 段中分布的是主要指令的快捷键。第 1 段的操作只需按功能键即为有效。第 2 段的操作需同时按 Shift ＋ 功能键有效。第 3 段中分布的是功能的快捷键。第 3 段的操作需同时按 Ctrl ＋ 功能键有效。

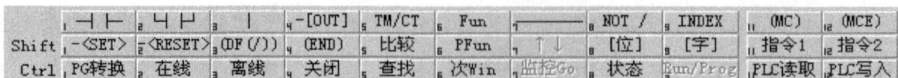

图 4-3　功能键栏

当输入不同的指令时,功能键栏的显示内容会随所选择的指令发生变化。需要返回时请点击输入栏中的[Esc]或按键盘中的[Esc]键。

(1) 在功能键栏中输入[F1]、[F2]、[F4]、[F8]或[Shift]+[F1]([F2]、[F8])时,将显示触点、线圈的基本指令如图 4-4 所示。

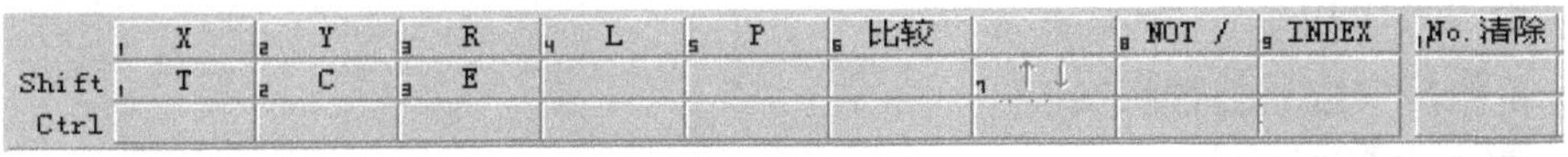

		X		Y		R		L		S		P		比较				NOT /		INDEX		No.清除
Shift		T		C		E										↑ ↓						
Ctrl																						

图 4-4　触点线圈的基本指令

X:在输入区段中输入外部输入;

Y:在输入区段中输入外部输出;

R:在输入区段中输入内部继电器;

L:在输入区段中输入链接继电器;

P:在输入区段中输入脉冲继电器;

T:在输入区段中输入定时器触点;

C:在输入区段中输入计数器触点;

E:在输入区段中输入错误警告继电器;

比较:在输入区段中输入数据比较指令;

NOT/:将到光标位置为止的运算结果反转;

INDEX:在输入区段中输入索引修饰;

No 清除:清除输入区段中的设备编号;

↑↓:用于上升沿检出/下降沿检出的图形符号。能否使用本功能取决于所用 PLC 机型。

(2) 在功能键栏中输入[F5]时,将显示定时器/计数器指令(TM/CT)。如图 4-5 所示。

		-[TMX]		-[TMY]		-[TMR]		-[TML]				[CT]-				INDEX
Shift																	
Ctrl																	

图 4-5　定时器/计数器指令(TM/CT)

TMX:在输入区段中输入 0.1s 定时器;

TMY:在输入区段中输入 1s 定时器;

TMR:在输入区段中输入 0.01s 定时器;

TML:在输入区段中输入 0.001s 定时器;

CT:在输入区段中输入计数器;

INDEX:在输入区段中输入索引修饰。

(3) 在功能键栏中输入[Shift]+[F5]时,将显示比较指令(CMP)。如图 4-6 所示。

	1 D	2 F		6 =	7 >	8 <		
Shift								
Ctrl								

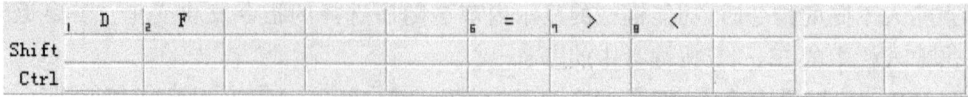

图 4-6　比较指令（CMP）

D：字→双字切换

F：单精度实数→整数切换

＝：相等比较时输入；

＞：大于比较时输入；

＜：小于比较时输入。

（4）在功能键栏中输入[F6]、[Shift]＋[F6]时，将显示高级指令列表如图 4-7 所示。高级指令有以下两种类型：

FUN：每次扫描执行型指令，按[F6]键；

PFUN：微分执行型指令，按[Shift]＋[F6]键。

在高级指令列表图 4-7 中，左侧选择指令的类型，右侧会显示出该类型中的相关指令，按指令的序号排列，下部显示相应指令的说明。选择[OK]，指令出现在编辑画面中。

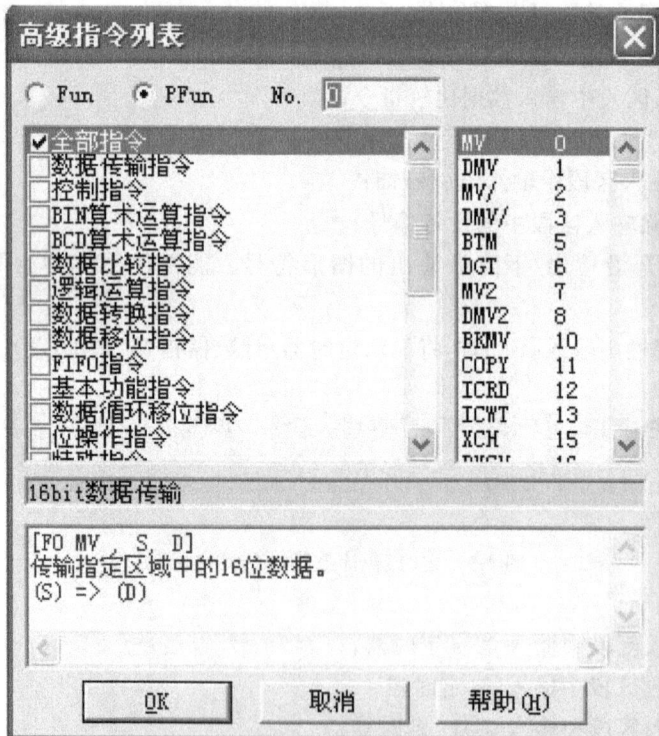

图 4-7　高级指令列表

一个高级指令出现在编辑画面后，需添加相应的指令参数，将光标移到指令中的[??????]位置处进行添加。这时功能键栏变为图 4-8 所示。

	WX	WY	WR	WL	DT	LD	FL		INDEX	No.清除
Shift	SV	EV	K	H	M	f				
Ctrl	PG转换									

图 4-8　高级指令参数

WX：在输入区段中输入 WX（以字指定的外部输入）；

WY：在输入区段中输入 WY（以字指定的外部输出）；

WR：在输入区段中输入 WR（以字指定的内部继电器）；

WL：在输入区段中输入 WL（以字指定的链接继电器）；

DT：在输入区段中输入 DT（数据寄存器）；

LD：在输入区段中输入 LD（链接寄存器）；

FL：在输入区段中输入 FL（文件寄存器）；

SV：在输入区段中输入 SV（定时器·计数器的设定值）；

EV：在输入区段中输入 EV（定时器·计数器的目标值）；

K：　在输入区段中输入十进制常数,允许输入范围如下：

　　　　16 位运算时　K－32768～K32767

　　　　32 位运算时　K－2147483648～K2147483647

H：　在输入区段中输入十六进制常数,允许输入范围如下：

　　　　16 位运算时　H0～HFFFF

　　　　32 位运算时　H0～HFFFFFFFF

M：　在输入区段中输入字符串常数；

f：　在输入区段中输入实数常数,允许输入范围如下：

　　　　$-3402823×10^{32}～-1175494×10^{-38}$

　　　　$1175494×10^{-38}～3402823×10^{32}$

INDEX：在输入区段中输入索引寄存器,或者在输入区段内输入设备索引修饰；

NO 清除：清除输入区段中的设备编号。

（5）在功能键栏中输入［F9］时,将显示指定索引。

注意：在符号梯形图编辑模式下编写了程序以后,为了确定由梯形图所编写的程序,必须进行“程序转换”处理。在此编辑模式下编写的程序,在进行“程序转换”处理之前将被反显,表明此段程序需做“程序转换”处理。完成“程序转换”后,程序段取消反显状态。在进行程序转换处理时,有以下几点限制：

① 程序行数的限制。一次可转换的程序行数在 33 行以内。只要超过 33 行,就无法一次执行程序转换。

② 折回点的限制。在一个程序块中,所使用的折回点总数不能超过 32 个。

③ OR 指令数的限制。连续输入的 OR 指令数量不能超过 33 个。

④ OT 指令数的限制。连续输入的 OT 指令数量不能超过 33 个。

⑤ PSHS 指令数的限制。可连续使用的 PSHS 指令的次数有一定限制。限制数量随 PLC 机型的不同而有所差别。如果连续使用次数多于限制次数,则系统无法正常动作,因此在使用时需加以注意。

3）FPWIN-GR 应用举例

下面通过 2 个简单的例子说明如何利用 FPWIN-GR 输入程序。

例 4-1　梯形图程序如图 4-9(a)所示。试在"符号梯形图编辑"模式下输入该程序。

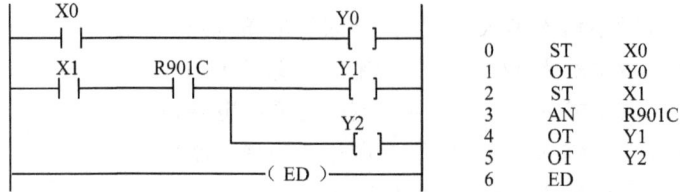

(a)

(b)

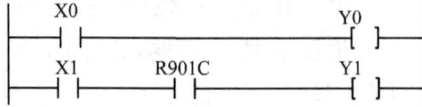

(c)

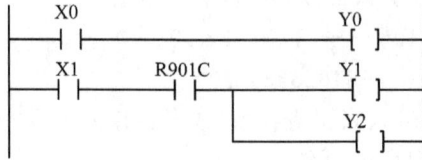

(d)

图 4-9

　　首先启动 FPWIN-GR,选择"创建新程序",在选择机型的对话框中选择" FP1 C24,C40"(当然也可以根据实际情况选择其他机型),此时在屏幕上显示的是"符号梯形图编辑"区(若在标题栏显示的不是"符号梯形图编辑",可以选择菜单"视图\符号梯形图编辑"),在屏幕的左上角显示一个绿色的矩形光标。

　　约定:[F1]表示按下键盘上的功能键 F1;

　　　　　[Ctrl]+[F1]表示同时按下键盘上的"Ctrl"和"F1"键;

　　　　　[Shift]+[F1]表示同时按下键盘上的"Shift"和"F1"键;

　　　　　[Enter]代表"回车"键;

　　　　　[F1]-[F1]-[0]表示依次按下 F1-F1-0 三个键。

　　根据以上说明,利用键盘(也可用鼠标)操作输入程序如下:

（1）输入［F1］－［F1］－［0］－［Enter］，显示触点 X0。

（2）输入［F4］－［F2］－［0］－［Enter］，显示触点 Y0。

通过（1）、（2）两步所输入的程序如图 4-9（b）所示。

（3）输入［F1］－［F1］－［1］－［Enter］，显示触点 X1。

（4）输入［F1］－［F3］－［9］－［0］－［1］－［C］－［Enter］，显示触点 R901C。

（5）输入［F4］－［F2］－［1］－［Enter］，显示触点 Y1。通过以上几步所输入的程序如图 4-9（c）所示。

（6）将光标放在触点 R901C 和 Y1 之间的下一行，输入［F3］－［F4］－［F2］－［2］－［Enter］显示触点 Y2。输入的程序如图 4-9（d）所示。

（7）输入［Shift］＋［F4］－［Enter］，显示程序结束标志。此时整个程序输入完毕。

（8）［Ctrl］＋［F1］，进行程序转换，然后保存文件即可。

选择菜单"视图\布尔非梯形图编辑"，即可看到本程序的助记符程序如图 4-9（a）的右侧所示。

例 4-2 某顺序控制的梯形图程序如图 4-10（a）所示。试在"符号梯形图编辑"模式下输入该程序。

利用鼠标操作输入程序如下：

（1）单击 ┤├ →单击 X →单击 1 →单击 ↵，显示触点 X1。

（2）单击 TM/CT →单击 →-[CT]- 单击→ 1 0 0 →单击 ↵ →单击 K →单击 4 0 →单击 ↵，显示计数器指令的梯形图符号。

（3）将光标移到下一行常开触点 X1 的下面：单击 ┤├ →单击 X →单击 0 →单击 ↵，显示触点 X0。

通过（1）、（2）和（3）三步所输入的程序如图 4-10（b）所示。

（4）单击 比较 →单击 = →单击 ↵ →单击 2 EV →单击 1 0 0 →单击 ↵ →单击 K →单击 3 0 →单击 ↵，显示比较指令的梯形图符号。

（5）单击 -[OUT] →单击 Y →单击 0 →单击 ↵，显示输出触点 Y0。

通过（4）、（5）二步所输入的程序如图 4-10（c）所示。

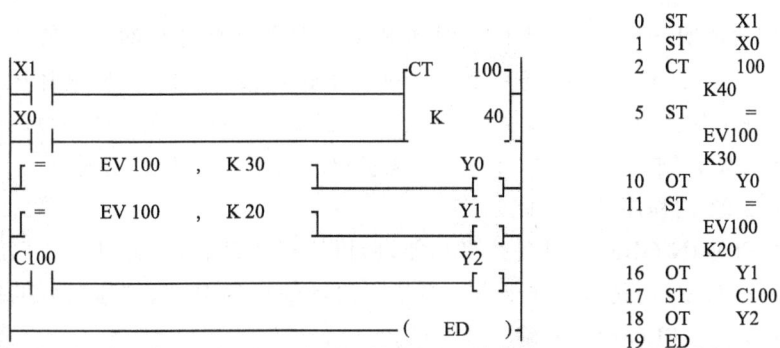

(a)

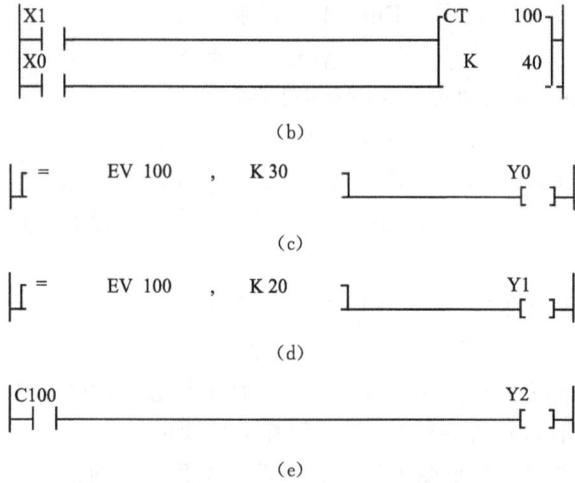

```
  X1                                         CT    100
 ┤ ├─┬──────────────────────────────────┤
  X0 │                                        K     40
 ┤ ├─┘
```

(b)

```
 ┤┌ =    EV 100  ,  K 30 ├──────────────────( Y0 )
```

(c)

```
 ┤┌ =    EV 100  ,  K 20 ├──────────────────( Y1 )
```

(d)

```
  C100                                               Y2
 ┤ ├────────────────────────────────────────( )
```

(e)

图 4-10

(6) 将光标移到下一行: 单击 [比较] → 单击 [=] → 单击 [↵] → 单击 [EV] → 单击 [1 0 0] → 单击 [↵] → 单击 [K] → 单击 [2 0] → 单击 [↵],显示比较指令的梯形图符号。

(7) 单击 [-[OUT]] → 单击 [Y] → 单击 [1] → 单击 [↵],显示输出触点 Y1。

通过(6)、(7) 二步所输入的程序如图 4-10(d)所示。

(8) 将光标移到下一行: 单击 [┤├] → 单击 [C] → 单击 [1 0 0] → 单击 [↵],显示触点 C100。

(9) 单击 [-[OUT]] → 单击 [Y] → 单击 [2] → 单击 [↵],显示输出触点 Y2。

通过(8)、(9) 二步所输入的程序如图 4-10(e)所示。

最后单击 [(END)] → 单击 [↵],整个梯形图程序输入结束。

(10) 单击 [PG转换],进行程序转换,然后保存文件即可。

选择菜单 "视图\布尔非梯形图编辑",即可看到本程序的助记符程序如图 4-10(a)的右侧所示。

按照 PLC 的接线说明,连接好 PLC 的电源和 PLC 与计算机的通信线,将 PLC 面板上的开关拨到 "REMOTE" 的位置。在 FPWIN-GR 软件中选择菜单 "文件\下载到 PLC",此时系统进行程序下载工作。当程序下载完毕后,可以看到 PLC 面板上的 "RUN" 灯亮,表示 PLC 正在运行。闭合输入结点 "X0" 或 "X1",可以观察到 PLC 程序的执行情况。

4) FPWIN-GR2.91 的程序仿真功能

由于编程软件 FPWIN-GR2.91 具备仿真功能,所以执行仿真后,读者可以不用将编写好的程序传入实体 PLC 中,而是可以在个人计算机中启动假设的 PLC,将编写好的程序下载到假设的 PLC 中,进行 PLC 动作的确认与调试。

目前松下公司具备仿真功能的 PLC 机型如表 4-1 所示。

表 4-1　具备仿真功能的 PLC 机型

产品名称	型号
FP-X	C14R ,C30R, C60R ,C14T/P,C60T/P
FP Σ	32K
FP0	C10, C14, C16,C32
FP0R	C10, C14, C16,C32/T32/F32
FP2	16K,32K
FP2SH	60K,120K

下面举例说明编程软件 FPWIN-GR2.91 的 PLC 程序的仿真过程。

例 4-3　梯形图程序如图 4-11 所示。试在"符号梯形图编辑"模式下对其进行仿真验证。

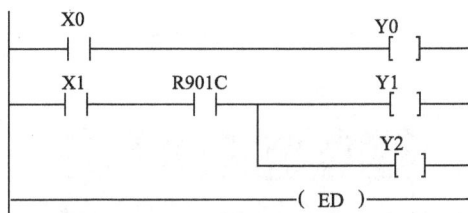

图 4-11

步骤 1：首先启动 FPWIN-GR2.91,选择"创建新程序",在选择机型的对话框中选择"FP0R　C10,C14,C16"如图 4-12 所示(当然也可以根据实际情况选择其他具备仿真功能的机型),按 OK 按钮后在屏幕上显示"符号梯形图编辑"区,输入如图 4-11 所示的梯形图程序并保存;另一种情况:若该程序文件已存在且是在 FP1 机型下编写的(当然也可以是其他机型),由于 FP1 系列 PLC 不具备仿真功能,则打开该文件后需要进行机型转换(如转换成 FP0R C10,C14,C16 机型)。方法是选择菜单"工具\机型转换…",如图 4-13 所示。进行机型转换后,就会弹出如图 4-14 所示的画面,告知系统寄存器已被初始化。

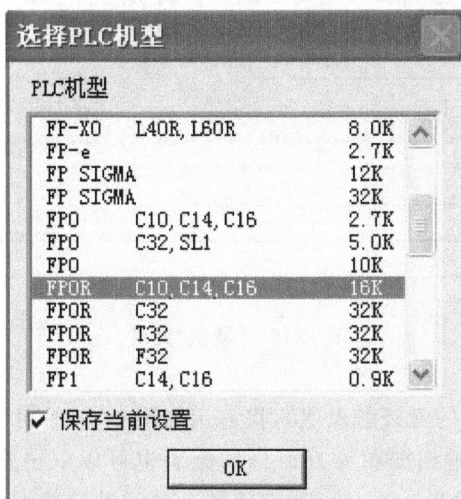

图 4-12　选择 PLC 机型

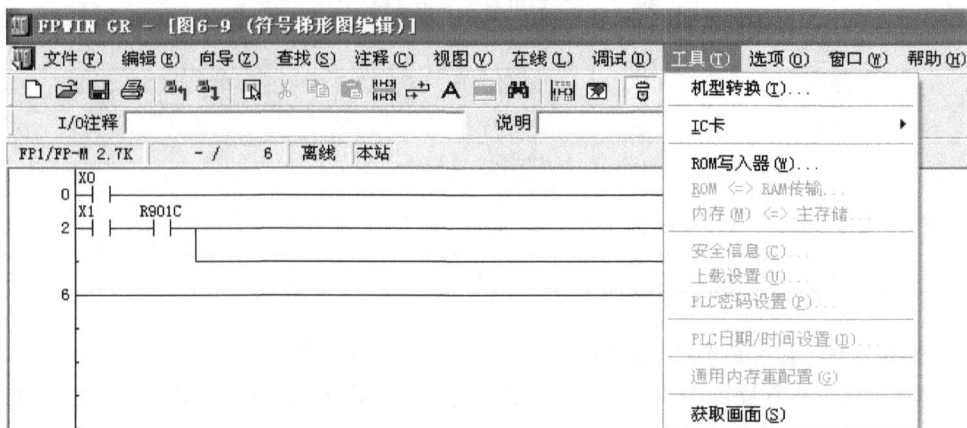

图 4-13　机型转换

图 4-14　系统寄存器初始化

　　步骤 2：进行程序的仿真与调试。选择"调试"菜单，画面如图 4-15 所示，再选择"仿真…"则出现如图 4-16 所示的画面，表示程序下载已经结束，选择"是(Y)"则可以将 PLC 模式从 PROG 状态切换到 RUN 状态。

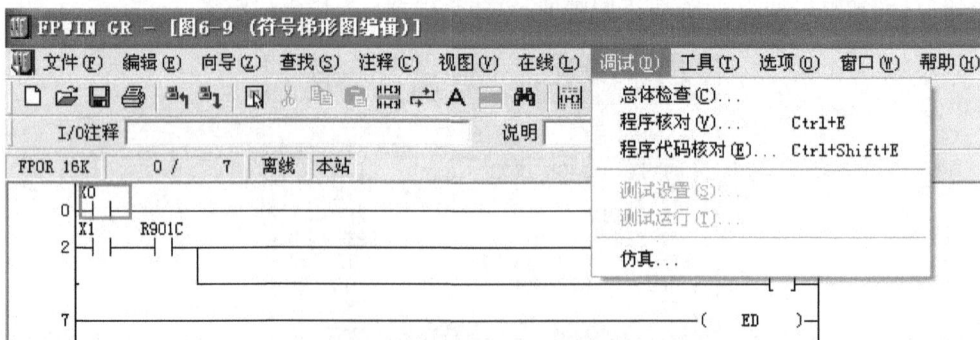

图 4-15　"调试"菜单

　　步骤 3：双击梯形图中的常开触点 X0，将显示如图 4-17 的对话框，选择"OK"将使常开触点 X0 闭合，进而 Y0 有输出如图 4-18。当然读者也可以双击常开触点 X1 使其闭合，从而使 Y1 和 Y2 每隔 1 秒输出一次（因 R901C 是 1 秒时钟脉冲继电器）。需要结束仿真时，

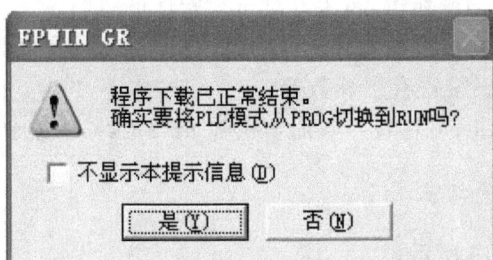

图 4-16　程序下载结束

请再次选择"调试\仿真…"或切换到离线状态。画面将显示结束仿真的确认信息,请选择"是(Y)"以结束仿真。

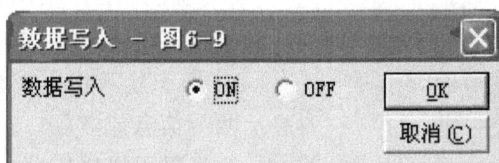

图 4-17　数据写入确认

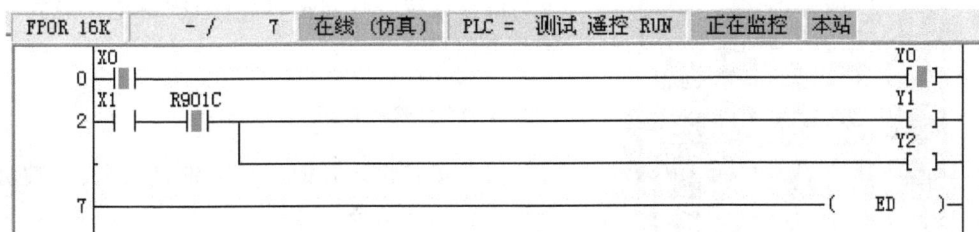

图 4-18

　　注:仿真中的动作与实际的 PLC 运行结果可能有所不同,因此必要时请务必利用实机进行动作确认。

　　FPWIN-GR 软件的界面是一个标准的 Windows 程序界面,熟悉 Windows 操作的人很快能掌握该软件的用法。上面的介绍只是该软件的一小部分,其余的部分用户可以参照该软件的用户手册和联机帮助。另外,汉化 FPWIN-GR2.91 版本的主界面、主菜单及大部分的功能和特性基本同汉化 FPWIN-GR2.4,但 FPWIN-GR2.4 不具备仿真功能。

4.1.2　FP 编程器Ⅱ

　　FP 编程器Ⅱ是一种手持编程工具,适用于 FP 系列的 PLC(FP1、FP3、FP5、FP10S、FP10、FP-C 和 FP-M 等)。利用手持编程器,可随时输入、修改程序,特别是在生产现场编制、调试程序时,经常使用手持编程器。手持编程器的功能如下:

　　(1) 程序编辑。利用 FP 编程器Ⅱ可输入、修改、插入及删除已写入 CPU 内部 RAM 中的命令。用 FP 编程器Ⅱ的操作键,可容易地进行程序的编辑。

(2) FP 编程器Ⅱ具有"OP"功能。用此功能,可监视或设置存储于 PLC 中的继电器通/断状态、寄存器内容以及系统寄存器参数等。

(3) 利用 FP 编程器Ⅱ,可将程序双向传送到 FPWIN-GR 或 PLC 中等。

1. FP 编程器Ⅱ键盘介绍

FP 编程器Ⅱ如图 4-19 所示。

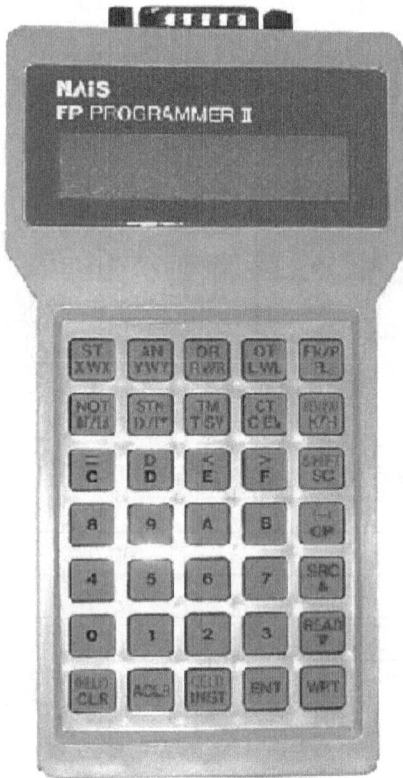

图 4-19　FP 编程器Ⅱ

1) 插座

插座是 FP 编程器Ⅱ与 PLC、PC 或调制解调器相连接的接口。当与 FP1、FP3、FP5、FP10S 或 FP10 相连时,可作为 RS-422 接口;当与 FP-C 和 FP-M 连接时,可作为 RS-232 接口。

2) 液晶显示器(LCD)

LCD 用于显示指令及信息。在显示窗口可同时显示两行信息或数据。若出现错误,在显示窗口的上一行将显示出错信息。

3) 操作键

利用操作键,可通过 FP 编程器Ⅱ进行输入指令与设置系统寄存器值,以及监视继电器或寄存器等项操作。

2. 指令输入方式

指令按其输入方式可分为键盘指令、非键盘指令和高级功能指令 3 类。

1) 键盘指令

这类指令是指键盘上已标明的指令,只需直接按键即可输入。

2) 非键盘指令

这类指令是指键盘上没有,需用指令代码方可输入的指令。输入步骤分为两种。

(1) 当已知指令代码时,输入指令的步骤如下:

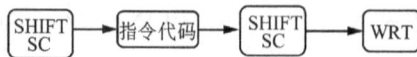

SHIFT SC → 指令代码 → SHIFT SC → WRT

(2) 当不知道指令代码需借助 (HELP) CLR 键调出非键盘指令表时,其输入指令的步骤如下:

SHIFT SC → (HELP) CLR → SCR▲ → SCR▼ → 指令代码 → WRT

调出非键　　　　　将要输入的指　　　　输入查出的
盘指令表　　　　　令移到当前行　　　　指令代码

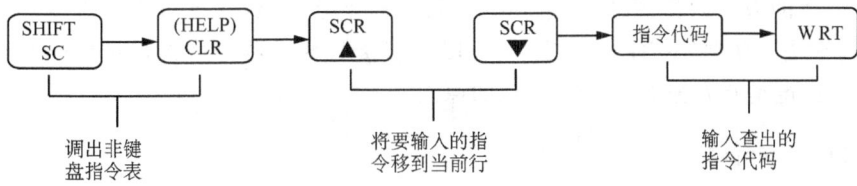

3）高级功能指令

这类指令是指键盘上没有，需借助于 FN/P FL 键方可输入的指令，一条完整的指令包括"F"、功能号、助记符和若干操作数，其中除助记符可自动生成之外，其他都需一步一步地输入。每输入完一个内容后，用 ENT 键将其存入程序缓冲器中，只有到输入完最后一个操作数后，才用 WRT 键将其指令存入 PLC。高级功能指令根据指令中是否有操作数而输入步骤不同。

（1）有操作数的高级功能指令，输入操作步骤如下：

FN/P FL → 功能号 → ENT → 操作数1 → ENT --- → 操作数 n → WRT

（2）无操作数的高级功能指令，输入操作步骤如下：

FN/P FL → 功能号 → WRT

3. 清除命令

清除命令可以分为以下 3 类：

（1）利用 CLR 键清除屏幕当前行显示（即 LCD 上的第二行），以便对该行指令做出修改。

（2）利用 ACLR 键将当前屏幕显示全部清除，以便进行程序调试、监控等操作，但程序仍保留在内存中，即仍可重新调出。

（3）利用 OP-0 功能将程序从内存中清除，即程序不能再被调出，这是在输入一个新程序之前必须进行的工作。

有关其他操作细节和 OP 功能请读者参阅 FP 编程器 II 操作手册。

4.2　PLC 编程特点和原则

世界上生产 PLC 的厂家众多，各个厂家生产的 PLC 也不尽相同，但 PLC 的基本结构和组成原理是基本相同的。因此不同品牌和型号的 PLC 的编程特点和编程原则也是大同小异的。PLC 是以计算机技术为核心的电子电气控制器，其控制算法是通过在 PLC 中植入预先编好的程序来实现的。随着计算机技术和半导体技术迅速进步，PLC 的种类和功能也在不断地扩充，已不只局限于替代传统继电器简单的逻辑控制功能。高级指令的引入，使

PLC 具有强大的数学运算、数据传输、通信、码制转化等功能,并且可以实现复杂的控制算法,如 PID 算法。在硬件技术的支持下,可以直接接收变送器传来的模拟信号和输出模拟控制结果。这也是有人把 PLC 称为 PC 的原因。

4.2.1　PLC 的编程特点

梯形图是 PLC 编程中最常用的方法。它源于传统的继电器电路图,但发展到今天两者之间有了较大的差别。

1) 程序的执行顺序

无论是 PLC 的梯形图程序还是传统的继电器梯形图,都有一条左母线,相当于电源的正极,还有一条右母线,相当于电源的负极。但 PLC 与传统继电接触器控制的重要区别之一就是工作方式不同。继电接触器控制是按"并行"方式工作的,也就是说按同时执行的方式工作的,只要形成电流通路,就可能有几个继电器同时动作。而 PLC 是以反复扫描的方式工作的,它是循环地连续逐条执行程序,任一时刻只能执行一条指令,这就是说 PLC 是以"串行"方式工作的。

考虑图 4-20 所示的程序,图(a)为继电器梯形图,图(b)为 PLC 的梯形图程序,两个电路实现相同的功能。当 X1 闭合时,Y1、Y2 输出。系统上电之后,当 X1 闭合时,图(a)中的 Y1、Y2 同时得电,若不考虑继电器触点的延时,则 Y1、Y2 会同时输出。但在图(b)的 PLC 程序中,因为 PLC 的程序是顺序扫描执行的,PLC 的指令按照从上向下,从左向右的扫描顺序执行,整个 PLC 的程序不断循环往复。PLC 中"继电器"的动作顺序由 PLC 的扫描顺序和在梯形图中的位置决定,因此,当 X1 闭合时,Y1 先输出而 Y2 后输出。

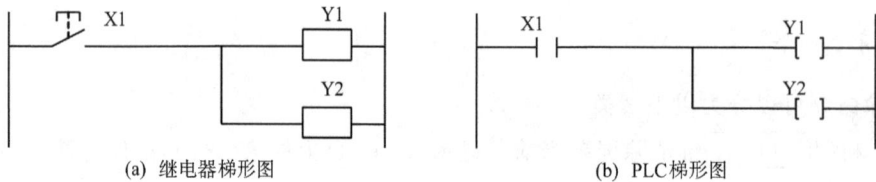

(a) 继电器梯形图　　　　　　　　　　　　(b) PLC梯形图

图 4-20　程序执行顺序比较图

在图 4-21 的 PLC 程序段中,图(a)的 X1 闭合后,Y1 动作,然后 Y2 立即动作,Y1 和 Y2 在同一个扫描周期内相继动作。但图(b)的 X1 闭合后,Y1 动作,但需在下一个扫描周期 Y2 才会动作,若 X1 的闭合时间小于一个扫描周期,则 Y2 不会动作,所以在编程时可以利用这一点滤掉高频干扰,但若程序需要在 X1 闭合后 Y1 和 Y2 立即动作,则会因为程序的扫描执行而使 Y2 动作有一个小的延时,甚至在 X1 的闭合周期较短的情况下,Y2 不动作,影响系统的可靠性。

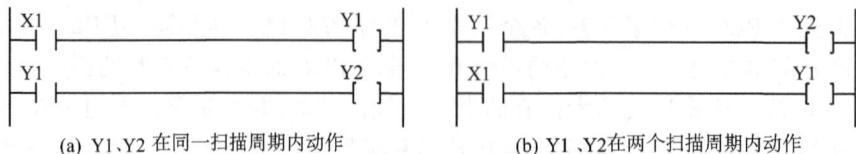

(a) Y1、Y2 在同一扫描周期内动作　　　　　　(b) Y1、Y2在两个扫描周期内动作

图 4-21　PLC 程序的扫描执行结果

2) 传统继电器自身的延时效应

传统的继电器控制和 PLC 程序控制的另一个需要注意的地方是,传统的继电器的触点在线圈得电后动作时有一个微小的延时,并且常开和常闭触点的动作之间有一微小的时间差,即常开触点和常闭触点的动作不会"同时"。参看图 4-22,图(a)的继电器 X1 的常开触点控制继电器 Y1 的线圈,X1 的常闭触点控制继电器 Y2 的线圈,当 X1 动作时,Y1、Y2 因为 X1 的常开和常闭触点的延时效应而导致不会同时得电与断电。而在图(b)的 PLC 程序中,因为 PLC 中的继电器都为软继电器,不会有延时效应,故当 X0 有输入时,Y0、Y1 会同时动作,当然,这里忽略了 PLC 的扫描时间。

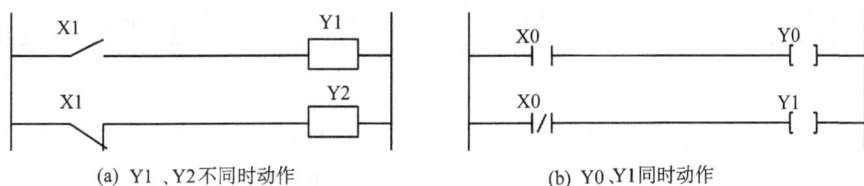

(a) Y1 、Y2不同时动作　　　　　　　(b) Y0、Y1同时动作

图 4-22　软、硬继电器的比较

3) PLC 中的软继电器

在继电器控制电路中,使用的是传统的硬继电器。在实际的使用过程中通过硬导线来实现系统的电气连接。由于继电器及其触点都是实际的物理实体,其数量是有限的,当需要继电器的触点很多时,实现起来就非常困难。PLC 梯形图中使用的继电器都是软继电器(所谓的软继电器就是 PLC 存储空间中的一个可以寻址的位)。在可编程控制器中,软继电器种类多、数量大。仅就 FP1-C24 型而言,共有内部继电器 1008 个,特殊继电器 64 个,定时器/计数器 144 个。因为在寄存器中触发器的状态可以读取任意次,这相当于每个继电器有无数个常开和常闭触点。对于外部信号触点也是如此,在梯形图里可以无数次地使用 PLC 外部的某个输入/输出控制触点,既可以用它的常闭形式,又可以用它的常开形式。

随着技术的进步和加工工艺的改进,硬继电器的可靠性和寿命也在增加,但触点的接触次数毕竟有限,加上控制现场可能有粉尘等因素的影响,会使继电器迅速老化和损坏。加之接插件和焊点的影响,使继电器控制系统的可靠性不高,这是工控的大忌。而 PLC 本身的可靠性高、寿命长,所以 PLC 控制系统的可靠性很高,这也是用 PLC 取代传统的继电器控制的一个原因。

4.2.2　PLC 的编程原则

PLC 编程应该遵循以下基本原则:

(1) 输入/输出继电器、内部辅助继电器、定时器、计数器等器件的触点可以多次重复使用,无须复杂的程序结构来减少触点的使用次数。

(2) 梯形图每一行都是从左母线开始,线圈终止于右母线。触点不能放在线圈的右边。如图 4-23 所示。

(3) 除步进程序外,任何线圈、定时器、计数器、高级指令等不能直接与左母线相连。如

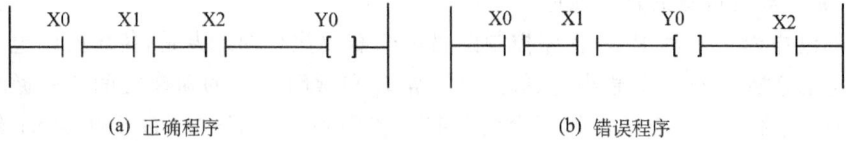

(a) 正确程序　　　　　　　　　　　　　　　(b) 错误程序

图 4-23　触点和线圈的顺序

果需要任何时候都被执行的程序段,可以通过特殊内部常闭继电器或一个没有使用的内部继电器的常闭触点来连接。如图 4-24 所示。

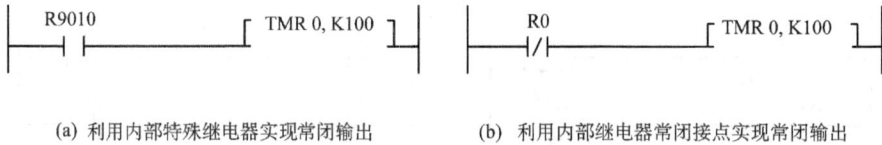

(a) 利用内部特殊继电器实现常闭输出　　　　　(b) 利用内部继电器常闭接点实现常闭输出

图 4-24　常闭输出的实现

（4）在 PLC 编程中,不允许重复使用同一编号的继电器输出型指令,这些输出型指令包括输出 Y 继电器指令、输出 R 继电器指令、输出定时器指令、输出计数器指令和保持指令等。如图 4-25 所示的梯形图程序,PLC 将发出出错报警信号,并停止程序的运行。

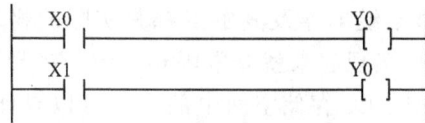

图 4-25　同一编号的线圈两次输出

（5）不允许出现桥式电路。图 4-26(a)所示的桥式电路无法编程,因为很难通过触点 X4 判断对输出继电器线圈的控制方向,可改画成图(b)所示形式。由此可知,触点应画在水平线上,不能画在垂直分支上。

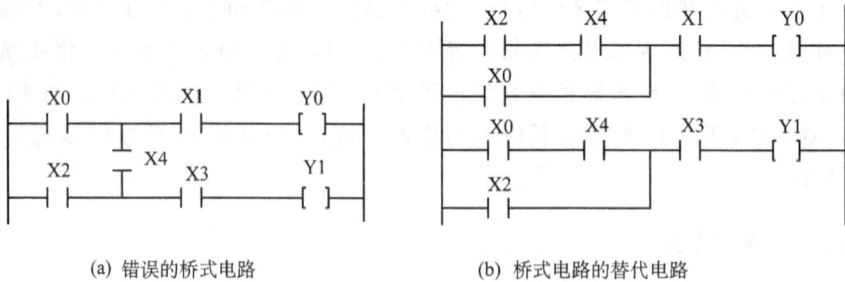

(a) 错误的桥式电路　　　　　　　　　　(b) 桥式电路的替代电路

图 4-26　桥式电路和替代电路

（6）程序的编写顺序应按自上而下、从左至右的方式编写。为了减少程序的执行步数,程序应为"左大右小,上大下小"。如图 4-27 所示是一段简单的程序,图(b)符合"上大下小"的编程原则,故图(b)比图(a)节省了一步。

```
X0                    Y0          0    ST    X0
 ┤├─────────────┬─────┤ ┤         1    ST    X1
X1        X2    │                 2    AN    X2
 ┤├──────┤├─────┘                 3    ORS
                                  4    OT    Y0
```

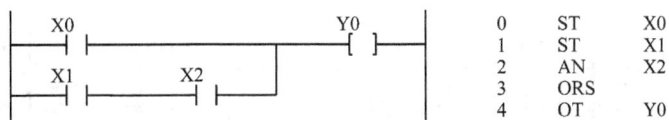

(a) 不符合上大下小的电路,共 5 步

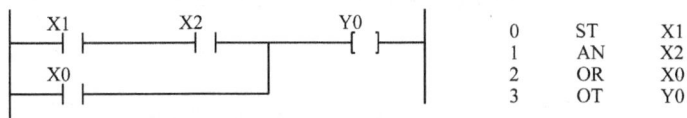

```
X1        X2          Y0          0    ST    X1
 ┤├──────┤├─────┬─────┤ ┤         1    AN    X2
X0             │                  2    OR    X0
 ┤├────────────┘                  3    OT    Y0
```

(b) 符合上大下小的电路,共 4 步

图 4-27　编程顺序举例 1

图 4-28(a)、(b)是两个逻辑功能完全相同的梯形图。图(b)符合"左大右小"的编程原则,故图(b)比图(a)节省了一步。

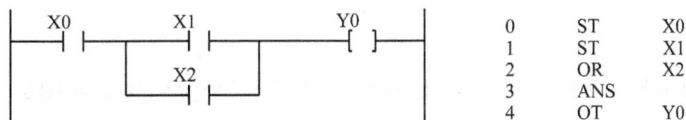

```
X0        X1          Y0          0    ST    X0
 ┤├──┬────┤├────┬─────┤ ┤         1    ST    X1
    │X2         │                 2    OR    X2
    └─┤├────────┘                 3    ANS
                                  4    OT    Y0
```

(a) 不符合左大右小的电路,共 5 步

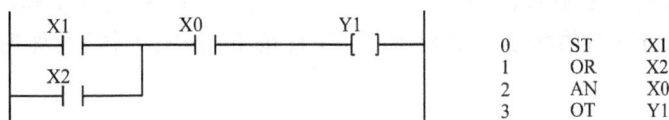

```
X1        X0          Y1          0    ST    X1
 ┤├──┬────┤├────┬─────┤ ┤         1    OR    X2
X2  │          │                  2    AN    X0
 ┤├─┘          │                  3    OT    Y1
```

(b) 符合左大右小的电路,共 4 步

图 4-28　编程顺序举例 2

(7) 梯形图的逻辑关系应简单、清楚,便于阅读检查和输入程序。对于图 4-29(a)的复杂梯形图,图中的逻辑关系就不够清楚,给编程带来了不便。改画后的梯形图如图 4-29(b)所示。虽然改画后的程序指令条数增多,但逻辑关系清楚,便于理解和编程。

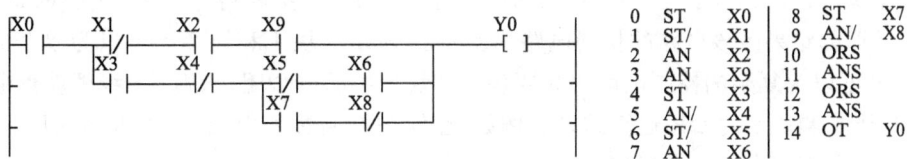

```
X0    X1    X2    X9              Y0        0  ST   X0    8   ST   X7
 ┤├──┬┤├──┬┤├───┬┤├──────────────┤ ┤       1  ST/  X1    9   AN/  X8
    │X3  │X4  │X5        X6                  2  AN   X2    10  ORS
    └┤├──┘┤/├─┤┤/├──┬───┤├─┘                 3  AN   X9    11  ANS
              │X7    X8                      4  ST   X3    12  ORS
              └┤├───┤/├─┘                    5  AN/  X4    13  ANS
                                            6  ST/  X5    14  OT   Y0
                                            7  AN   X6
```

(a) 逻辑关系不够清楚的梯形图

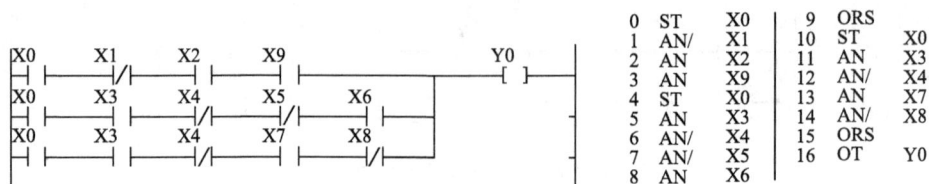

0 ST X0	9 ORS
1 AN/ X1	10 ST X0
2 AN X2	11 AN X3
3 AN X9	12 AN/ X4
4 ST X0	13 AN X7
5 AN X3	14 AN/ X8
6 AN/ X4	15 ORS
7 AN X5	16 OT Y0
8 AN X6	

(b) 改画后的梯形图

图 4-29 梯形图编程逻辑关系举例

4.3 PLC 基本编程电路

本节列出了一些典型的 PLC 编程电路,实际的 PLC 程序基本由这些电路扩展和叠加而成。因此,如果掌握了这些基本程序的设计原理和编程技巧,对于编写一些大型的、复杂的应用程序是非常有利的。在编写 PLC 程序的过程中,除了正确应用这些基本电路之外,还应注意电路之间的配合和在程序中的顺序问题。当然,这一切都是建立在正确的程序结构基础上的。

4.3.1 AND 电路

如图 4-30 所示的 AND 电路是 PLC 程序中最基本的电路,也是应用最多的电路。

当 X1 和 X2 都闭合时,Y0 线圈得电;只要 X1,X2 其中一个不闭合,则 Y0 线圈也不得电,即 Y0 接受 X1 和 X2 的 AND 运算结果。图 4-31 为该电路的扩展电路。块 1 和块 2 既可以为单个的 PLC 继电器,也可以为复杂的控制电路。当块 1 和块 2 都闭合时,Y0 线圈得电;只要块 1、块 2 中一个不闭合,则 Y0 线圈也不得电,即 Y0 接受块 1 和块 2 的 AND 运算结果。例如,只有当设备的状态为就绪状态,并且按下"开始工作"按钮时,设备才能开始工作。

图 4-30 AND 电路

图 4-31 AND 扩展电路

4.3.2 OR 电路

OR 电路与 AND 电路一样,都是 PLC 程序中最基本的功能电路,也是应用最多的电路。如图 4-32 所示。只要 X1 和 X2 中的一个闭合,Y1 线圈就得电。Y1 接受的是 X1 和 X2 OR 运算的结果。该电路的扩展电路如图 4-33 所示。块 1 和块 2 既可以为单个的 PLC 继电器,也可以为复杂的控制电路。只要块 1 和块 2 中的一个闭合,则 Y1 线圈就得电。Y1 接受的是块 1 和块 2 的 OR 运算结果。例如,在锅炉控制过程中,无论是水罐的压力过高,还是水温过高都要产生声光报警。

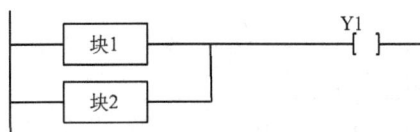

图 4-32　OR 电路　　　　　　　　　　　图 4-33　OR 扩展电路

4.3.3　自锁(自保持)电路

自锁(自保持)电路常用于无机械锁定开关的启停控制中。例如,用无机械锁定功能的按钮控制电动机的启动和停止。图 4-34 所示为自锁电路。在图 4-34(a)中,当 X1 的输入端子接通时,输入继电器 X1 的线圈接通,其常开触点 X1 闭合,输出继电器 Y1 的线圈得电,随之 Y1 触点闭合,此后即使 X1 断开,Y1 线圈仍然保持通电,只有当常闭触点 X2 断开时,Y1 线圈才断电,Y1 触点断开。再想启动继电器 Y1,只有重新闭合 X1。在图 4-34(b)中,利用 keep 指令达到自锁的目的,它是与图 4-34(a)功能完全相同的自锁电路。触点 X1 接通,线圈 Y1 得电并保持,若 X2 接通,则 Y1 断开。

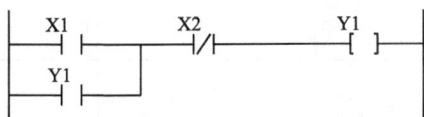

(a) 采用输出继电器的自锁电路　　　　　　(b) 采用 keep 指令的自锁电路

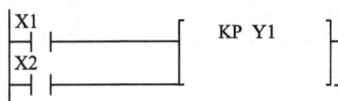

图 4-34　自锁(自保持)电路

自锁电路分为关断优先式和启动优先式两种。图 4-34 所示的电路为关断优先式,即当执行关断指令 X2 闭合时,无论 X1 的状态如何,线圈 Y1 均不得电。

图 4-35 所示的电路为启动优先式自锁电路,当执行启动指令,X1 闭合时,无论 X2 的状态如何,线圈 Y1 都得电。

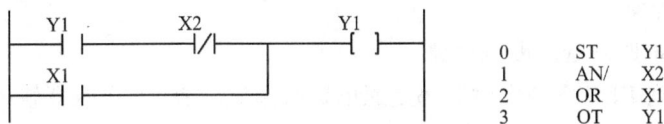

```
0    ST    Y1
1    AN/   X2
2    OR    X1
3    OT    Y1
```

图 4-35　启动优先式自锁电路

4.3.4　互锁电路

互锁电路用于不允许同时动作的两个继电器的控制,如电动机的正反转控制。图 4-36 中,当线圈 Y1 先得电后,常闭触点 Y1 断开,此时线圈 Y2 是不可能得电的。线圈 Y2 先得电的情况亦是如此。即线圈 Y1、Y2 互相锁住,不可能同时得电,即电动机不可能同时既反转又正转。对于图 4-36 的互锁控制,每一个控制元件的优先权都是平等的,不同优先权的控制电路如图 4-37 所示。在图 4-37 中,继电器 Y1 能否通电是以继电器 Y0 是否接通为条件的。只有继电器 Y0 通电后,才允许继电器 Y1 动作。Y0 启动优先权要比 Y1 高。

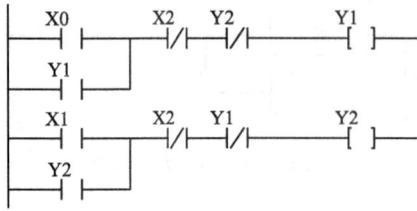

图 4-36 互锁控制电路　　　　　　图 4-37 具有优先权的互锁控制电路

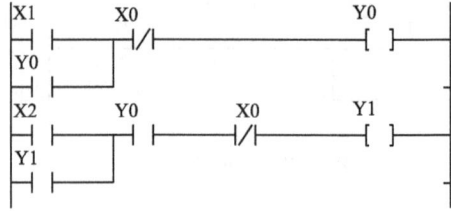

4.3.5 分频电路

图 4-38 是使用微分指令构成的二分频电路。当按下 X0 时,内部继电器 R0 接通一个扫描周期,输出 Y0 接通。当 X0 第二个脉冲到来时,内部继电器 R1 接通,常闭触点 R1 打开从而使 Y0 断开,如此反复,使 Y0 的频率为 X0 频率的一半。

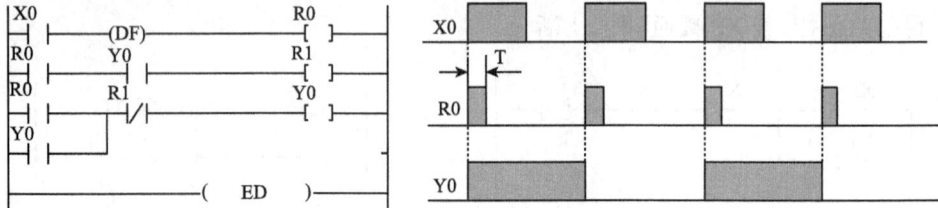

图 4-38 二分频电路

4.3.6 时间控制电路

时间控制电路是 PLC 控制系统中经常遇到的问题之一。时间控制电路主要用于延时、定时和计数控制等。时间控制电路既可以用定时器实现也可以用其他方式实现。在 FP1 系列可编程控制器内部有多达 100 个定时器和 7 种标准时钟脉冲可用于时间控制,用户在编程时会感到很方便。

1) 延时接通电路和延时断开电路

松下 FP1 系列 PLC 中的定时器都是通电延时型定时器,即定时器输入信号一经接通,定时器的过程值不断减 1,当过程值减为零时,定时器才有输出,此时定时器的常开触点闭合,常闭触点打开。当定时器输入断开时,定时器复位,由当前值恢复到设定值,其输出的常开触点断开,常闭触点闭合。

图 4-39 是一延时接通电路。当按下 X1 按钮后,需要经过 $100 \times 0.1s = 10s$ 的时间 Y1 才会接通。当输入端 X2 接通后,内部继电器 R1 断电,定时器 T1 复位,使输出 Y1 为 OFF。

图 4-40 是一延时断开电路。当按下 X1 按钮后,Y1 接通,延时 10s 后,T1 常闭触点打开,输出 Y1 断开。

2) 长定时电路

(1) 利用多个时间继电器的组合实现长延时。图 4-41 为利用两个时间继电器组合以实现 30s 的延时,即 Y0 在 X0 闭合 30s 之后得电。定时器串联,排在前面的定时器先接通,

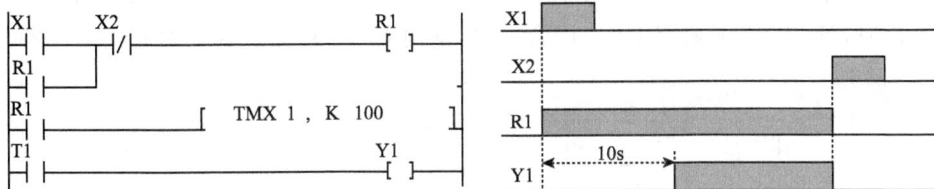

图 4-39　延时接通电路

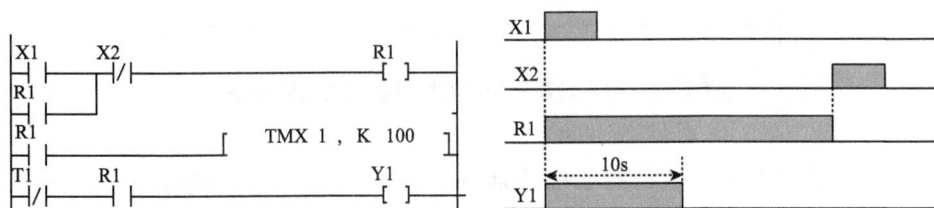

图 4-40　延时断开电路

它相当于排在后面定时器的一个延时常开触点。总的延时时间等于各定时器定时长度之和。因此利用定时器的串联可以达到长延时的目的。图 4-42 为利用两个时间继电器串联实现 30s 的延时,即 Y2 在 X0 闭合 30s 之后导通。

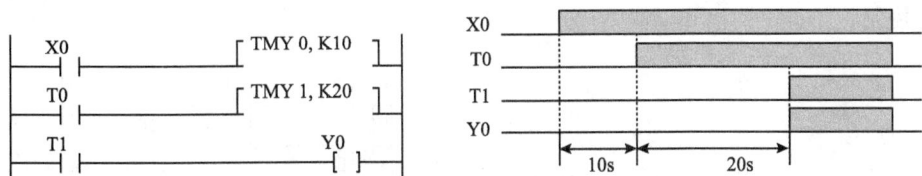

图 4-41　两个定时器组合实现长延时

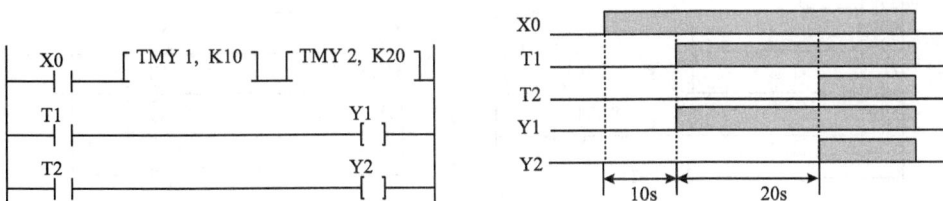

图 4-42　定时器串联实现长延时

(2) 采用定时器和计数器组成的电路实现长延时。在许多场合要用到长延时控制,但 FP1 系列 PLC 中可定时的最长时间为 32767×1s(对应 TMY 定时器,合 9 个多小时)。如果需要更长的定时时间,除了利用多个定时器的组合外,也可以将定时器和计数器结合起来,实现长延时控制。

如图 4-43 中,定时器 T5 的定时时间为 50s,计数器 CT120 的计数初值为 K2000,每经过 50s,T5 闭合 1 次,计数器 CT120 减 1,与此同时 T5 的常闭触点打开,T5 线圈断电,常开触点 T5 打开,计数器 CT120 仅计数 1 次,而后定时器 T5 开始重新定时,如此循环。T5 闭合 2000 次时,计数器常开触点 C120 闭合,输出继电器 Y2 接通。长延时时间为 $2000 \times 50s$ (约合 27.8h)。

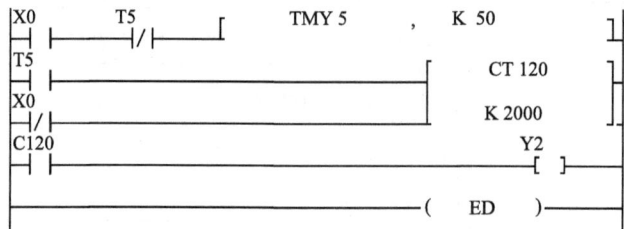

图 4-43 用定时器和计数器结合实现长延时电路

图 4-44 是采用 2 个计数器构成的长延时电路。由于使用了 R901E(1min 时钟继电器),需经过 30min 后,CT120 有输出,其常开触点 C120 闭合,CT121 计数 1 次,同时 CT120 复位,又经过 30min,CT121 计数 2 次,如此循环。经过 $30 \times 40min$ 后,计数器 CT121 有输出,常开触点 C121 闭合,输出继电器 Y0 接通。

3) 顺序延时接通电路

(1) 采用计数器实现的顺序延时接通电路如图 4-45 所示。当输入 X0 接通时,计数器 CT110、CT111 和 CT112 分别开始计数。Y0、Y1、Y2 分别经 40s、60s、80s 接通,实现了顺序延时控制。

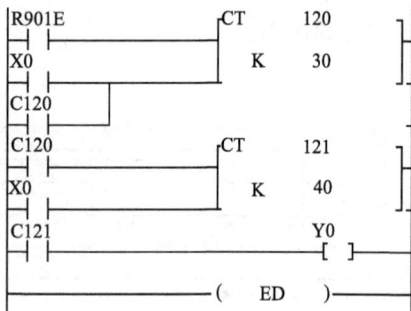

图 4-44 采用计数器的长延时电路

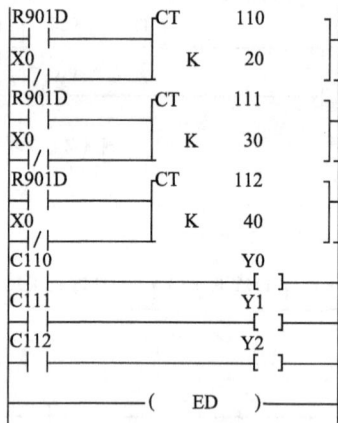

图 4-45 采用计数器实现的
顺序延时接通电路

(2) 采用计数器和比较指令(F60CMP)构成的延时接通电路如图 4-46 所示。在较大的程序中,如果计数器的个数不够,可用计数器和比较指令组合编程。在图 4-46 中,CT120 被定时于 50s,用两个 F60CMP 指令来监视它的当前值。当输入 X0 接通时,CT120 开始减计数,经 20s,R900B 为 ON,因而输出继电器 Y1 为 ON。当 CT120 的当前值为 K10 时,R900B 再次为 ON,使输出继电器 Y2 为 ON,经过 50s,输出继电器 Y3 为 ON。显然只用了一个计数器即可完成顺序延时接通的功能。

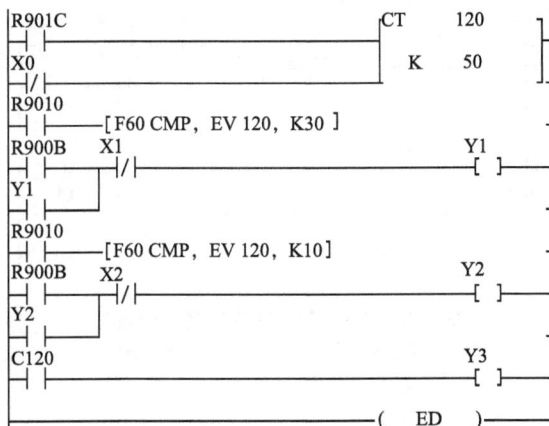

图 4-46　采用计数器和比较指令构成的延时接通电路

4）顺序循环执行电路

图 4-47 利用基本比较指令监视定时器的当前值，构成顺序循环执行电路。当 X0 接通后，Y1 接通 20s 后关断，同时 Y2 接通 20s 后又关断，接着 Y3 接通 10s 后关断又重新循环。之所以该电路能循环执行，是因为定时器 TMX0 的前面接有常闭触点 T0。

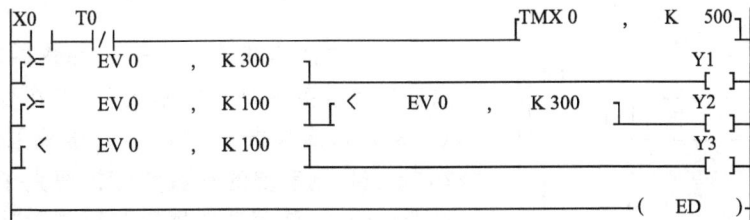

图 4-47　顺序循环执行电路

5）计数控制电路

计数控制电路一般都使用计数器 CT 指令或 F118 加减计数器指令实现，当达到目标值时，计数器接通。如果要进行中间数值的动态监控，常使用经过值寄存器 EV 并结合高级比较指令 F60 或者基本比较指令达到控制目的。

（1）图 4-48 是用一个计数器实现 4 个计数控制的电路。按下计数按钮 X1，当计数值减到 30 时，Y1 输出；减到 20 时，Y2 输出；减到 10 时，Y3 输出；达到目标值时 Y4 输出。这里使用了基本比较指令来动态地监控 CT100 的中间计数值。当然使用这种方法可以用一个计数器实现更多个计数控制。

（2）扫描计数电路如图 4-49 所示。在某些场合下，需要统计 PLC 的扫描次数。在图 4-49 中用计数器 CT100 统计 PLC 的扫描次数。当输入 X1 接通时，内部继电器 R1 每隔一个扫描周期接通一次，每次接一个扫描周期，计数器 CT100 对扫描次数进行计数，达到设定值时计数器 CT100 接通，从而使输出继电器 Y1 接通。

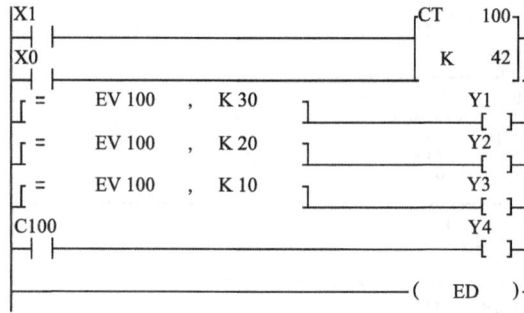

图 4-48　用一个计数器控制 4 个输出

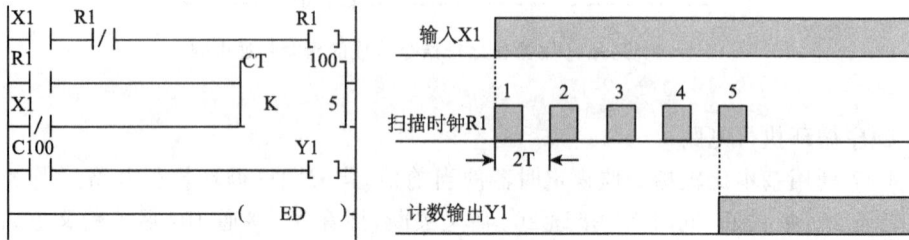

图 4-49　扫描计数电路

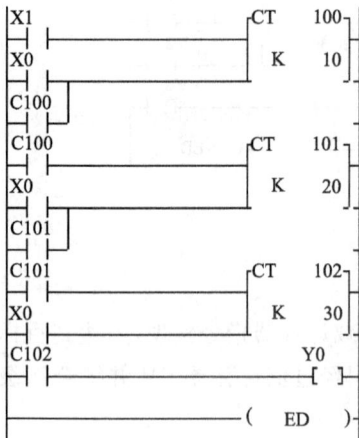

（3）计数器串联使用可扩大计数器的计数范围。计数器的计数范围是有限制的。CT 指令的预置范围为 0～32767，高级指令 F118 的计数范围为 −32768～32767。当控制系统的计数实际需要大于计数器的允许设置范围时，使用计数器串联可扩大计数器的计数范围。图 4-50 使用 3 个计数器串级组合，在计数值达到 C100×C101×C102＝10×20×30＝6000 时，Y0 接通。

6）计数报警电路

当计数值达到规定数值时引发的报警叫计数报警。要实现计数报警并不一定非要使用计数器，使用加 1、减 1 高级指令，同样可以完成计数报警功能。图 4-51 就是一个这样的报警电路程序。本程序假设一个

图 4-50　计数器串联扩大计数范围

展厅只能容纳 80 人，当超过 80 人时就报警。在展厅进出口各装一个传感器 X0、X1，当有人进入展厅时，X0 检测到实现加 1 运算，当有人出来时 X1 检测到实现减 1 运算，在展厅内人数达到 80 人以上时就接通 Y0 报警。

```
R9013
├─┤├──┤[F0 MV      ,    K 0    ,    DT 0    ]─┤
X0
├─┤├──(DF)────[F35 +1        ,    DT 0    ]──────────┤
X1
├─┤├──(DF)────[F37 −1        ,    DT 0    ]──────────┤
├─[ >      DT 0   ,    K80   ]─────────────( Y0 )─┤

├──────────────────────────────────────( ED )──┤
```

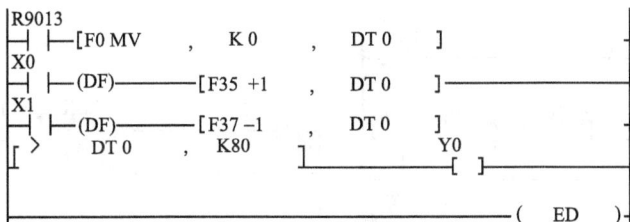

图 4-51　计数报警电路

4.3.7　其他电路

1) 单脉冲电路

单脉冲往往是信号发生变化时产生的,其宽度就是 PLC 扫描一遍用户程序所需的时间,即一个扫描周期。在实际应用中,常用单脉冲电路来控制系统的启动、复位、计数器的清 0 等。图 4-52(a)是利用输出继电器编写的单脉冲电路。图 4-52(b)是利用定时器编写的单脉冲电路,在程序的运行过程中,R0 每隔 3s 产生一次脉冲,其脉宽为一个扫描周期。在 FP1 的内部有七种标准的时钟脉冲继电器,分别为 R9018(0.01s),R9019(0.02s),R901A(0.1s),R901B(0.2s),R901C(1s),R901D(2s),R901E(1min)。若用户需要这几种时间的脉冲,可以直接利用这几个时间脉冲发生器,而无须用时间继电器来实现。

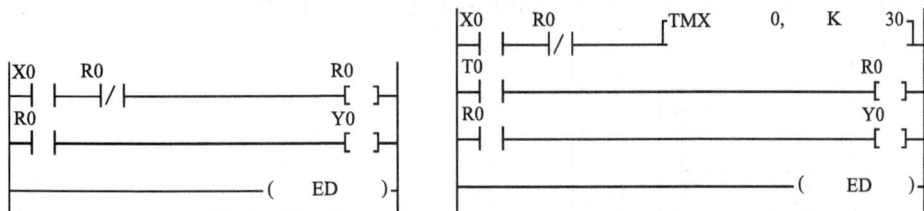

```
X0    R0                     R0        X0    R0           ┌TMX    0,    K    30┐
├─┤├──┤/├──────────────( R0 )─┤    ├─┤├──┤/├─────────────────────────┤
R0                           Y0        T0                     R0
├─┤├──────────────────────( Y0 )─┤    ├─┤├──────────────────( R0 )─┤
                                       R0                     Y0
├──────────────────────────( ED )─┤    ├─┤├──────────────────( Y0 )─┤
                                       ├──────────────────────( ED )─┤
```

(a) 用输出继电器编写的单脉冲电路　　　　　　(b) 利用定时器编写的单脉冲电路

图 4-52　单脉冲电路

2) 分支电路

分支电路主要用于一个控制电路导致几个输出的情况。例如,开动吊车的同时打开警示灯。如图 4-53 所示的电路,当 X0 闭合后,线圈 Y1、Y2 同时得电。

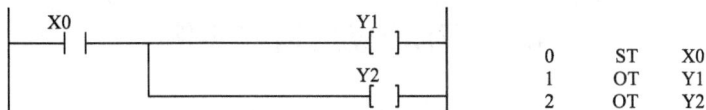

```
X0                      Y1              0    ST    X0
├─┤├──────────────────( Y1 )─┤          1    OT    Y1
│                       Y2              2    OT    Y2
└──────────────────────( Y2 )─┤
```

图 4-53　分支电路

3) 闪光电路

闪光电路是一种实用电路,既可以控制灯光的闪烁频率,也可以控制灯光的通断时间比,还可以控制其他负载,如电铃、蜂鸣器等。图 4-54 是两个用定时器实现的闪光电路。

4) 单按钮启停控制电路

通常一个电路的启动和停止控制是由两只按钮分别完成的,当一台 PLC 控制多个具有

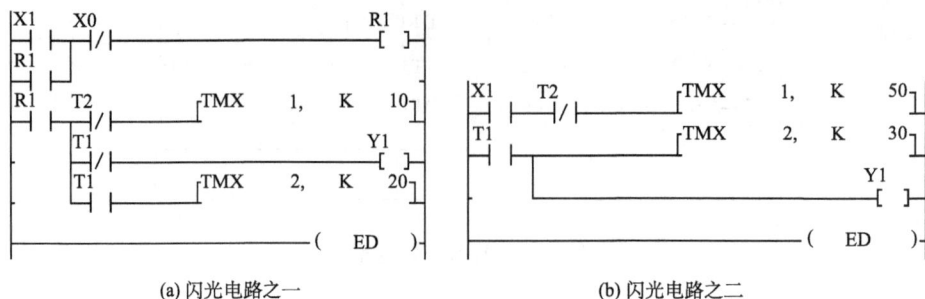

(a) 闪光电路之一　　　　　　　　　(b) 闪光电路之二

图 4-54　用定时器实现的闪光电路

启停操作的电路时,将占用很多输入点,这就面临着输入点不足的问题。通过增加 I/O 扩展单元固然可以解决,但有时候往往就缺少几个点而造成成本大大增加,因此单按钮启停控制目前得到了广泛的应用。

图 4-55(a)为一单按钮启停控制电路,这里计数器的设置值一定要设为 K2。当按一下 X1 时,计数器减 1,C110 不通,Y1 启动;再按一下 X1,C110 接通,Y1 断电,使所接的设备停止运行。

图 4-55(b)为使用高级指令 F132 实现的单按钮启停控制电路,每按下 X0 一次,就将 WY0 中的 Y1 位求反一次,通过求反,达到单按钮控制启停目的。

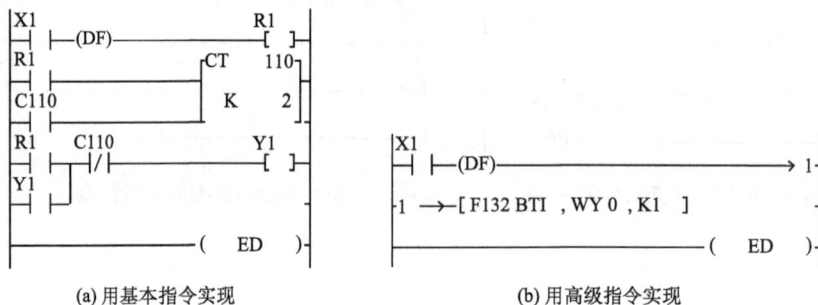

(a) 用基本指令实现　　　　　　　　　(b) 用高级指令实现

图 4-55　单按钮启停控制电路

4.4　PLC 应用编程实例

结合前面的知识,本节给出可编程控制器应用编程的一些例子,这些例子虽然比较短小,但都比较典型,其编程思想可对以后编写大型复杂的 PLC 应用程序有所借鉴,以便读者在今后的工程实践中编出更好的程序来。

4.4.1　电动机正反转控制

电动机正反转控制是应用最广泛的控制系统,用 PLC 进行控制只需一小段简单的程序即可实现可靠的系统控制。

1. 系统结构

系统利用 PLC 来进行 1 台异步电动机的正反转控制。利用 3 个非自锁按钮来控制电动机的正反转。黄按钮按下表示电动机正转,蓝按钮按下表示电动机反转,红按钮按下表示电动机停止。图 4-56 是 PLC 和外围设备的外部接线图。其接线原理读者可参考图 1-2 和图 1-3 有关 PLC 输入/输出接口电路加以理解。PLC 的各输出端既可独立输出,又可采用公共端并接输出。当各负载使用不同电压时,采用独立输出方式;而各负载使用相同电压时,便可以采用公共输出方式。输入端直流电源 E 由 PLC 内部提供,可直接将 PLC 电源端子接在开关上;而交流电源则由外部供给。

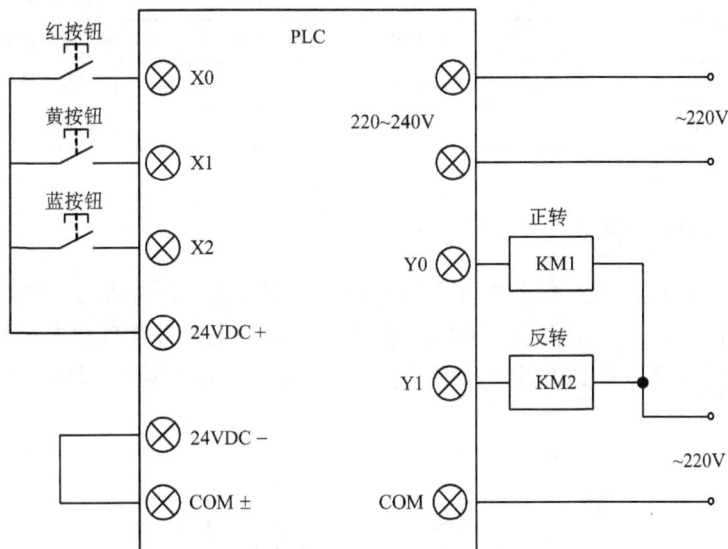

图 4-56　PLC 控制电动机正反转外部接线图

2. 系统的控制要求

系统要求实现电动机的正反转控制。当按动黄按钮时,若在此之前电动机没有工作,则电动机正转启动,并保持电动机正转;若在此之前电动机反转,则将电动机切换到正转状态,并保持电动机正转;若在此之前电动机已经是正转,则电动机的转动状态不变。电动机正转状态一直保持到有蓝按钮或红按钮按下为止。

当按动蓝按钮时,若在此之前电动机没有工作,则电动机反转启动,并保持电动机反转;若在此之前电动机正转,则将电动机切换到反转状态,并保持电动机反转;若在此之前电动机已经是反转,则电动机的转动状态不变。电动机反转状态一直保持到有黄按钮或红按钮按下为止。

当按下红按钮时,无论在此之前电动机的转动状态如何,都停止电动机的转动,直到重新启动电动机正转或反转为止。

注:电动机不可以同时进行正转和反转,否则会损坏系统。

3. PLC 的 I/O 点的确定与分配

整个系统共需 5 个 I/O 点:3 个输入点和 2 个输出点。3 个输入点 X0、X1、X2 依次连接红按钮、黄按钮、蓝按钮;2 个输出点 Y0、Y1 分别连接正转继电器线圈 KM1 和反转继电器线圈 KM2。PLC 的 I/O 点的分配如表 4-2 所示。

表 4-2　电动机正反转控制 PLC 的 I/O 点分配表

PLC 点名称	连接的外部设备	功能说明
X0	红按钮	停止命令
X1	黄按钮	电动机正转命令
X2	蓝按钮	电动机反转命令
Y0	正转继电器	控制电动机正转
Y1	反转继电器	控制电动机反转

4. 系统编程分析和实现

系统要求当按动黄按钮时,若在此之前电动机没有工作,则电动机正转启动,并保持电动机正转。因系统的命令按钮是非自锁按钮,故需用自锁电路来实现状态保持,实现电路如图 4-57 所示。同理可以得到电动机反转的控制电路,电动机初步正反转控制电路如图 4-58 所示。

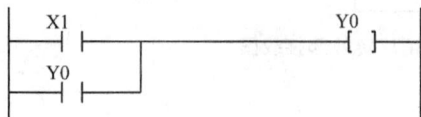

图 4-57　电动机初步正转控制电路　　　图 4-58　电动机初步正反转控制电路

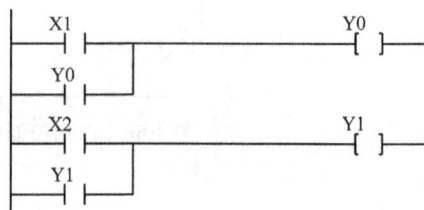

系统要求电动机不可以同时进行正转和反转,如图 4-59 所示利用互锁电路可以实现(互锁电路控制过程分析参照 4.3 节)。

系统要求当按动黄按钮时,若在此之前电动机反转,则将电动机切换到正转状态,并保持电动机正转。因有了互锁电路,系统在反转时不可能进行正转,故在正转之前要求先切断反转通路,可以利用正转按钮来切断反转的控制通路。同理可以用反转按钮来切断正转的控制通路。其原理如图 4-60 所示。

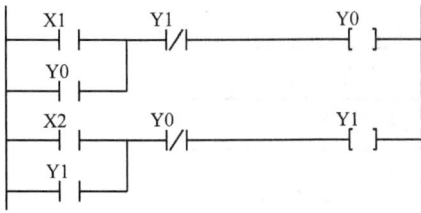

图 4-59　电动机正反转的互锁电路　　　　图 4-60　电动机正反转的切换电路

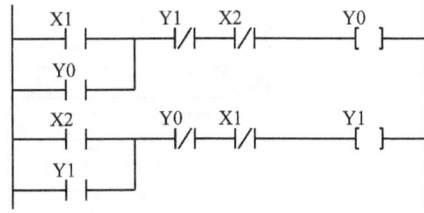

　　系统要求当按下红按钮时,无论在此之前电动机的转动状态如何,都停止电动机的转动,即利用红色按钮同时切断正转和反转的控制通路。图 4-61 即为电动机正反转的最终控制程序。

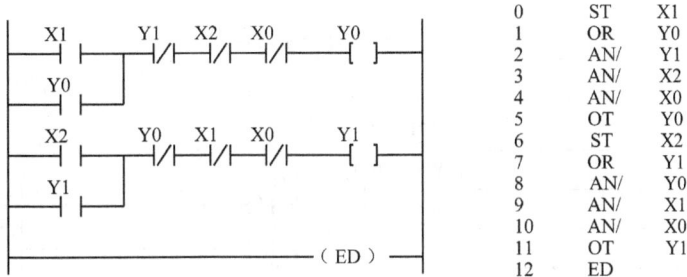

图 4-61　电动机正反转的最终控制程序

　　读者完全不必拘泥于上述的分析和设计过程,熟练后可以利用自己的设计经验和编程原则一次写出系统的完整 PLC 控制程序。

4.4.2　流水灯控制

　　图 4-62 是某一流水灯控制的时序图,移位脉冲的周期为 1s,Y0～Y7 分别控制 8 个流水灯的亮灭。X0 是流水灯的启动开关,当 X0 闭合时,移位寄存器开始工作,流水灯 Y0～Y7 在移位脉冲的作用下依次点亮,全亮后数据再右移,即 8 个流水灯再按着相反的方向依次熄灭,如此循环往复。图 4-63(a)是用双向移位寄存器实现的流水灯控制梯形图。在这个程序中,X0 闭合,流水灯启动运行。移位方向控制端和数据输入端使用同一个控制触点 R1。这样数据向左移时,数据输入为 1;当数据向右移时,数据输入为 0。程序开始运行时,数据向左移,当输出继电器 Y7 动作后,即 WY0 中内容为 K255 时,数据又向右移;当 Y0 断电后,即 WY0 中内容为 K0 时,数据又开始左移,如此往复。程序中使用条件比较指令实现换向。

　　图 4-63(a)所示的控制程序是以字继电器 WY0 为控制操作数的,以位(Y0～Y7)为控制操作数的梯形图程序如图 4-63(b)所示。由图 4-63(b)可以看出,该程序更加简单,但却能实现同样的流水灯控制功能。

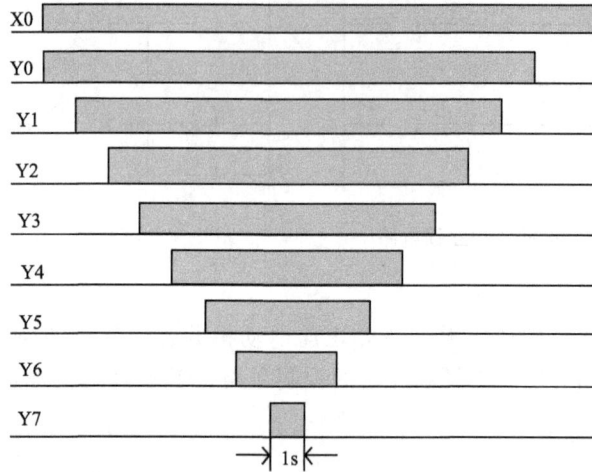

图 4-62　流水灯控制时序图

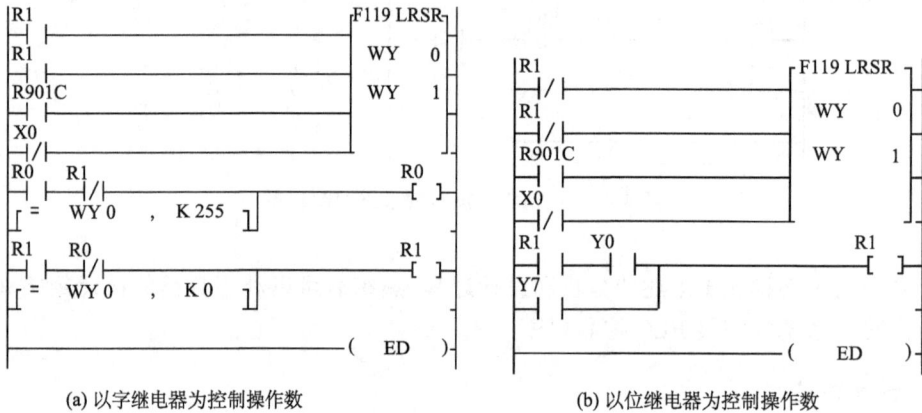

(a) 以字继电器为控制操作数　　　　　　　(b) 以位继电器为控制操作数

图 4-63　流水灯控制梯形图

4.4.3　设备顺序启动–循环控制

设某工件加工过程共需 4 道工序 36s 才能完成。工件加工过程的时序如图 4-64 所示。4 道工序的加工设备分别由输出继电器 Y0、Y1、Y2 和 Y3 启动。当闭合运行控制开关 X0 后，输出继电器 Y0 接通，延时 6s 后，Y1 接通，同时关断 Y0；再延时 8s 后，Y2 接通，同时关断 Y1；又延时 10s 后，最后 Y3 接通，同时关断 Y2；Y3 接通并保持 12s 后，Y0 又接通，同时 Y3 关断。可见该工件的加工控制是顺序控制，当第 4 道工序加工完毕后，又回到第一道工序重新执行，以后周而复始。这里 X0 为一自锁按钮，X0 为 ON 时，启动并运行；X0 为 OFF 时停机。试编写该工件的加工程序。

控制系统共需 5 个 I/O 点：一个输入点和 4 个输出点。I/O 点的分配如表 4-3 所示。

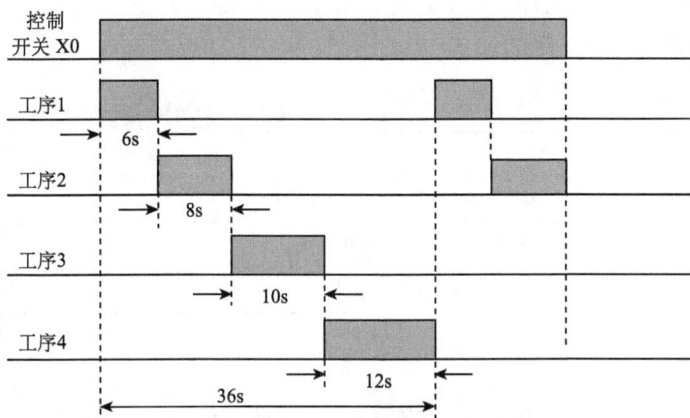

图 4-64　某工件加工过程时序图

表 4-3　某工件加工 PLC 控制的 I/O 点分配表

PLC 点名称	连接的外部设备	功能说明
X0	自锁按钮	控制开关
Y0	控制继电器 1	工序 1
Y1	控制继电器 2	工序 2
Y2	控制继电器 3	工序 3
Y3	控制继电器 4	工序 4

　　根据题意和加工过程时序图,本例给出了 4 种不同的编程方法。

　　图 4-65 利用 4 个定时器的串联来实现 4 道工序的分级定时控制。一个循环内总的控制时间为 6s＋8s＋10s＋12s＝36s。当 X0 闭合时,通过定时器的通断依次启动下一道工序同时关闭上一道工序,循环往复,直至 X0 断开,停止运行。

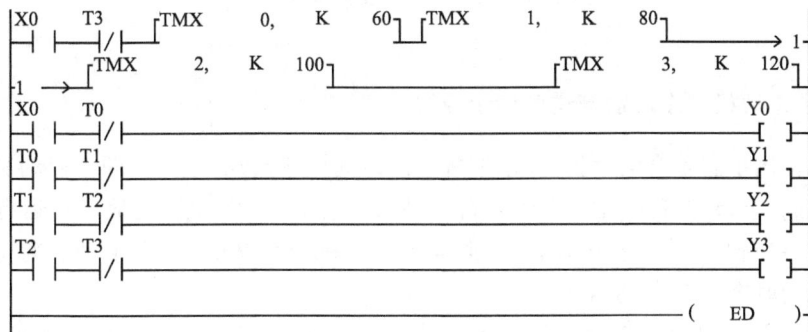

图 4-65　某工件加工过程梯形图(1)

　　图 4-66 是利用 1 个定时器结合比较指令实现的。用 1 个定时器设置全过程时间,并用 3 条比较指令来判断和启动各道工序。定时器的预定值为总加工时间 36s(K360),当 X0 闭合后,Y0 通电,进行第一道工序,6s 后其经过值寄存器 EV 的值减为 K300,Y1 通电,启动第

二道工序,同时停止第一道工序,依次类推。图 4-66 中每个输出支路都串联了运行控制开关 X0,以便随时停止每道工序的加工。

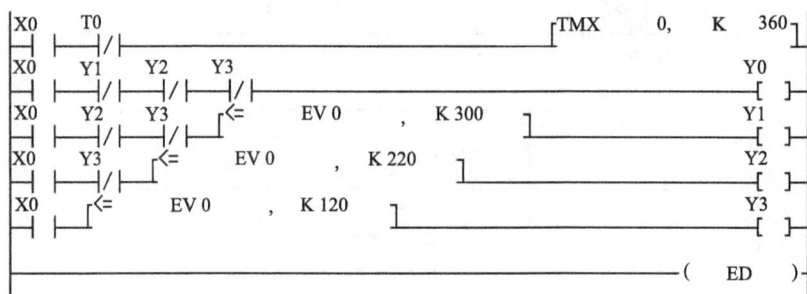

图 4-66 某工件加工过程梯形图(2)

图 4-67 是利用 1 个计数器结合比较指令实现的。不过使用计数器时必须结合时钟脉冲继电器,这里借助于 0.1s 时钟脉冲继电器进行定时控制,再结合比较指令,进行顺序和循环控制,以完成工件的加工。

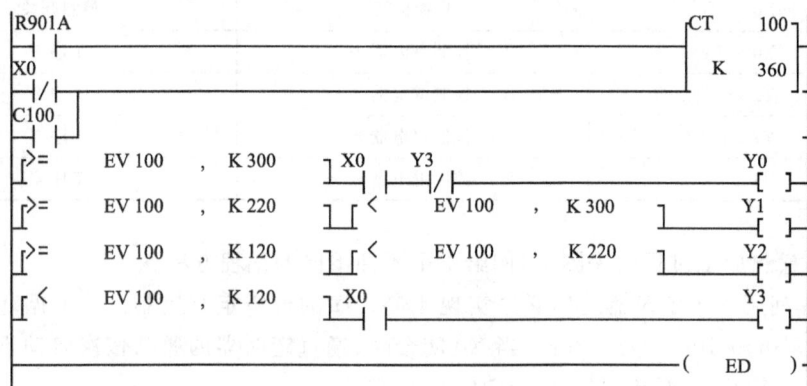

图 4-67 某工件加工过程梯形图(3)

4.4.4 多台电动机顺序启动与逆序停止控制

某工业控制中有 4 台电动机,要求按规定的时间顺序启动,逆序关断。启动和关断用同一个按钮控制。启动时每隔 15s 启动一台电动机,直到 4 台电动机全部启动运行。关断时按逆序进行,每隔 20s 停一台电动机,直到 4 台电动机全都停止。4 台电动机顺序启动与逆序停止控制的时序如图 4-68(a)所示。

根据控制要求,系统共需 5 个 I/O 点:一个输入点和 4 个输出点。I/O 点的分配如表 4-4所示。

由于 4 台电动机的启动和停止都要按着一定的时间间隔顺序执行,可以采用步进指令并结合定时器进行程序设计。又因为启动和停止这两级程序中都要对同一输出继电器进行控制,因此,不能采用 OT 指令,而采用了 SET 和 RST 指令,以满足对同一输出继电器的重复操作。梯形图程序如图 4-68(b)所示。

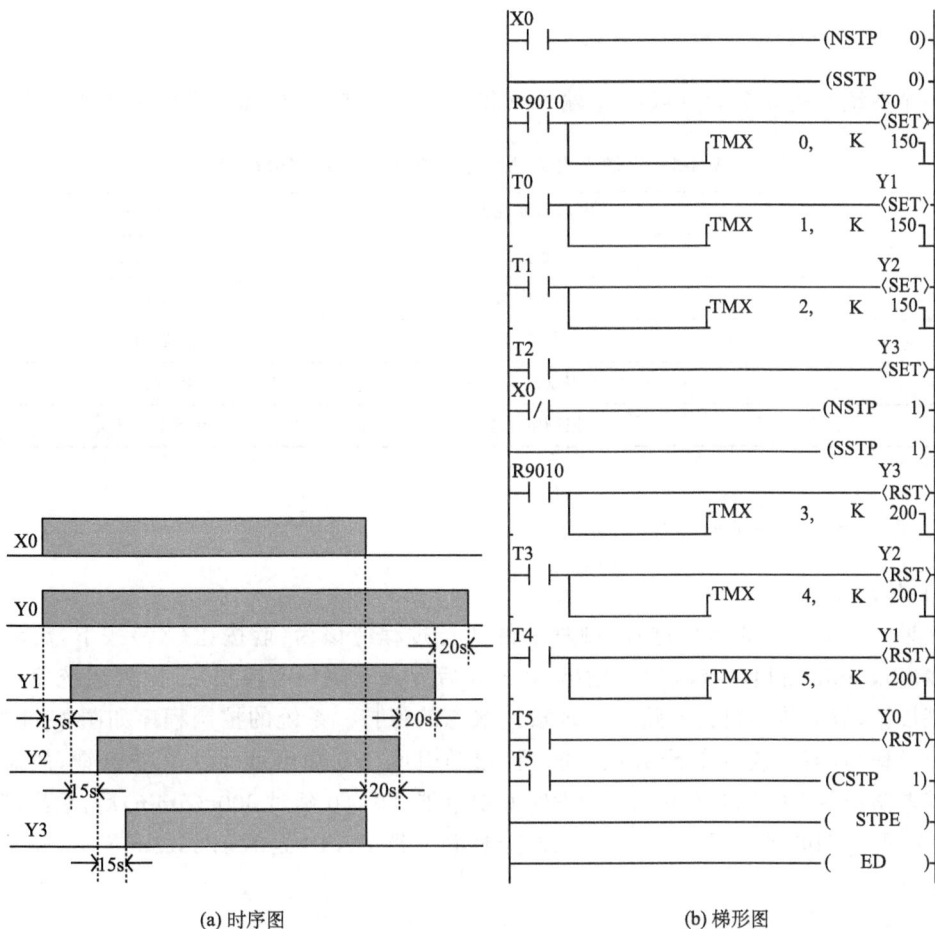

(a) 时序图　　　　　　　　　　　　　(b) 梯形图

图 4-68　4 台电动机顺序启动与逆序停止控制

表 4-4　4 台电动机顺序启动与逆序停止控制的 I/O 点分配表

PLC 点名称	连接的外部设备	功能说明
X0	启动和停止开关	启停控制
Y0	第 1 台电动机的接触器 KM1	控制第 1 台电动机的启停
Y1	第 2 台电动机的接触器 KM2	控制第 2 台电动机的启停
Y2	第 3 台电动机的接触器 KM3	控制第 3 台电动机的启停
Y3	第 4 台电动机的接触器 KM4	控制第 4 台电动机的启停

4.4.5　锅炉点火和熄火控制

锅炉的点火和熄火过程是典型的定时器式顺序控制过程。点火过程为先启动引风，5min 后启动鼓风，2min 后点火燃烧。熄火的过程为：先熄灭火焰，2min 后停鼓风，5min 后停引风。

1. PLC 的 I/O 点的确定与分配

整个系统共需 5 个 I/O 点：2 个输入点和 3 个输出点。I/O 点的分配如表 4-5 所示。

表 4-5　锅炉点火和熄火控制 PLC 的 I/O 点分配表

PLC 点名称	连接的外部设备	功能说明
X0	蓝按钮	点火命令
X1	红按钮	熄火命令
Y0	控制继电器 1	控制引风
Y1	控制继电器 2	控制鼓风
Y2	控制继电器 3	控制点火开关

2. 系统的编程分析和实现

1）点火过程

如果只考虑锅炉的点火过程，则程序的执行过程应该为：蓝按钮（X0）按下，启动引风（Y0 输出），5min 后启动鼓风（Y1 输出），2min 后点火燃烧（Y2 输出）。因为系统使用的是非自锁按钮，故应使用自锁电路来实现按钮状态的保持。系统的控制程序如图 4-69 所示。其工作过程为：当蓝按钮按下（X0 接通）后，启动引风（Y0 输出）。因 X0 非自锁，故需要利用自锁电路锁住 Y0，同时利用 Y0 触发时间继电器 T0，T0 延时 300s（5min）后，输出继电器 Y1 动作，即启动鼓风。同时利用 T0 触发定时继电器 T1，T1 延时 120s（2min）后，输出 Y2，点火燃烧。

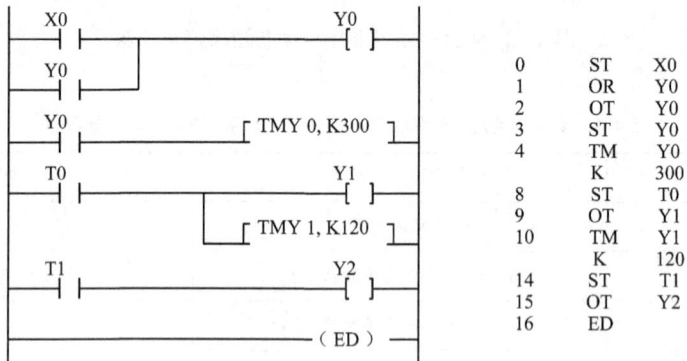

图 4-69　锅炉点火过程控制程序

锅炉熄火过程与点火过程相似，请读者自行分析。

2）锅炉系统的点火和熄火过程的综合程序

图 4-70 所示的两个程序都可以实现锅炉系统的点火和熄火过程控制，但实现的方式不同。图 4-70（a）程序利用了 4 个时间继电器，但程序的逻辑关系比较简单易懂；图 4-70（b）程序利用了 2 个时间继电器，节约了 2 个时间继电器，但控制逻辑相对复杂些。

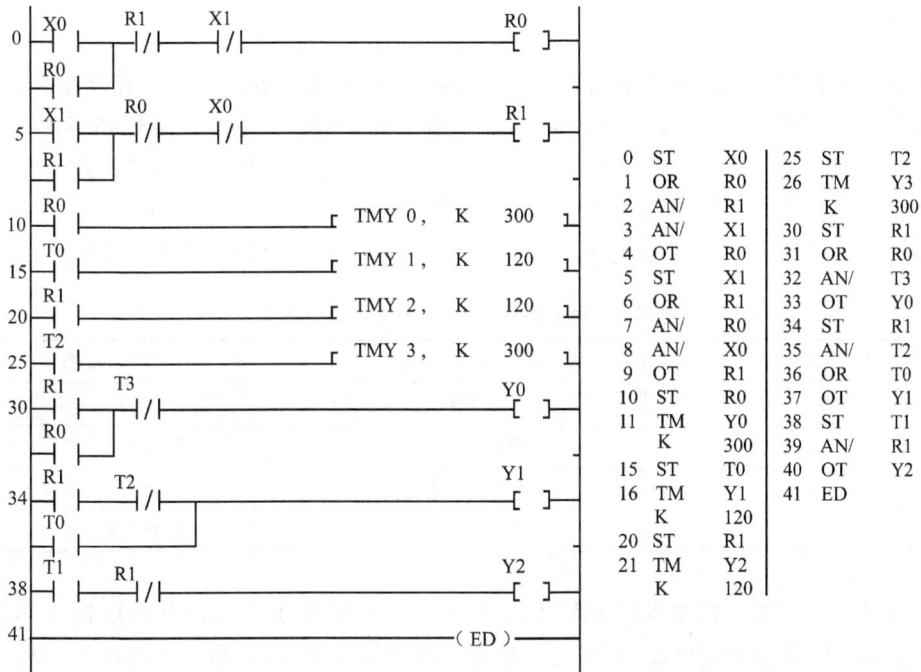

(a) 锅炉系统点火和熄火过程的综合程序(1)

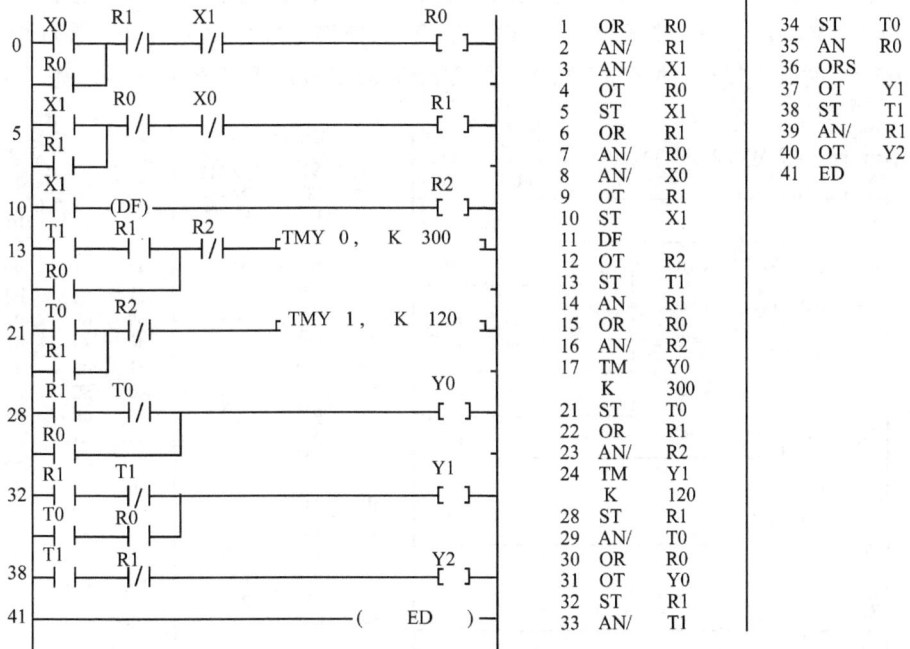

(b) 锅炉系统点火和熄火过程的综合程序(2)

图 4-70　锅炉系统点火和熄火过程的综合程序

4.4.6　房间灯的控制

现在一些宾馆和家庭客厅中的装饰灯,是利用一个开关来实现不同的控制组合。例如,房间内有 1、2、3 号三个灯,按动一下开关,三个灯全亮;再按一下,1,3 号灯亮,2 号灭;再按一下,2 号灯亮,1,3 号灭;再按一下全部灭。因为这个控制是利用按动开关次数来控制各个灯的亮、灭,故可以用计数器来实现计数式顺序控制。

系统共需 4 个 I/O 点:1 个输入点和 3 个输出点,其 I/O 点分配如表 4-6 所示。

表 4-6　房间灯控制 PLC 的 I/O 点分配表

PLC 点名称	连接的外部设备	功 能 说 明
X0	按钮	开关命令
Y1	控制继电器 1	控制 1 号灯亮灭
Y2	控制继电器 2	控制 2 号灯亮灭
Y3	控制继电器 3	控制 3 号灯亮灭

房间灯计数式顺序控制程序如图 4-71 所示。图中使用了特殊内部继电器 R9013。因 R9013 是初始闭合脉冲继电器,只在运行中第一次扫描时闭合,从第二次扫描开始断开并保持断开状态。这里使用 R9013 是程序初始化的需要。一进入程序,就把十进制数 3 赋给 SV100,从这以后 R9013 就不起作用了。在程序中使用微分指令是使 X0 具有非自锁按钮的作用。初始状态时,由于 EV100=3,故 R3 通电,Y1、Y2、Y3 不通,3 个灯全灭;当第一次接通 X0 时,EV100=2,R2 接通,故 Y1、Y2、Y3 全通,使得 1 号灯、2 号灯和 3 号灯均亮。同理 EV100=1 时,R1 接通,使得 Y1 和 Y3 通,Y2 断,故 2 号灯灭,1 号和 3 号灯亮;EV100=

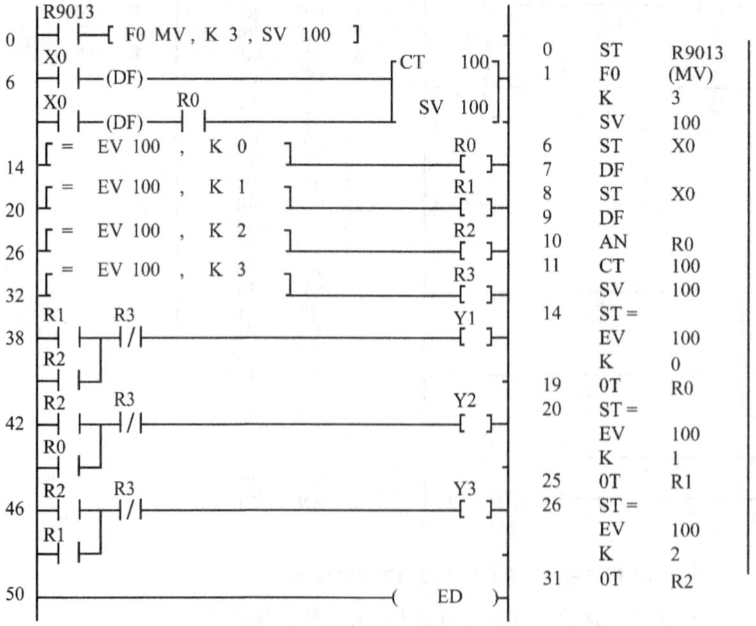

图 4-71　房间灯计数式顺序控制程序

0 时,R0 接通,使得 Y2 通,Y1 和 Y3 断,故 2 号灯亮,而 1 号和 3 号灯灭。当 EV100=0 时,若再次闭合 X0,则计数器复位,灯全灭,程序从头开始重复以上过程。程序中由于使用了条件比较指令,所以每当一个动作发生时,都将前一个动作关断。本例是当 PLC 上电时将初始值 3 送入到 SV100 中,作为计数器的初始值,每次按动开关时,计数器减 1,通过判断计数器中现在的值来控制各个灯的亮与灭。本例也可以不用计数器,直接用逻辑电路也可以实现上述控制要求,请读者自己思考。

4.4.7　多地点控制

实际中常需要在不同地点实现对同一对象的控制,即多地点控制问题。如要求在 3 个不同的地方分别用 3 个开关控制 1 盏灯,任何一地的开关动作都可以使灯的状态发生改变,即不管开关是开还是关,只要有开关动作则灯的状态就发生改变。按着控制要求,系统共需 4 个 I/O 点:3 个输入点和 1 个输出点。可得 PLC 的 I/O 分配如表 4-7 所示。

表 4-7　3 地控制 1 盏灯 I/O 分配表

PLC 点名称	连接的外部设备	功能说明
X0	A 地开关	在 A 地控制
X1	B 地开关	在 B 地控制
X2	C 地开关	在 C 地控制
Y0	灯	被控对象

根据控制要求可设计梯形图程序如图 4-72 所示。

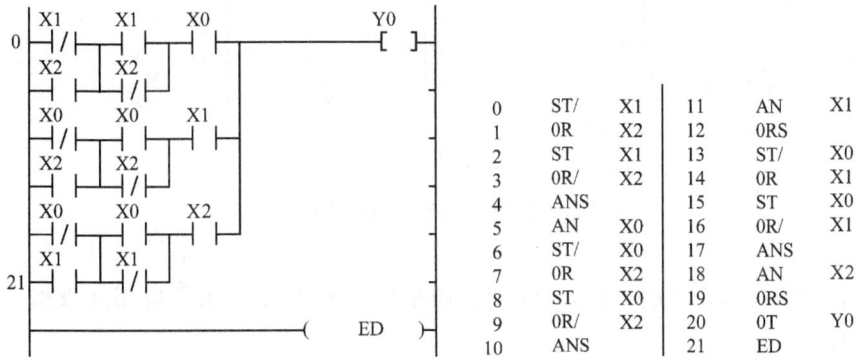

图 4-72　3 地控制 1 盏灯程序(1)

这里举的例子是 3 地控制 1 盏灯,读者从这个程序中不难发现其编程规律,并能很容易地把它扩展到 4 地、5 地甚至更多地点的控制。

图 4-72 所示的程序虽可实现控制要求,但其设计方法完全靠设计者的经验,初学者不易掌握。下面利用数字电路中组合逻辑电路的设计方法,使编程者有章可循,这样更便于学习和掌握。

我们做如下规定:输入量为逻辑变量,输出量为逻辑函数;常开触点为原变量,常闭触点为反变量。这样就可以把继电控制的逻辑关系变成数字逻辑关系。表 4-8 为 3 地控制 1 盏灯的逻辑函数真值表。

表 4-8　3 地控制 1 盏灯逻辑函数真值表

X0	X1	X2	Y0
0	0	0	0
0	0	1	1
0	1	1	0
0	1	0	1
1	1	0	0
1	1	1	1
1	0	1	0
1	0	0	1

表 4-8 中 X0、X1、X2 代表输入控制开关，Y0 代表输出继电器。真值表按照每相邻两行只允许一个输入变量变化的规则排列，便可满足控制要求。即 3 个开关中的任意一个开关状态的变化，都会引起输出 Y0 由"1"变到"0"，或由"0"变到"1"。根据此真值表可以写出输出与输入之间的逻辑函数关系式为

$$Y0 = \overline{X0} \cdot \overline{X1} \cdot X2 + \overline{X0} \cdot X1 \cdot \overline{X2} + X0 \cdot X1 \cdot X2 + X0 \cdot \overline{X1} \cdot \overline{X2}$$

根据逻辑表达式，可设计出梯形图程序如图 4-73 所示。

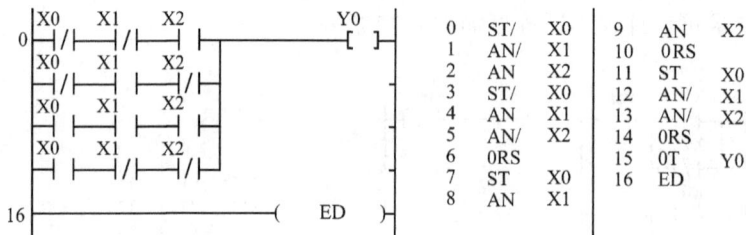

图 4-73　3 地控制 1 盏灯程序(2)

为使程序更加简单，我们还可以使用高级指令。图 4-74 给出了应用高级指令 F132 编写的控制程序。

该程序只用了两种指令，一是微分指令，二是按位求反的指令，该指令可对寄存器 WY0 中的第 0 位(bit)，即 Y0 进行求反。求反的条件是只要开关动作(不管开关是接通还是断开)，即将 Y0 求反。程序中每一开关使用了两个微分指令，既可检测上升沿又可检测下降沿，十分巧妙地实现了控制要求。对于这种编程方式，无论多少个地方，只要在梯形图中多加几个输入触点和几条微分指令就可实现控制要求。

在程序图 4-75 中使用了条件比较指令，只要 WX0 中的内容同 WR0 中的内容不同，就把 Y0 求反。程序最后还把 WX0 送至 WR0，使两个寄存器中内容完全一样。这样只要 WX0 中的内容一改变，Y0 的状态就立即变化。这里因为使用了字比较指令，所以 WX0 中的 16 位都可以用来作为控制开关，使程序大大简化。

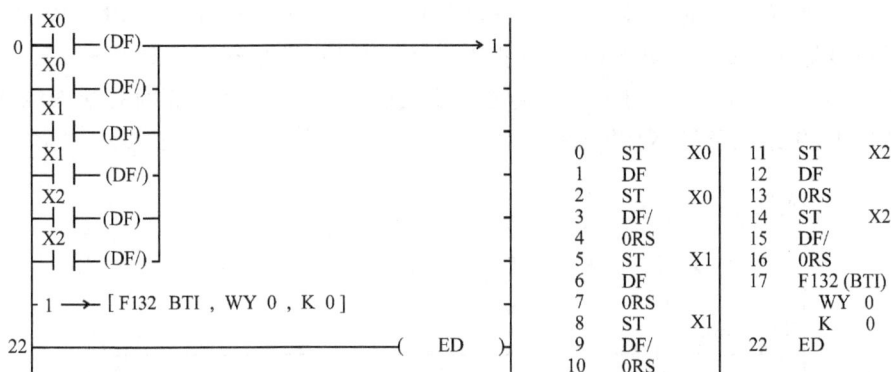

图 4-74　3 地控制 1 盏灯程序(3)

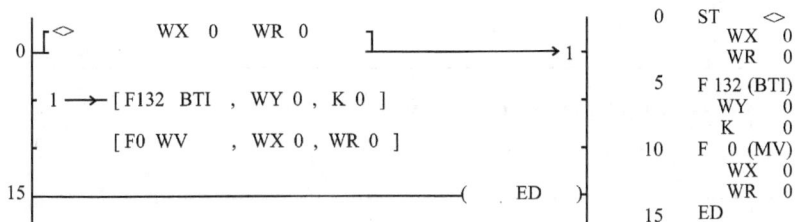

图 4-75　3 地控制 1 盏灯程序(4)

由上面的例子可以看到,由于 PLC 有丰富的指令集,所以其编程十分灵活。同样的控制要求可以选用不同的指令进行编程,指令运用得当可以使程序非常简短。这一点是传统的继电控制无法比拟的。而且因为 PLC 融入了许多计算机的特点,所以其编程的思路上也与继电控制图的设计思想有许多不同之处,如果只拘泥于继电控制图的思路,则不可能编出好的程序。特别是高级指令中诸如移位、码变换及各种运算指令,其功能十分强大,这正是 PLC 的精华所在。

4.4.8　易拉罐自动生产线计数控制

在易拉罐自动生产线上,常常需要统计出每小时生产的易拉罐数量。罐装好的易拉罐饮料一个接一个不断地经过计数装置。假设计数装置上有一感应传感器,每当一听饮料经过时,就会产生一个脉冲。要求编制程序将一天 24 小时中每小时生产的数量统计出来。

由控制要求,可得 PLC 的 I/O 点分配如表 4-9 所示。

表 4-9　易拉罐计数控制 PLC 的 I/O 点分配表

PLC 点名称	连接的外部设备	功能说明
X0	蓝按钮(自锁)	启动命令
X1	红按钮(自锁)	停止命令
X2	传感器开关	计数脉冲

　　根据控制要求编写的 PLC 梯形图程序如图 4-76 所示。程序中使用了特殊继电器 R9013 是初始化的需要。一进入程序,就把索引寄存器 IX、数据寄存器 DT0～DT23 以及寄存器 SV0 清 0。这里 DT0～DT23 用于存放一天 24 小时每小时生产罐的数量,SV0 作为普通寄存器使用,用来记录每小时的时间。

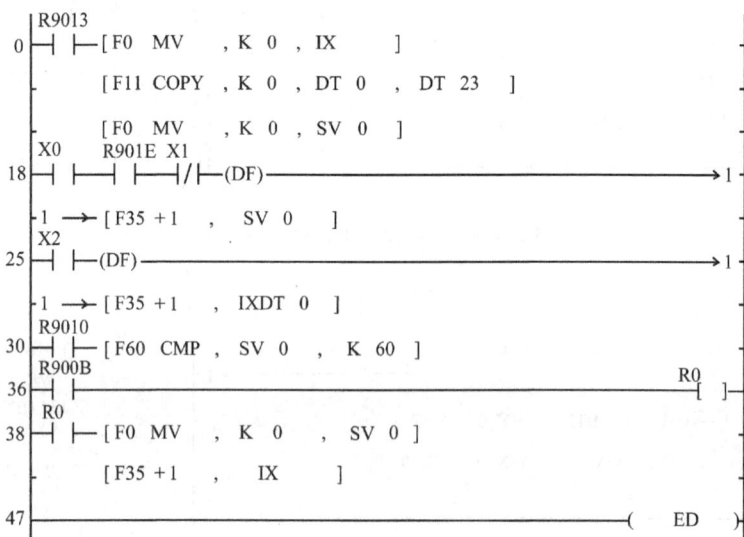

```
        R9013
  0  ├─┤ ├─[F0 MV  , K 0 , IX      ]
            [F11 COPY , K 0 , DT 0 , DT 23 ]
            [F0 MV  , K 0 , SV 0    ]
        X0   R901E X1
 18  ├─┤ ├──┤ ├──┤/├──(DF)──────────────────────1
        1 → [F35 +1 , SV 0 ]
        X2
 25  ├─┤ ├──(DF)───────────────────────────────1
        1 → [F35 +1 , IXDT 0 ]
        R9010
 30  ├─┤ ├─[F60 CMP , SV 0 , K 60 ]
        R900B                                    R0
 36  ├─┤ ├──────────────────────────────────── ─┤ ├
        R0
 38  ├─┤ ├─[F0 MV  , K 0 , SV 0 ]
            [F35 +1 , IX      ]
 47  ─────────────────────────────────────────( ED )─
```

图 4-76　易拉罐生产数量计数控制梯形图

　　程序中巧妙地运用了索引寄存器 IX。索引寄存器既可以作为普通的数据寄存器用,又可以用作其他操作数的修正值(地址修正值或常数修正值)。关于索引寄存器的使用读者可参考本书的 2.2 节。该例中 IX 作为地址修正值,当 F35 指令的操作数地址发生移动时,移动量为 IX 中的值。当 IX=0 时,F35 指令将 DT0 的内容加 1;随着时间的增长,当 IX=10 时,则将 DT10 的内容加 1。为保证地址移动准确,在程序中首先对 IX 清 0,且在程序后面及时调整 IX 的值,从而实现了将不同时间记录的数据分别存储在数据寄存器 DT0～DT23 中。

4.4.9　查找最大数

　　上例中,一天 24 小时内每小时生产的易拉罐数已分别存储在数据寄存器 DT0～DT23 中。编程找出其中最大的数,存入 DT24 中,并将最大数所在寄存器的编号存入 DT50 中。要求 X0 的上升沿开始查找,找到后,输出 Y0 表示查找完成。

　　根据控制要求编写的程序如图 4-77 所示。图中 X0 可以是自锁按钮也可以不是,因为程序中使用了保持指令 KP。一进入程序,在 X0 的上升沿,就把索引寄存器 IX 及数据寄存器 DT24 清 0,为后续程序的正确执行做准备。查找数据中的最大数,只需将数据区中的数据进行两两比较。程序中索引寄存器 IX 用作地址修正,R0 用来表示查找状态。未查找完时,R0 一直接通,当查找结束时,R0 断开。程序中巧妙地使用了输出 Y0 作为保持指令的复位信号。

```
      X0
  0 ──┤├──┬── (DF)─────────────────────────────────────────→ 1
         ·1 ──→[F0 MV        , K 0      , IX        ]
             [F0 MV        , K 0      , DT 24     ]
      X0                                                      KP
 12 ──┤├──┬──────────────────────────────────────────┤    R  0
      Y0 │
     ──┤├──┘
      R0
 15 ──┤├──┬──[F60 CMP     , IXDT 0    , DT 24     ]
      R0  R900A
 21 ──┤├──┤├──┬───────────────────────────────────────────→ 1
            ·1 ──→[F0 MV        , IXDT 0    , DT 24     ]
                [F0 MV        , IX       , DT 50     ]
      R0
 33 ──┤├──┬──[F35 +1      , IX       ]
        ┌[ =        IX       , K 24    ]─────────────┐        Y0
 37     └                                            └──────┤  ├─
 43 ─────────────────────────────────────────────────( ED )─┤
```

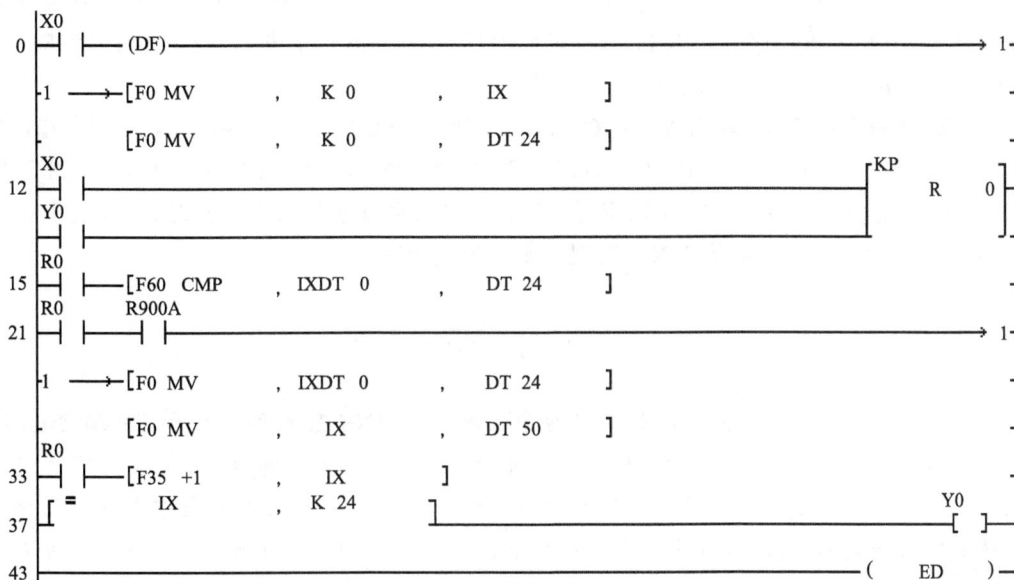

图 4-77　查找最大数据梯形图

4.4.10　中断控制电路

试设计一定时中断（软中断）控制电路，当输入 X0 接通时，要求输出继电器 Y0 接通 10s，断开 10s，如此反复直至 X0 变为 OFF 后停止。

由控制要求所编写的定时中断控制电路如图 4-78 所示。

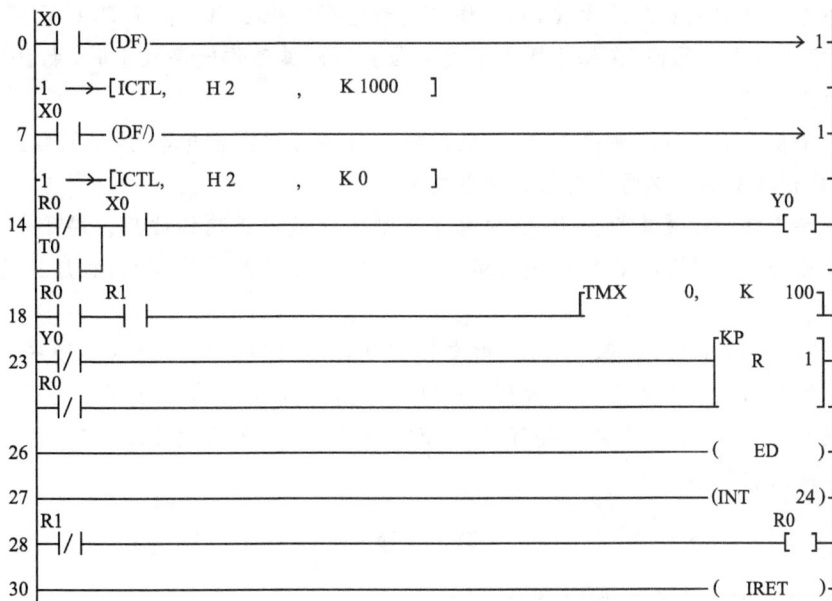

```
      X0
  0 ──┤├──┬── (DF)─────────────────────────────────────────→ 1
         ·1 ──→[ICTL,    H 2    , K 1000  ]
      X0
  7 ──┤├──┬── (DF/)────────────────────────────────────────→ 1
         ·1 ──→[ICTL,    H 2    , K 0    ]
      R0   X0                                                 Y0
 14 ──┤/├──┬─┤├──────────────────────────────────────────┤  ├─
      T0  │
     ──┤├──┘
      R0   R1                                        TMX   0,  K  100
 18 ──┤├──┤├───────────────────────────────────────┤
      Y0                                                      KP
 23 ──┤/├──┬──────────────────────────────────────────┤   R  1
      R0  │
     ──┤/├──┘
 26 ─────────────────────────────────────────────────( ED )─
 27 ─────────────────────────────────────────────────(INT  24)
      R1                                                      R0
 28 ──┤/├────────────────────────────────────────────────┤  ├─
 30 ─────────────────────────────────────────────────( IRET )─
```

图 4-78　定时中断控制电路

　　中断指令 ICTL 中,第一个参数 S1 设为 H2,规定为"定时启动中断"。当中断控制信号 X0 接通时,中断控制程序 24(INT24)执行的时间间隔由第二个参数 S2 决定,即每隔 10s (K1000×10ms＝10s)执行一次。

　　在 X0 接通的上升沿,输出 Y0 为 ON,其常闭触点 Y0 打开,内部断电器 R1 为 OFF 状态。经 10s 后,执行 INT24～IRET 的程序。即 R0 为 ON,Y0 为 OFF,R1 为 ON,则常开触点 R0 和 R1 闭合,定时器 TM0 开始定时,经过 10s 后,又重新开始执行 INT24～IRET 的程序,使 R0 为 OFF,输出 Y0 为 ON。实现了定时控制中断。

小　　结

　　本章首先介绍了日本松下电工 PLC 编程工具 FPWIN-GR 编程软件和 FP 编程器 Ⅱ。 FPWIN-GR 编程软件采用典型的 Windows 界面,具有中英文两种版本,各项功能更趋合理,使用起来更加方便。特别是它在软件的"帮助"菜单中增加了软件的操作方法及指令列表、特殊内部继电器、特殊数据寄存器等一览表。这样在没有手册的情况下,用户也可以方便地进行使用。

　　FPWIN-GR 编程软件提供了三种基本编程模式:符号梯形图、布尔梯形图和布尔非梯形图。在符号梯形图编辑模式下,用户通过输入一些表示逻辑关系的元素符号来建立程序,程序在屏幕上用梯形图形式显示;在布尔梯形图编程模式下,用户通过输入指令的助记符(或称布尔符号)来建立程序,程序在屏幕上仍以梯形图的形式显示;在布尔非梯形图编程模式下,用户通过输入指令助记符建立程序,并在屏幕上也按指令地址的顺序列出。

　　梯形图编程是 PLC 中最常用的方法,它源于传统的继电器电路图,但二者之间又有较大的区别。对于继电器控制电路,只要接通电源,整个电路都处于带电状态,继电器的动作同它在电路图中的位置及顺序无关,其工作方式为并行工作方式。由于 PLC 采用循环扫描工作方式,即使是同一元件,在梯形图中所处的位置不同其动作次序也不同,故 PLC 梯形图电路是串行工作方式。

　　梯形图中使用的继电器都是所谓的"软继电器"。每只"软继电器"提供的触点有无限多个,因为在寄存器中触发器的状态可以读取任意次。

　　利用梯形图编程时要掌握好 PLC 的编程原则才能编出正确的程序。特别是程序的编写顺序应按自上而下,从左至右的方式编写,为了减少程序的执行步数,程序应为"左大右小,上大下小"。

　　掌握好一些典型的 PLC 基本程序(如自锁控制、互锁控制、时间控制及顺序控制等)的设计原理和编程技巧,对编写一些大型、复杂的应用程序是非常有利的。本章除给出了 PLC 的编程特点、原则和多个基本编程电路,还给出了 10 个典型的 PLC 应用编程实例,希望读者能够深入理解和掌握。

习　　题

4-1　FPWIN-GR2.91 编程软件具有哪些主要功能?

4-2　FPWIN-GR2.91 编程软件具有哪两种工作方式? 他们各有什么特点?

4-3　FPWIN-GR 编程软件提供了哪三种基本编程模式? 它们各有什么特点?

4-4　使用手持编程器开发 PLC 程序有何优缺点？

4-5　手持编程器的液晶显示器 LCD 上可同时显示几行信息？错误提示会出现在哪一行？

4-6　FP 编程器Ⅱ的清除命令可分为哪三类？

4-7　分析习题 4-7 图所示梯形图。X1 为一按钮，Y0、Y1、Y2、Y3 为输出继电器，用来控制外部设备。根据以下情况，将答案填在横线上。

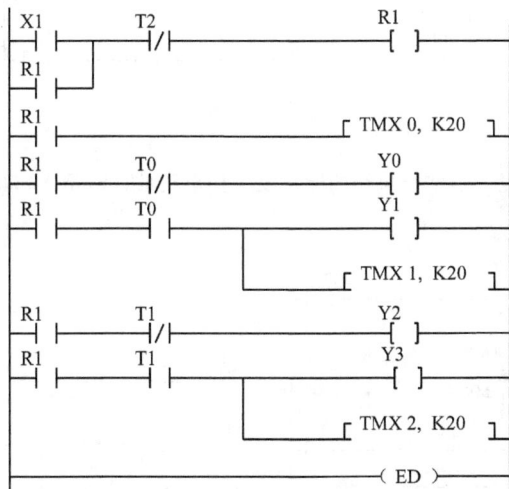

习题 4-7 图

(1) X1 接通，_____有输出，_____无输出。

(2) X1 接通，延迟 2s，_____有输出，_____无输出。

(3) X1 接通，延迟 4s，_____有输出，_____无输出。

(4) X1 接通，延迟 6s，_____有输出，_____无输出。

4-8　试设计一个四输入-四输出的智力抢答器的梯形图。要求任何一个抢答对象按下按键后，使其他对象按键无效。抢答器设有一非自锁的复位按钮 X0，按一下 X0 后可重新抢答。

4-9　在可编程控制器中提供的定时器都是延时闭合的定时器。习题 4-9 图(a)和图(b)是两个延时断开的定时控制线路，试分别写出其对应的指令表，并画出相应的时序图。

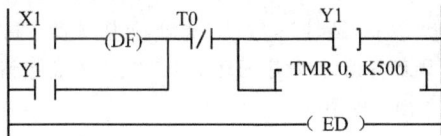

(a)

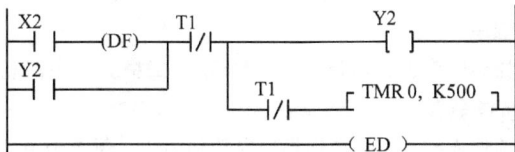

(b)

习题 4-9 图

4-10 习题 4-10 图是一单脉冲发生梯形图。控制触点 X0 每接通一次(不论接通时间长短)就会产生一个定时的单脉冲。试写出其对应的指令表,并画出 X0、输出 Y0 的时序图。

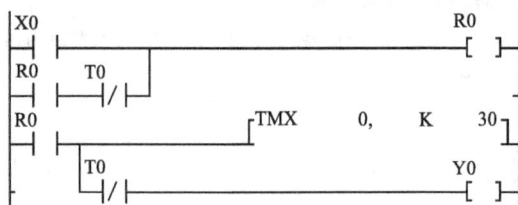

习题 4-10 图

4-11 习题 4-11 图(a)是一占空比可调的脉冲发生梯形图,图(b)是 X0 和 X1 的时序图,试画出输出 Y0 的时序图。

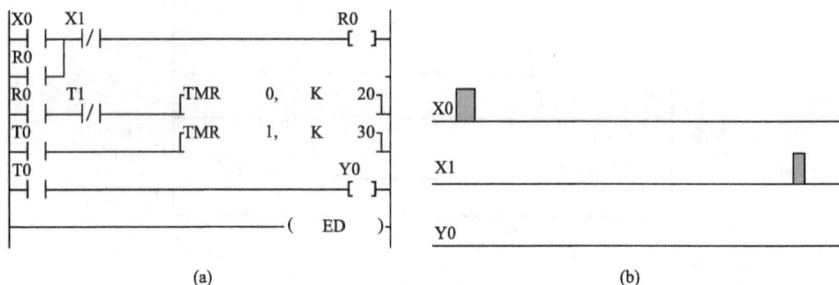

习题 4-11 图

4-12 习题 4-12 图(a)、(b)是两个顺序延时接通的梯形图。其中图(a)是利用计数器和比较指令实现,图(b)是利用高级指令实现。试分析其工作原理,并画出工作时序图。

4-13 习题 4-13 图(a)是一报警电路,图(b)是其工作的时序图。当有报警信号输入时,X0 动合触点接通。图中 Y0 接报警蜂鸣器,Y1 接报警指示灯,X1 为报警蜂鸣器的复位按钮。试根据梯形图和时序图分析并写出其工作原理。

4-14 定时器式的顺序控制在实际工程中常能见到。下一个动作发生时,自动把上一个动作关断,这样,一个动作接一个动作发生。

设有 3 个设备分别由输出继电器 Y0、Y1 和 Y2 启动。当闭合启动控制触点 X0 后,输出继电器 Y0 接通,延时 5s 后,Y1 接通,同时关断 Y0;再延时 5s 后,Y2 接通,同时关断 Y1;Y2 接通并保持 5s 后,Y0 又接通,Y0 接通使得 Y2 关断。以后周而复始,按顺序循环下去。按下停止按钮 X1 时系统停止运行。试用定时器顺序控制实现上述功能,并画出时序图。

4-15 设有一照明设备由 L1 到 L9 共 9 个灯按着一定的排列方式组成。闪烁控制要求为 L1、L4、L7 灯先亮,1s 后灭;接着 L2、L5、L8 灯亮,1s 后灭;再接着 L3、L6、L9 灯亮,1s 后灭。之后再从头开始如此循环,试编制 PLC 控制梯形图程序。

4-16 设某种流水灯的控制时序图如习题 4-16 图所示。试根据时序图利用左移位寄存器指令编制 PLC 控制梯形图程序,并写出指令表。

4-17 要求在三个不同的地方控制某台电动机的启动和停止。每个地方都有一个启动按钮和一个停止按钮。控制过程是按下任何一处的启动按钮,电动机都启动旋转,按钮弹起,电动机保持旋转;按下任何一处的停止按钮,电动机停止旋转。根据上述要求,作出 I/O 分配表,并编制 PLC 控制梯形图程序。

4-18 习题 4-18 图是一流水灯控制梯形图,试分析其工作原理,并画出工作时序图。

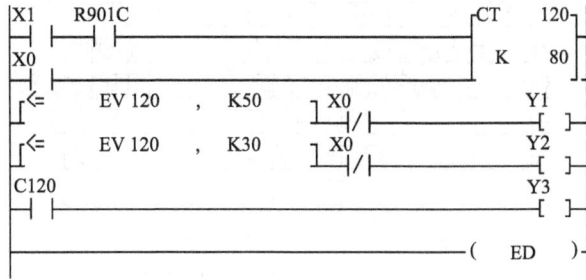

(a)

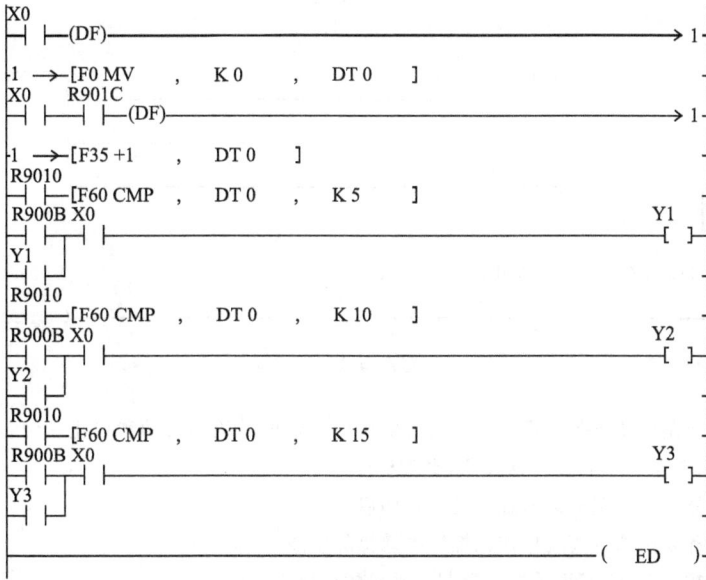

(b)

习题 4-12 图

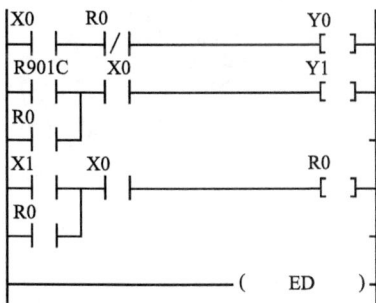

(a)

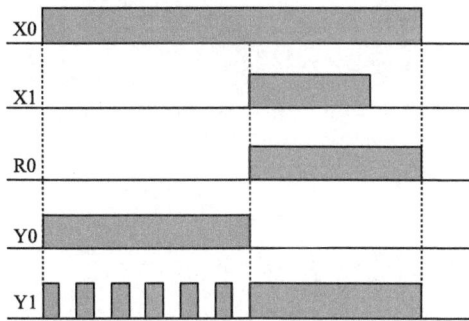

(b)

习题 4-13 图

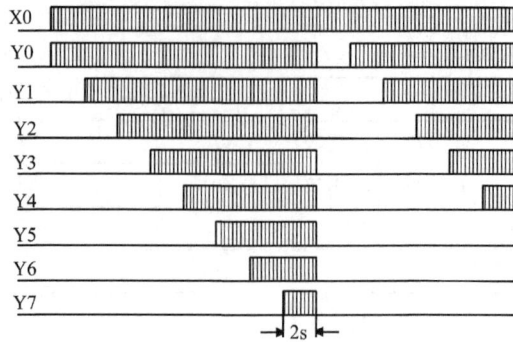

习题 4-16 图

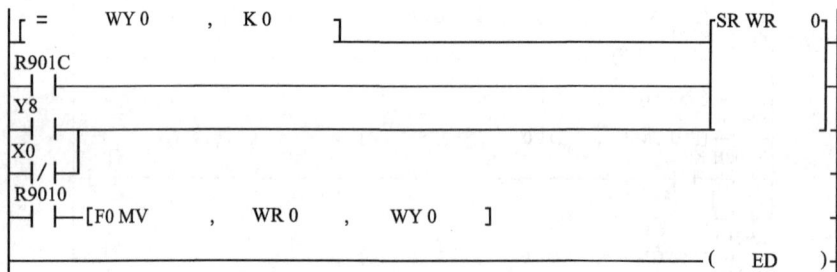

习题 4-18 图

4-19 单按钮控制的要求是只用一个按钮就能控制一台电动机的启动和停止。控制过程是按一次按钮电动机启动,并保持运转。再按一次按钮,电动机停止。

(1) 利用计数器指令实现单按钮控制电动机的启停。

(2) 利用置位和复位指令实现单按钮控制电动机的启停。

(3) 利用高级指令 F132 实现单按钮控制电动机的启停。

根据以上要求分别设计出 PLC 控制梯形图程序。

第 5 章　FP1 的特殊功能和高级模块

FP1 系列可编程控制器除具有功能丰富的基本指令和高级指令之外,还有一些特殊的功能,如高速计数、脉冲输出、中断输入、输入窄脉冲捕捉、可调输入延时滤波、实时时钟以及通信功能等。此外,还包括扩展单元、智能单元和链接单元等高级单元模块,这些特殊功能和高级模块无疑使可编程控制器的应用范围更加广泛。

5.1　FP1 的特殊功能

5.1.1　脉冲输出

FP1 的输出端 Y7 可输出一路脉冲信号,最大频率范围为 45Hz～5kHz。这一功能只有晶体管输出方式的 PLC 才具有,且需配合脉冲输出控制指令 F164(SPD0)使用。其中,通过[F164 SPD0,S]指令中的操作数 S 可设置输出脉冲的频率范围、脉冲宽度等参数。将脉冲输出与高速计数功能结合在一起,还可用来实现速度及位置控制,图 5-1 即是使用脉冲输出功能控制一台电动机,从而实现位置控制的示意图。

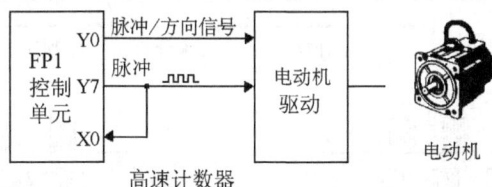

图 5-1　脉冲输出进行位置控制示意图

5.1.2　高速计数功能(HSC)

在 FP1 内部有高速计数器,可同时输入两路脉冲,最高计数频率为 10kHz(当同时输入两路脉冲时,频率为 5kHz),计数范围为 K－8388608～K8388607（HFF800000～H007FFFFF）。可用系统寄存器 No.400 设定其输入模式,包括加计数、减计数、可逆计数、两相输入等,每种模式又分为有复位输入和无复位输入两种情况,而且输入计数不受扫描周期影响,处理过程中响应时间不延时。

下面介绍 HSC 的编程及使用方法。

1）占用的输入端子

HSC 需占用 FP1 输入端子 X0、X1 和 X2。其中 X0 和 X1 作为脉冲输入端,X2 作为复位端,可由外部复位开关通过 X2 使 HSC 复位。

2）输入模式及设置

HSC 的 4 种输入模式中,前 3 种为单相输入,最后 1 种为两相输入。

（1）加计数模式。此时只能由 X0 输入计数脉冲,最高计数频率为 10kHz,输入脉冲要求占空比为 1。每当 X0 输入一个脉冲,计数器加 1,如图 5-2(a)所示。

(2) 减计数模式。此时只能由 X1 输入计数脉冲,每当 X1 输入一个脉冲,计数器减 1。其他同加计数模式,如图 5-2(b)所示。

(3) 加/减计数模式。由 X0 和 X1 输入计数脉冲,X0 输入时加计数,X1 输入时减计数。此时 HSC 对 X0 和 X1 进行分时计数,最高计数频率为两路输入频率之和,即仍为 10kHz,如图5-2(c)所示。

(4) 两相输入方式。此时要求输入脉冲是相位差为 90°的正交脉冲序列。当 X0 输入脉冲比 X1 超前 90°时,为两相加计数输入模式;当 X0 输入脉冲比 X1 滞后 90°时,为两相减计数输入模式,如图 5-2(d)所示。这时因为 HSC 对 X0 和 X1 进行交替计数,故最高计数频率为 5kHz。

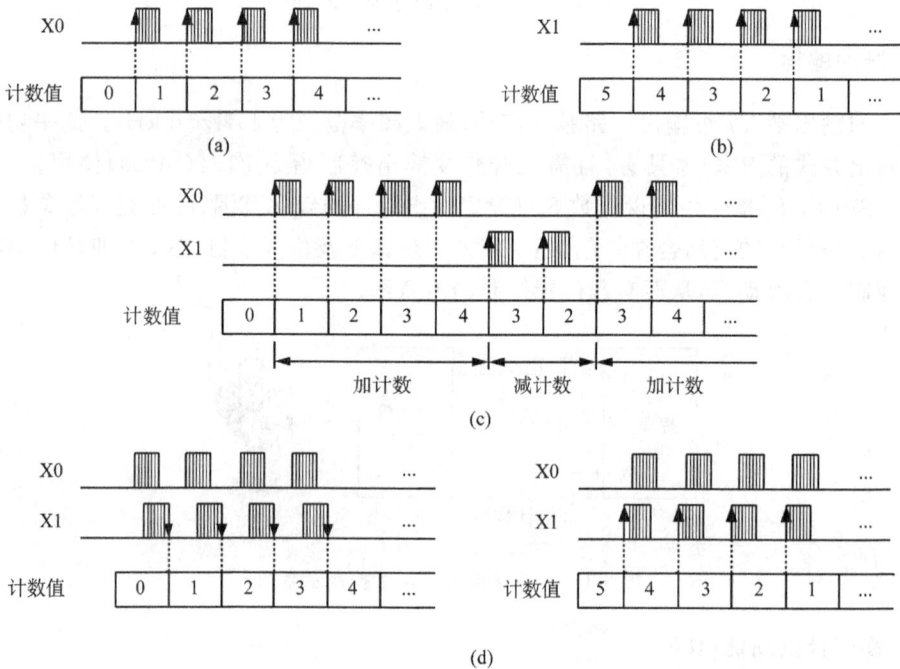

图 5-2　4 种计数模式的脉冲波形示意图

在使用 HSC 之前,需先在系统寄存器 No.400 中设定控制字,控制字意义见表 5-1。

3) 与 HSC 相关的寄存器

HSC 的经过值存放于特殊数据寄存器 DT9044 和 DT9045 中,目标值存放于特殊数据寄存器 DT9046 和 DT9047 中。其中 DT9044 和 DT9046 分别存放低 16 位,DT9045 和 DT9047 分别存放高 16 位。当高速计数器的经过值和目标值一致时,DT9046 和 DT9047 中的数据就被清除。

特殊功能继电器 R903A 规定为 HSC 的标志寄存器。当 HSC 计数时该继电器为 ON,停止计数时为 OFF。当 HSC 计数时,Y7 可以输出脉冲,而停止计数时 Y7 停止发脉冲。

表 5-1　系统寄存器 No.400 控制字说明

设定值	功能			输入模式
	X0	X1	X2	
H1	双相输入		—	双相输入方式
H2	双相输入		复位	
H3	加计数	—	—	加计数方式
H4	加计数	—	复位	
H5	—	减计数	—	减计数方式
H6	—	减计数	复位	
H7	加计数	减计数	—	加/减计数方式
H8	加计数	减计数	复位	
H0	HSC 功能未用			不工作(默认模式)

注:表中"—"表示该端子未用

4) 高速计数功能指令

PLC 的脉冲输出功能与高速计数器结合在一起,配合速度控制指令 SPD0,可以方便地实现速度及位置控制。FP1 的所有型号均包括下面 7 条高速计数功能指令,下面按照功能分别介绍。

(1) 高速计数器的控制指令。

[F0 MV, S, DT9052]:高速计数器控制指令。

该指令功能是将 S 中的控制字数据写入 DT9052 中,DT9052 的低 4 位作为高速计数器控制用。控制字意义见图 5-3。

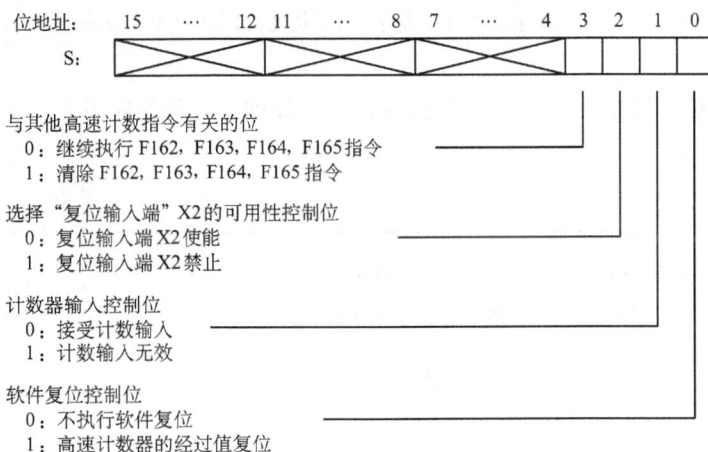

图 5-3　高速计数器的控制字

可见,HSC 不但可以通过 X2 硬复位,还可进行软复位,即将控制字 H1 送入 DT9052,使 bit0 为 1,从而可以实现软件复位功能。这里需要注意的是高速计数器运行方式的改变只能使用该指令。

　　软件复位控制、计数输入控制、"复位输入端"X2 的可用性控制的示意图分别如图 5-4 (a)、(b)、(c)所示。

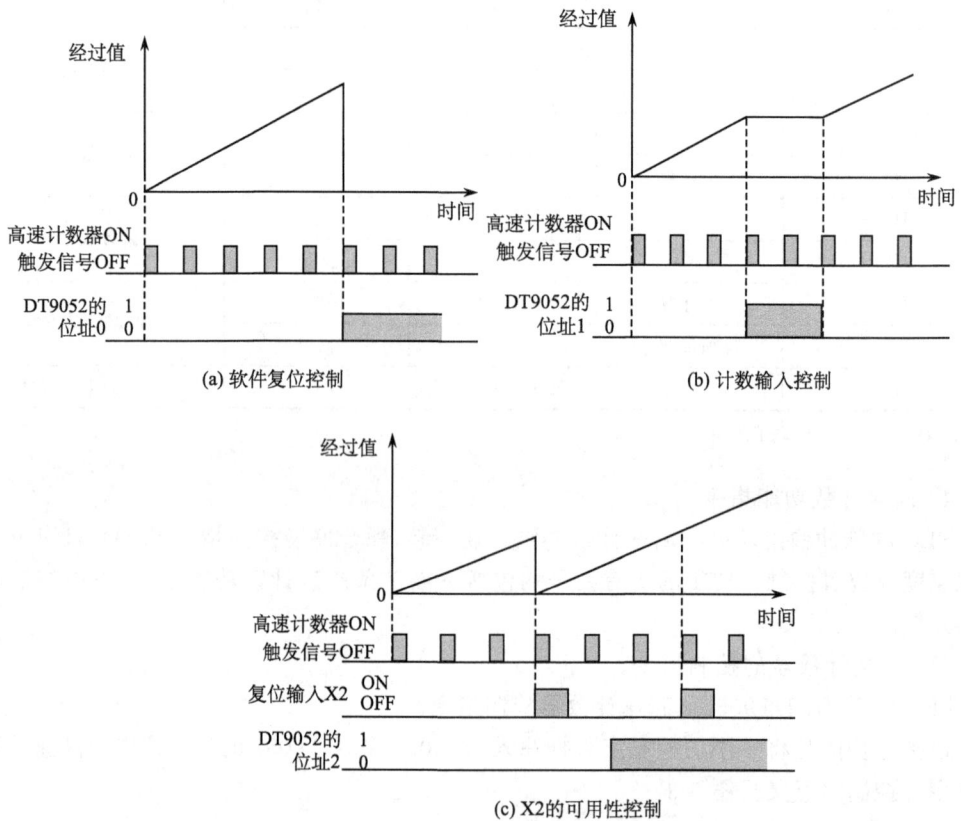

(a) 软件复位控制　　　　　　　　　　　　　　(b) 计数输入控制

(c) X2的可用性控制

图 5-4　高速计数器控制字 0～2 位的可用性控制示意图

　　例 5-1　当触发信号 X3 为 ON 时,把高速计数器的经过值清零并开始计数。设计的梯形图如图 5-5 所示。

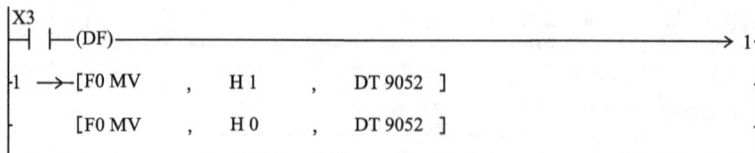

图 5-5　梯形图

　　(2) 高速计数器经过值的读写指令。

　　[F1 DMV, S, DT9044]:存储高速计数器经过值。将(S+1, S)中高速计数器的经过值写入 DT9045、DT9044 中,计数器的经过值为 24bit 二进制数(HFF800000 ～ H007FFFFF)。

　　[F1 DMV, DT9044, D]:调出高速计数器经过值。是将 DT9045、DT9044 中的经过值读出复制到(D+1, D)中。

PLC 将高速计数器的经过值存放在 DT9044 和 DT9045 中,因此可以用 32 位数据传送指令 F1 进行读写。

(3) 高速计数器输出置位复位指令。

[F162 HCOS, S, Yn]:高速计数器的输出置位指令。符合目标值时为 ON。当高速计数器的经过值和目标值相等时,将指定的输出继电器接通。

[F163 HCOR, S, Yn]:高速计数器的输出复位指令。符合目标值时为 OFF。当高速计数器的经过值和目标值相等时,将指定的输出继电器断开。

其中,S 为高速计数器的目标值,可以用常数设置,也可以用寄存器中的数据设置,数值的取值范围是 K-8388608～K8388607(HFF800000 ～ H007FFFFF);Yn 为输出继电器,Yn=Y0～Y7。

当运行上述两条指令时,将存储于 DT9047 和 DT9046 中的目标值设置为(S+1, S),开始计数后,当高速计数器经过值寄存器 DT9045 及 DT9044 中的经过值等于目标值时,指令中指定的输出继电器 Yn 就接通或断开。

此外,当上述两条指令运行时,高速计数器运行标志 R903A 接通;反之,R903A 断开。

例 5-2

```
 X3
─┤├─(DF)──────[F162 HCOS,     K 1500    ,  Y1    ]──────
```

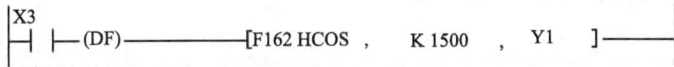

梯形图中,当触发信号 X3 接通时,将高速计数器 HSC 目标值设置为 K1500。当高速计数器的经过值等于 K1500 时,将输出继电器 Y1 接通并保持。

例 5-3

```
 X4
─┤├─(DF)──────[F163 HCOR,     K 800     ,  Y2    ]──────
```

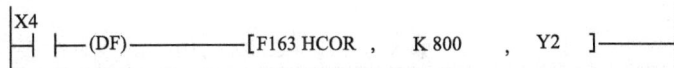

梯形图中,当触发信号 X4 接通时,将高速计数器 HSC 目标值设置为 K800。当高速计数器的经过值等于 K800 时,将输出继电器 Y2 断开,即 Y2=0。

(4) 速度和位置控制指令。

[F164 SPD0, S]:速度及位置控制。该指令配合高速计数器和 Y7 的脉冲输出可以实现速度和位置控制。

使用 F164 指令时,要为其设置一个控制参数表,S 就是参数表的首地址。

F164 指令有两种工作方式:脉冲工作方式和波形工作方式。

① 脉冲工作方式:在这种方式下,Y7 可输出频率可调的脉冲,脉冲频率的变化规律预先设置在参数表中。

② 波形工作方式:在波形方式时,可在 Y0～Y7 输出端产生一组方波,其波形预先设置在参数表中。波形方式的参数表也是一组寄存器,控制参数就设置在寄存器中。

(5) 凸轮控制指令。

[F165 CAM0, S]:凸轮控制。当高速计数器的经过值和参数表中设定的目标值相一致时,接通或断开参数表中指定的输出继电器。其中的参数表是由 S 指定首地址的若干个连续寄存器组成,指令的控制参数设置在寄存器中。

在顺序控制系统中,许多场合是按工序进行操作的:第一步做某些机械动作,第二步做另一些机械动作,如此顺序进行直至整个工序结束。凸轮控制器就是专为这种顺序控制设计的机电式设备,它是一个由多层可编程圆盘组成的机电式圆鼓,每转动一步可接通某些触点,从而做出规定的机械动作。由于采用机械方式实现,其转动的步数和触点数都受到很大限制,体积大且可靠性差。而利用可编程控制器可以模拟凸轮控制器的功能,控制的步数和点数多,并且节省了硬件设备投资。FP1 的凸轮控制指令 F165 和高速计数器配合使用,既方便又准确,几乎可以满足所有需要凸轮控制的场合。

5.1.3 可调输入延时滤波功能

在开关按下的瞬间,接触很不可靠,时断时续,经过一段短暂时间后,开关才能可靠地接通,这一现象叫做开关的机械抖动,它可能会造成系统的误动作。为消除开关抖动造成的不利影响,FP1 的输入端采用了输入延时滤波技术,即延迟一段时间 Δt 之后,再对输入端 X 采样,以躲过开关的抖动时间,从而提高了系统运行的可靠性。图 5-6 给出了输入信号延时滤波的示意图。图 5-6 中,t_1 为干扰脉冲,小于延时时间 Δt,因此不响应;t_2、t_4 分别为机械开关接通和断开时的抖动时间,由图 5-6 可见,经过延时,避开了输入信号的抖动部分,直接在稳定导通区间 t_3 进行输入状态的采集和响应。

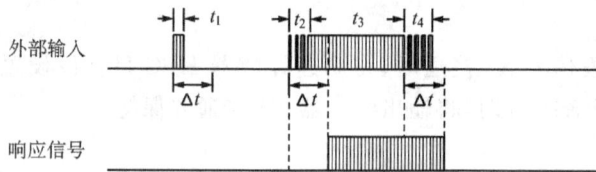

图 5-6　输入信号延时滤波示意图

另外,开关的结构不同,其抖动时间的长短也不尽相同,为此,FP1 的延迟时间可以根据需要,在 1～128ms 进行调节。延时时间的设定是通过软件,在对应的系统寄存器中设置时间常数来实现,时间常数和延时时间的对应关系如表 5-2 所示。

表 5-2　时间常数与对应延时时间关系

时间常数(BCD 码)	0	1	2	3	4	5	6	7
延时时间/ms	1	2	4	8	16	32	64	128

系统寄存器 No.404～No.407 用于预先存放设置的时间常数,与输入端的对应关系为:

No.404　设定 X0～X1F 的时间常数;

No.405　设定 X20～X3F 的时间常数;

No.406　设定 X40～X5F 的时间常数;

No.407　设定 X60～X6F 的时间常数。

例如,要使:

X0～X7 的延时时间为 1ms,对应的时间常数为 0;

X8～XF 的延时时间为 2ms,对应的时间常数为 1;

X10～X17 的延时时间为 4ms,对应的时间常数为 2;

X18～X1F 的延时时间为 8ms,对应的时间常数为 3;

则应在 No.404 中写入如下二进制数码:

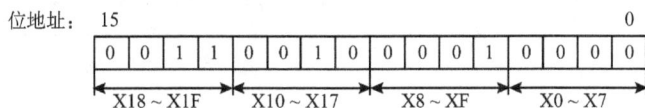

位地址:　15　　　　　　　　　　　　　　　　　　　　　　　　　　0

| 0 | 0 | 1 | 1 | 0 | 0 | 1 | 0 | 0 | 0 | 0 | 0 | 1 | 0 | 0 | 0 | 0 |

X18 ～ X1F　　　X10 ～ X17　　　X8 ～ XF　　　X0 ～ X7

即 8 个输入端为一组,系统寄存器 No.404 中的 16 位分成 4 组,每组对应 8 个输入端的时间常数,故一个系统寄存器可以设定 32 个输入端的时间常数。

注意:No.407 只用了低 8 位,故只能设定 16 个输入端。

5.1.4　输入窄脉冲捕捉功能

由于 PLC 采用循环扫描工作方式,其输出对输入的响应速度受扫描周期的影响。这在一般情况不会有问题,反而提高了输入信号的抗干扰能力。但是,有些特殊情况,特别是一些瞬间的输入信号(持续时间小于一个扫描周期)往往被遗漏。为了防止出现这种情况,在 FP1 中设计了脉冲捕捉功能,它可以随时捕捉瞬间脉冲并记忆下来,并在规定的时间内响应,可捕捉的最小脉冲宽度达 0.5ms,且不受扫描周期影响。

如图 5-7 所示,一个窄脉冲在第 n 个扫描周期的 I/O 刷新后到来,若无捕捉功能,此脉冲将会被漏掉;有了捕捉功能,PLC 内部电路将此脉冲一直延时到下一个(第 $n+1$ 个)扫描周期的 I/O 刷新结束,这样 PLC 就能响应此脉冲。

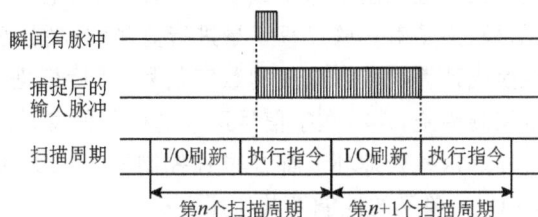

图 5-7　脉冲捕捉示意图

只有输入端 X0～X7 共 8 个输入端可以设成具有脉冲捕捉功能的输入端,这可以通过对系统寄存器 No.402 的设置来实现。输入端子与系统寄存器 No.402 的位对应关系如下所示:

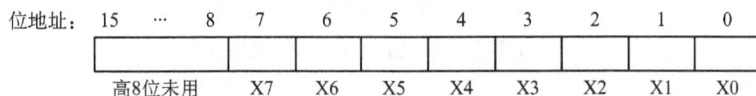

位地址:　15　…　8　7　6　5　4　3　2　1　0

| 高8位未用 | | X7 | X6 | X5 | X4 | X3 | X2 | X1 | X0 |

输入端 X0～X7 分别与 No.402 的低 8 位对应,当某位设置为 1 时,则该位对应的输入端就具有脉冲捕捉功能;设置为 0 时,对应的输入端仍是普通的输入端。例如,将 No.402 的

值设置成 H38,则 X3、X4 和 X5 具有脉冲捕捉功能,其他仍为普通输入端。对应低 8 位如下所示:

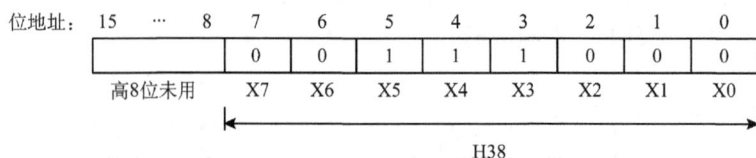

位地址:	15	⋯	8	7	6	5	4	3	2	1	0
	高8位未用			0	0	1	1	1	0	0	0
				X7	X6	X5	X4	X3	X2	X1	X0

H38

5.1.5 特殊功能占用输入端优先权排队

前面介绍了 PLC 的部分特殊功能,大多数特殊功能均需占用 PLC 的 I/O 点,当多种功能同时使用时,对 I/O 的占用须按一定顺序进行优先权排队。FP1 特殊功能优先权排队从高到低依次为:高速计数器→脉冲捕捉→中断→输入延时滤波。

5.1.6 其他功能

FP1 还有一些其他的特殊控制功能,如强制置位/复位控制功能、口令保护功能、固定扫描时间设定功能和时钟日历控制功能等,在这里不一一叙述。

5.2 FP1 的高级模块

FP1 的高级模块主要有 A/D、D/A 转换模块和通信模块,由于一般都自带 CPU 和存储器,因此又称为智能模块。在工业控制中除了数字信号以外,还有大量的温度、湿度、流量、压力等连续变化的模拟信号,为了对这些过程变量进行监测和控制,必须首先将这些信号变换成标准的电信号,再转换成计算机可以接受的数字信号;然后根据监测到的运行参数,进行相关的计算分析,确定控制措施,再将数字信号形式的控制信息,转变成电信号,驱动有关的执行机构,完成控制过程。这些处理环节都是过程控制不可缺少的重要组成部分。本节主要介绍 FP1 的 A/D 和 D/A 单元的性能及其使用方法。

5.2.1 A/D 转换模块

1. 占用通道及编程方法

A/D 转换单元有 4 个模拟输入通道,占用的输入端子分别为:

CH0　WX9(X90～X9F)
CH1　WX10(X100～X10F)
CH2　WX11(X110～X11F)
CH3　WX12(X120～X12F)

PLC 每个扫描周期对各通道采样一次,并进行模数转换,转换的结果分别存放在各自的输入通道(WX9～WX12)中。

A/D 转换的编程可用指令 F0 实现,如[F0 MV,WX9,DT0]。执行这一指令后,CH0

输入的模拟信号经 A/D 转换变成数字信号送入 WX9,并由 F0 指令读出保存到 DT0 中。其他通道也可仿照此格式进行编程。

注意:FP1 对 A/D 模块读取数据,每个扫描周期只进行一次。

2. A/D 的技术参数

A/D 常用的技术参数见表 5-3,输入/输出特性见图 5-8。

表 5-3　A/D 常用的技术参数

项　目	说　明	
模拟输入点数	4 通道/单元(CH0～CH3)	
模拟输入范围	电压	0～5V 和 0～10V
	电流	0～20mA
分辨率	1/1000	
总精度	满量程的±1%	
响应时间	2.5ms/通道	
输入阻抗	电压输入方式	不小于 1MΩ(0～5V 和 0～10V 范围内)
	电流输入方式	250Ω(0～20mA)
绝对输入范围	电压输入方式	+7.5V(0～5V)、+15V(0～10V)
	电流输入方式	+30mA(0～20mA)
数字输出范围	K0～K1000(H0～H03E8)	
绝缘方式	光耦合:端子与内部电路之间	
	无绝缘:通道间	
连接方式	端子板(M3.5 螺丝)	

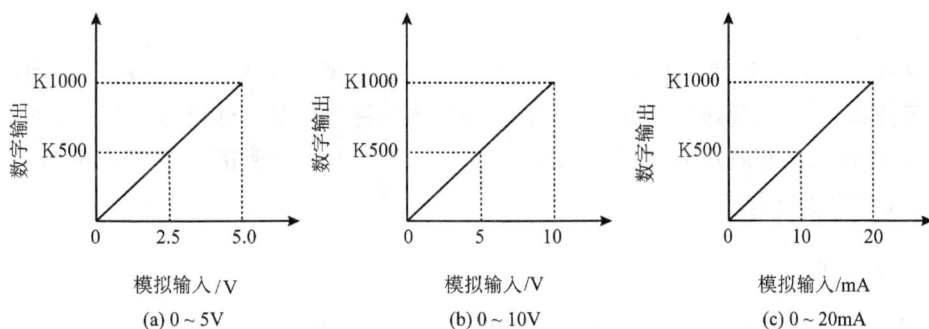

图 5-8　A/D 转换单元的输入/输出特性

由图 5-8 可见,不论是电压输入还是电流输入,不论是满程值 5V 还是 10V,A/D 转换器转换后的数字量对应的十进制数最大值均为 K1000。这意味着该 A/D 转换器输出位数是 10bit(即 $2^{10}=1024≈K1000$)。

3. A/D 转换单元的面板布置及接线方法

图 5-9 是 A/D 转换单元的面板布置图。A/D 单元的每个通道有 4 个接线端：V、I、C 和 F.G.，此外，还有一对电压范围选择端子 RANGE。其中，V 是电压输入端，I 是电流输入端，C 是公共端，F.G. 是屏蔽接地端。左端扩展插座用于连接 FP1 控制单元或扩展单元，右端插座用于连接 D/A 转换单元或 I/O LINK 单元。

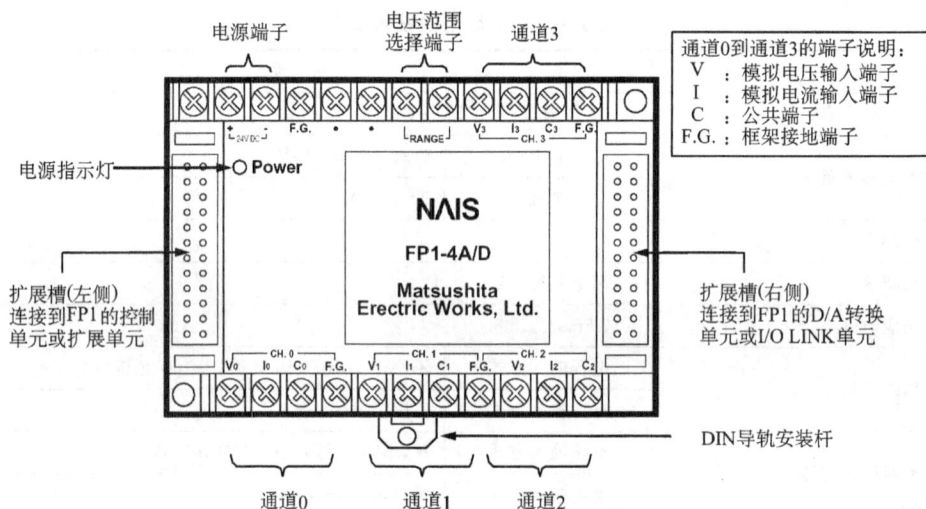

图 5-9　A/D 单元的面板布置图

A/D 单元的接线方法：

电压输入方式的接线如图 5-10 所示。信号由 V 和 C 两端输入，屏蔽外壳接F.G.端。当电压范围选择端子 RANGE 间开路时，输入模拟电压范围为 0～5V；短路时，输入模拟电压范围为 0～10V。

电流输入方式的接线如图 5-11 所示。信号由 I 和 C 两端输入，将电压输入 V 和电流输入 I 端子连接在一起，屏蔽外壳接 F.G.端。此时，需要将电压范围选择端子 RANGE 开路。

A/D 模块的电源需外接，交流可接 220V 交流电源，直流只能接 24V 直流电源，具体根据 A/D 模块的型号来定。

4. 应用举例

当需对某信号进行监测时，要求超限报警。这时可将该信号输入到 A/D，并用段比较指令将输入信号与上、下限进行比较。程序如图 5-12 所示。

若将 A/D 模块输入范围选在 0～10V（即将 RANGE 短接），并将需监测的信号输入 CH0，则执行该程序后可实现下面功能：设输入信号上限为 3.6V，即对应 A/D 内部十进制数为 K360；输入信号下限为 3.4V，对应 A/D 内部十进制数为 K340。当输入信号在 3.4～3.6V 时则 R900B 常闭触点断开，故 Y0→OFF，报警灯不亮。若信号超出此范围则 R900B 常闭触点接通，故 Y0→ON，报警灯亮，从而实现对信号的监测。

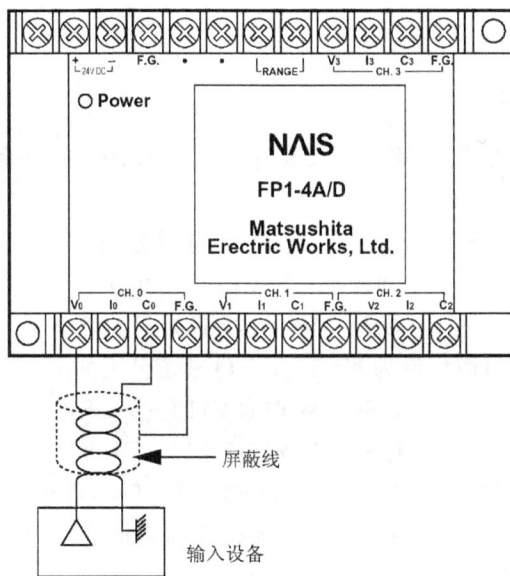

图 5-10　电压输入接线方式

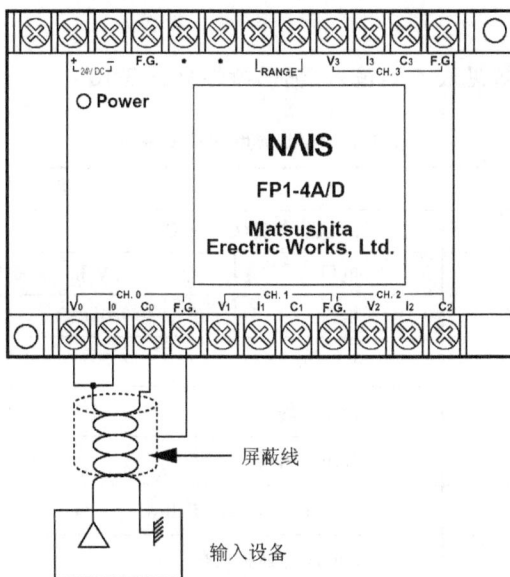

图 5-11　电流输入接线方式

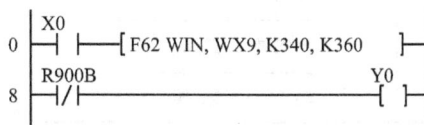

图 5-12　A/D 模块信号监控举例

5.2.2 D/A 转换模块

1. 占用通道及编程方法

FP1 可扩展两个 D/A 模块,可用开关设定其单元号,即 No.0 和 No.1;每个 D/A 模块有两个输出通道,即 CH0 和 CH1。

当开关置于左边时,该模块设为 No.0,其 I/O 通道分配如下:

CH0 WY9(Y90～Y9F)

CH1 WY10(Y100～Y10F)

当开关置于右边时,该模块设为 No.1,其 I/O 通道分配如下:

CH0 WY11(Y110～Y11F)

CH1 WY12(Y120～Y12F)

D/A 转换的编程也可用指令 F0 实现,如[F0 MV, DT0, WY9]。执行这一指令后,将 DT0 的内容经 WY9 送往 D/A 转换器,并将转换好的模拟信号经 No.0 的 CH0 通道输出。其他通道也可仿照此格式进行编程。

注意:FP1 对 D/A 模块写入数据,每个扫描周期只进行一次。

2. D/A 的技术参数

D/A 常用的技术参数见表 5-4,输入/输出特性见图 5-13。

表 5-4 D/A 常用的技术参数

项　目	说　明	
模拟输出点数	2 通道/单元(CH0～CH1)	
模拟输出范围	电压	0～5V 和 0～10V
	电流	0～20mA
分辨率	1/1000	
总精度	满量程的±1%	
响应时间	2.5ms/通道	
输出阻抗	不大于 0.5Ω(电压输出端)	
最大输出电流	20mA(电压输出端)	
允许负载电阻	0～500Ω(电流输出端)	
数字输入范围	K0～K1000(H0～H03E8)	
绝缘方式	光耦合:端子与内部电路之间	
	无绝缘:通道间	
连接方式	端子板(M3.5 螺丝)	

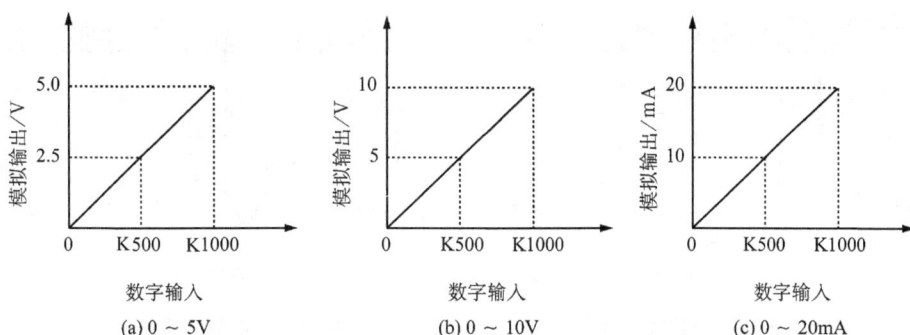

图 5-13　D/A 转换单元的输入/输出特性

3. D/A 转换单元的面板布置及接线方法

图 5-14 是 D/A 单元的面板布置图。D/A 单元的每个输出通道有 5 个端子，V^+ 和 V^- 是模拟电压输出端，I^+ 和 I^- 是模拟电流输出端，而 RANGE 则是电压范围选择端。

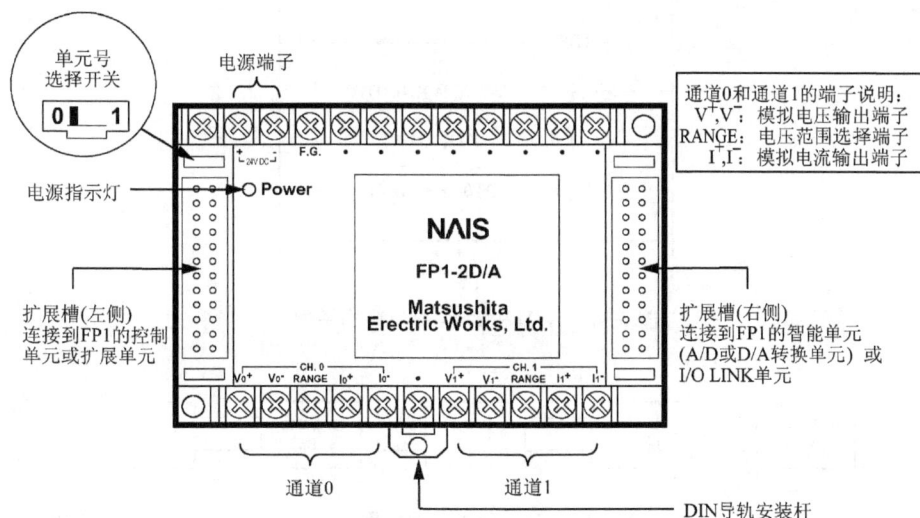

图 5-14　D/A 转换单元的面板布置图

当 V^- 端和 RANGE 端连在一起，再接入负载设备时，输出电压为 0～10V；RANGE 端开路时，输出电压为 0～5V。

负载设备直接接到模拟电流输出端 I^+ 和 I^- 上时，为电流输出方式，输出范围为 0～20mA。

A/D 和 D/A 单元都需外部电源供电。直流供电电压为 24V，交流供电电压为 220V。

此外，在使用时还需要注意，同一个通道上电压输出和电流输出不能同时使用，没有使用的输出端子应该开路。

电压输出和电流输出的接线方式分别见图 5-15、图 5-16。

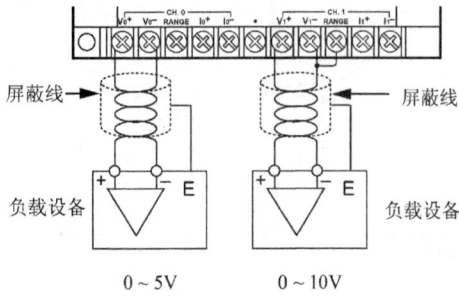

图 5-15 电压输出接线方式   图 5-16 电流输出接线方式

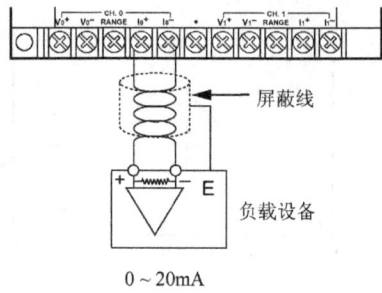

4. 应用举例

3 个模拟量信号分别从 A/D 模块的 CH0～CH2 输入,求平均值,再由 D/A 模块 No.1 的 CH1 通道输出。梯形图如图 5-17 所示。

FP1 的主控单元、扩展单元、A/D 和 D/A 单元的典型配置如图 5-18 所示。

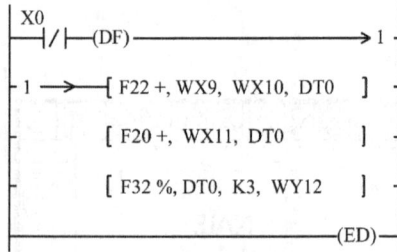

图 5-17 A/D 和 D/A 模块应用举例

图 5-18 FP1 典型配置

一个 FP1 最多可扩展两个 I/O 单元,以增加 I/O 点数。还可扩展一个 A/D 单元、两个 D/A 单元和一个 I/O LINK 单元,且每个单元都必须外接电源。各单元与 FP1 之间均用扁平电缆串接。

5.3 FP1 的通信功能

在较大规模的工业控制系统中,常常有数十或数百个测控对象,这就对控制系统提出了很高的要求,不仅要求系统的速度快,存储容量大,功能丰富,而且要求系统的可靠性高。一旦系统发生故障,将造成整个控制系统的瘫痪,给工业生产带来巨大的经济损失。为此,必须将控制任务分散,分别控制各个控制对象,最后进行集中监控。当某个控制系统发生故障时,不影响其他控制系统,使危险分散,从而提高了可靠性。这就是目前工业控制领域中广为流行的集散式控制系统。

集散式控制系统的关键技术之一是系统的通信和互联。可编程控制器作为一种高性能的工业现场控制装置,已广泛地用于工业控制的各个领域。目前,工业自动控制对 PLC 的网络通信能力要求越来越高,PLC 与上位机之间、PLC 与 PLC 之间、PLC 与外围设备之间都要能够进行数据共享和控制。

面对众多生产厂家的各种类型 PLC,它们各有优缺点,能够满足用户的各种需求,但在形态、组成、功能、编程等方面各不相同,没有一个统一的标准,各厂家制订的通信协议也千差万别,从而也造成 PLC 设备的通信方式的种类的多样性。表 5-5 列举了常用 PLC 设备的通信方式。

表 5-5　常用 PLC 设备的通信方式

生产商	产品型号	通信方式
OMRON	CPM1	RS-232/RS-422
	CQM1	RS-232/RS-422,COMPOBUS/S,COMPOBUS/D
	C1000H/C2000H、C200Ha、CVM	RS-232/RS-422,Controller Link,SYSMACLINK,SYSNET,Ethernet,COMPOBUS/S
	C20H~C60H	RS-232/RS-422
MISTUBISH	FX 系列	RS-232/RS-422
	A 系列、Q 系列	RS-232/RS-422/USB,PROFIBUS,MODBUS,MELSECNET10,CC-Link,Ethernet
Allen-Bradley	ControlLogix,PLC5,STC500	RS-232/RS-422,DH+/DH485,ControlNet,Ethernet,DeviceNet
松下	FP0/FP1,FP3,FP10SH	RS-232/RS-422,Ethernet,MEWNET,C-NET
GE Fanuc	LM90-30 LM90-70	RS-232/RS-422,Ethernet,GENIUS BUS,PROFIBUS,WorldFip,InterBus-s
Siemens	S5	PROFIBUS
	S7-200	PPI
	S7-300,S7-400	MPI,PROFIBUS,Ethernet

松下电工提供了 6 种(C-NET、F-Link、P-Link、H-Link、W-Link 和 FP 以太网)功能强大的网络形式,同时提供了若干种与相应的网络连接方式有关的通信方式和链接单元,适合于各种工业自动化网络的不同需要。

此外,目前随着计算机网络技术的发展,特别是互联网的广泛应用,给工业自动化领域带来了巨大的变化。它改变了以往人们对工控的观念,提出了许多新的思想。人们对工控产品的网络通信功能提出越来越高的要求,如何开发基于Windows的监控软件,如何实现基于互联网的远程控制,已经受到广大用户的热切关注。PLC 虽然是在传统产业上发展起来的,但它也不可避免地被卷入 IT 产业之中,而传统产业与 IT 产业的结合必将带来不可估量的市场与应用前景。

5.3.1　通信的有关基本概念

计算机与外界的信息交换称为通信。通信的基本方式可分为并行通信和串行通信两种。

1）并行通信与串行通信

并行通信是指一个数据的各个位同时进行传送的通信方式。其优点是传送速度快,效率高。缺点是一个数据有多少位,就需要有多少根传输线,因此传送成本高,这在位数较多且传输距离较远时,会导致通信线路复杂,成本提高。

串行通信是指一个数据逐位顺序传送的通信方式。它的突出优点是仅需单线传输信息,通信线路简单,有时可以用电话线实现,成本低,特别适用于远程通信;缺点是相对并行通信传输速度慢。假设并行传送 N 位所需的时间为 T,那么串行传送的时间至少为 NT,实际上总是大于 NT。

综合比较上述两种通信方式,并行通信多用于传输距离短而速度要求高的场合,串行通信则用于传输距离长、速度低的场合。

2）同步通信与异步通信

串行通信又可分为同步通信和异步通信两种方式。

同步通信是一种连续传送数据流的串行通信方式。在同步通信中,数据是以一组数据(数据块)为单位传输。数据块中每一字节不需加起始位和停止位,而在整块前加有一个或多个同步字符,数据块后加结束控制字符,使得发送和接收设备间每个字节(byte)都保持同步。数据块中可能含非数据信息,如数据传送目的地址、校验比特组合、控制信息等,数据加上控制信息组成的块称数据帧。这种传输方式可以提高传输速率,但对系统硬件结构要求较高。

异步通信传送的数据不是连续的,而是以字符为基本单位。该方式又称为"起止"方式,即在要传输的数据前端加一个起始位,在数据末端加停止位,表示数据结束。传输数据以字节为单位逐次传输,并经起始和停止位兼作发送和接收设备的同步时钟信号。当没有数据要传送时,通信线路处于高电平"闲"状态,进行等待。每个字符由数据位加上起始位、校验位和停止位组成,称为一帧。异步通信方式的硬件结构比同步通信方式简单,但这种方式传输时间较长。

3）波特率

波特率是指在串行通信中,每秒钟传送的二进制的位数,单位为位/秒,记作波特,也可记为 b/s。波特率是衡量串行通信的重要指标,用以表示数据的传输速率。波特率越高,传输速率越高。

例如,数据的传输速率是 120 字符/秒,每个字符包含 10 位(1 个起始位,7 位数据位,1个校验位和 1 个停止位),则传送的波特率为

$$10 \text{ 位/字符} \times 120 \text{ 字符/秒} = 1200 \text{ 波特}$$

4）单工、双工通信方式

在通信线路上按数据传输方向划分为单工、半双工和双工通信方式。

(1)单工通信。单工通信指传送的信息始终是同一方向,而不能进行反向传送,即接收

设备无发送权。

(2) 半双工通信(half duplex)。指信息流可在两个方向上传输,但同一时刻只能有一个站发送,接收设备也可以发送信息。

(3) 全双工通信(full duplex)。指同时可以作双向通信,两端既可同时发送、接收,又可同时接收、发送。若采用二线制线路,信号应按频率调制成低频信道和高频信道。

5.3.2　FP1 的通信接口

在集散式控制系统中普遍采用异步串行数据通信方式进行数据通信,即用来自上位微机(或大中型 PLC)的命令对控制对象进行控制操作,此外,PLC 之间也存在相互的通信连接以进行有关的数据交换。

FP1 系列 PLC 进行数据交换时常采用 RS-232C、RS-422、RS-485 三种串行通信接口,相关的链接单元也有三种,均为串行通信方式。I/O LINK 单元是用于 FP1 和 FP3/FP5 等大中型 PLC 之间进行 I/O 信息交换的接口(1 个 RS-485 接口和 2 个扩展插座);C-NET 适配器是 RS-485/RS-422-RS-232C 信号转换器(1 个 RS-485、1 个 RS-422、1 个 RS-232C 接口),用于 PLC 与计算机之间的数据通信;S1 型 C-NET 适配器是 RS-485/RS-422 信号转换器(1 个 RS-485、1 个 RS-422 接口),用于 C-NET 适配器和 FP1 控制单元之间的通信。

1) RS-232C 通信接口

RS-232C 是著名的物理层标准,它是计算机或终端与 Modem(调制解调器)之间的标准接口。为了进行正常的连接,标准机构详细地规定了机械的、电气的、功能的及规程的接口。RS-232C 是电子工业协会(Electronics Industries Association,EIA)1962 年公布的一种标准化接口,因而严格的全称为 EIA RS-232C,对应的国际版本是以 CCITT 建议 V.24 给出的。V.24 是一个相似的标准,只是在某些很少使用的电路上有轻微的差别。按照这个标准,终端与计算机的正规称谓是数据终端设备(data terminal equipment,DTE),而 Modem 的正式称谓为数据电路端接设备(data circuit-terminating equipment,DCE)。

RS-232C 的机械规范定义的是 25 针插头,螺钉中心到螺钉中心为(47.04±0.13)mm 宽,所有其他尺寸也都做了规定。顶行针编号从左到右为 1~13,底行针编号从左到右为 14~25。

RS-232C 的电气规范是用比−3V 低的负电压表示逻辑 1,用比+3V 高的电压表示逻辑 0。

RS-232C 所采用的电路是单端接收电路,这种电路的特点是传送一种信号只用一根信号线,对于多根信号线,它们的地线是公共的,无疑这种电路是传送数据的最简单的办法。其缺点是它不能有效区分由驱动电路产生的有用信号和外部干扰信号,虽然在设计上采用了一些办法,但是在比较强的干扰环境下,介质内传输的信号仍会发生根本的变化,"0"变成"1","1"变成"0",因此这种电路限定了其传输的距离和速率。数据传输速率最高为 20kbit/s,电缆最长为 15m。

IBM PC 及其兼容机、FP1 系列中型号末端带"C"的机型(如 C24C、C40C、C56C 和 C72C)、C-NET 适配器等均配有 RS-232C 接口。

2) RS-422 通信接口

RS-422 标准规定的电气接口是差分平衡式的,即采用差动发送、差动接收的工作方式,发送器、接收器仅使用+5V 电源,因此,在通信速率、通信距离、抗共模干扰能力等方面,较 RS-232C 接口都有了很大提高。它能在较长的距离内明显地提高传输速率,例如,1200m

的距离,速率可以达到 100kbit/s,而在 12m 等较短的距离内则可提高到 10Mbit/s。

平衡驱动和差分接收方法可以从根本上消除信号地线,这种驱动相当于两个单端驱动器,它们的输入是同一个信号,而一个驱动器的输出正好与另一个的反相。当干扰信号作为共模信号出现时,接收器则接收差分输入电压,只要接收器具有足够的抗共模电压工作范围,它就能识别这两种信号而正确接收传送信息。这种性能的改善是由于平衡电气结构的优点而产生的,它能有效地从地线的干扰中分离出有用信号,差分接收器可以区分 0.2V 以上的电位差,因此可以不受对地参考系统地电位的波动和共模电磁的干扰。

C-NET 适配器、S1 型 C-NET 适配器均带有 RS-422 接口。

3)RS-485 通信接口

在许多工业环境中,要求用最少的信号连线来完成通信任务。目前广泛应用的 RS-485 串行接口总线正是适应这种需要而出现的,它已经在几乎所有新设计的装置或仪表中出现。RS-485 实际上是 RS-422 的简化变型,它与 RS-422 不同之处在于:RS-422 支持全双工通信,RS-485 仅支持半双工通信;RS-422 采用两对信号线,分别用于发送和接收,RS-485 分时使用一对信号线发送或接收。RS-485 通信接口的信号传送是用两根导线之间的电位差来表示逻辑 1 和逻辑 0 的,由于传输线也采用差动接收、差动发送的工作方式,而且输出阻抗低,无接地回路问题,所以它的干扰抑制性很好。RS-485 用于多站互联十分方便,可以节省昂贵的信号线,同时,它可以高速远距离传送,传输距离可达 1200m,传输速率达 10Mbit/s。目前许多智能仪表均配有 RS-485 总线接口,将它们联网构成分布式控制系统十分方便。

C-NET 适配器、S1 型 C-NET 适配器和 I/O LINK 单元均带有 RS-485 接口。

5.3.3　FP1 的通信方式

FP1 有 3 种通信功能,即 FP1 与计算机之间、FP1 与外围设备之间以及 FP1 与大、中型 PLC 之间 3 种通信方式。

有了这些通信功能,可用计算机读写触点信息及数据寄存器中的内容,实现如数据采集、监视运行状态等功能。也可以用一台中高档 PLC 与多台小型 PLC 之间连接成网,构成一个灵活的集散控制系统。下面分别介绍这几方面的内容。

1)FP1 与计算机(PC)之间的通信

一般地,一台计算机与一台 FP1 之间的通信称 1:1 方式,一台计算机与多台 FP1 之间的通信称 1:N 方式。

有两种方法可以实现一台计算机与一台 FP1 之间的通信。一种方法是直接通过 FP1 的 RS-232 口与 PC 进行串行通信;另一种方法可经 RS-232/RS-422 适配器用编程电缆同 PC 进行通信。前一种方法是将计算机串行输出同 FP1 的 RS-232 口直接用电缆连接起来;后一种方法是将计算机串行输出连到适配器的输入端上,再将适配器的输出端同 FP1 的编程工具插座连接在一起,适配器实际上就是一个端口转换器,因为编程工具插座是一个 RS-422 口。上述两种通信方法的连线示意图如图 5-19 和图 5-20 所示。

用一台计算机可以和多台 FP1 进行通信,组成一个集散控制系统。每台 FP1 对各自的控制对象单独编程,独立实施控制;计算机对各台 FP1 进行监控,发出各种指令对 PLC 进行数据的存取、打印,监视 PLC 的工作状态,修改 PLC 的设定值和经过值等。计算机与多台 PLC 连接时,需要配备 C-NET 适配器,一台计算机最多可以连接 32 台 PLC,其连接方式如图 5-21 所示。

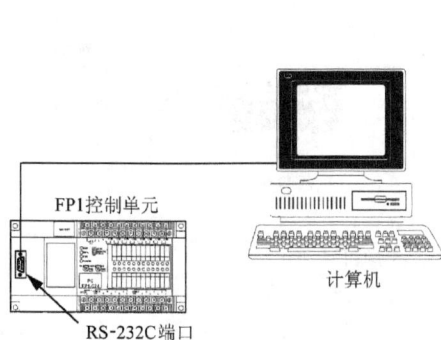

图 5-19　直接通过 RS-232 口进行串行通信

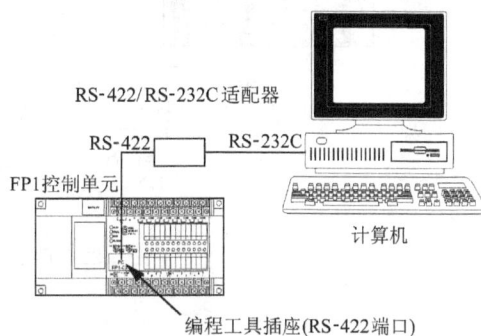

图 5-20　通过适配器进行通信

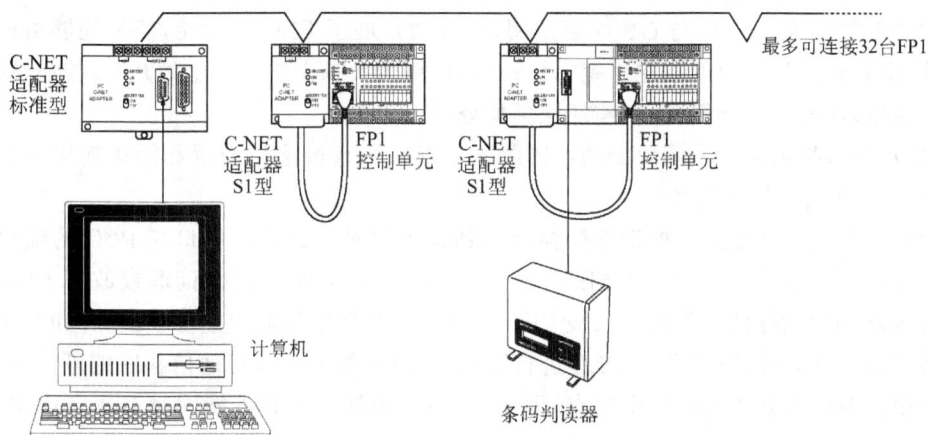

图 5-21　1：N 通信方式

2) FP1 与 FP3/FP5 的通信

松下电工的 FP3 和 FP5 是大、中型的可编程控制器系列。工作在这种方式下需使用特殊功能模块,如 FP1 可以通过 I/O LINK 单元和 Remote 单元与大、中型 PLC(如 FP3、FP5 和 FP10)进行通信,有关这些模块的使用方法参见 FP3/FP5 产品手册。图 5-22 是一个典型的远程 I/O 控制系统连接示意图。

3) FP1 和外围设备之间的通信

FP1 的相关外围设备有智能终端 I.O.P.、条形码判读器、EPROM 写入器和打印机等。这些外围设备均设有 RS-232 等串行通信口,可以方便地实现与 FP1 的通信。

在实现通信之前,均需对选用的通信方式、波特率等进行预先设置(可通过 PLC 的编程软件实现),都应符合松下电工公司专用的通信协议,即 MEWTOCOL-COM 标准协议。在 FP1 中与通信有关的寄存器为 No.410～No.413,要对这些寄存器进行正确的设定,详细内容参见手册。

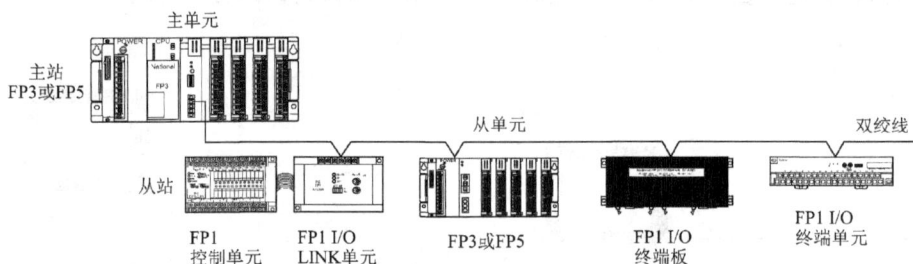

图 5-22　FP1 与 FP3/5 的通信

5.3.4　PLC 与触摸屏之间的通信

工业触摸屏(简称 GP)是常与 PLC 配套使用的设备,它是取代传统控制面板和键盘的智能操作显示器,用于设置参数、显示数据,以动画等形式描绘自动化控制过程,被称为可编程序控制器的脸面。PLC 与 GP 配套使用,一方面扩展了 PLC 的功能,使其能够组成具有图形化、交互式工作界面的独立系统;另一方面也可大大减少操作台上的开关、按钮、仪表等的使用数量,使操作更加简便,工作环境更加舒适。

在应用中,根据实验系统研制的不同阶段分别采用直接连接通信和间接连接通信来实现 PLC 与 GP 间的数据交换。

直接连接通信是指用一根带有变换器的通信电缆将 GP 的通信口与 PLC 的编程器端口相连接,以实现 GP 与 PLC 的通信。在这种连接方式下,GP 直接读取或改写 PLC 中的数据寄存器、继电器内容,因此可减轻 PLC 用户程序的负担且响应速度较快。同时,由于厂家已将通信程序做好,可与多种 PLC 进行通信,用户一般无须编写通信程序即可使用,实现较为简单。但这种方式也有一个缺点,即 PLC 的编程器与 GP 不能同时工作。这样,在系统的研制阶段进行 PLC 用户程序调试时,就必须经常拆、装 GP 与 PLC 的编程器,非常不方便。因此,直接连接通信适合于系统研制成功后进入正常运行阶段时使用。

间接连接通信是指用 RS-232C 或 RS-422 电缆将 GP 的通信口与 PLC 的通信口或通信模板相连接,GP 通过 PLC 的用户通信程序与 PLC 的输入/输出状态寄存器交换数据,以此实现 GP 与 PLC 的通信。这种连接方式一方面具有良好的通用性与扩展性,且 PLC 的编程器与 GP 能同时工作;但另一方面由于 PLC 需要参与执行通信程序因而响应速度较慢,因此,间接连接通信适合于系统研制与调试阶段使用。

由于直接连接通信的实现涉及编程器端口的定义问题,而不同厂家的 PLC 其编程器端口的定义一般也不相同,且 GP 生产厂家一般都会将直接连接通信所需的通信程序与专用通信电缆(根据 PLC 的种类选取)提供给用户,所以在此就不作详细叙述了。

5.3.5　基于人机界面的 PLC 控制系统的仿真

PLC 已成为工业控制的标准设备应用于工业自动控制中。然而,PLC 控制系统的开发设计、验证和调试,还需要实物模型进行模拟试验,这种方法效率低、成本高且不安全。同时,PLC 控制系统还需要许多的输入、输出点来支持,这也是一般实物模型或模拟软件所不能达到的。如果要想达到仿真的目的,可选用人机界面(或监控界面)作为模拟设备。人机界面具有丰富的输入、输出指示器,经设计可以用来模拟现场的各种设备,并实时显示设备的运行状态;人机界面模拟的主令控制器件可以直接在与 PLC 相连的上位 PC 机或触摸屏上操作;人机界面软件内部还具有庞大的内部寄存器和功能强大的巨集指令应用方式,使人机界面得以由内部巨集指令功能执行数值运算、逻辑判断、流程控制、数值传送、数值转换、定时、计数等操作,还可以模拟更智能化的控制设备。更为重要的是,PLC 和人机界面之间的寄存器数据可以直接读取,这样就很好地解决了用户程序的输入和识别问题。开发人员借助于人机界面能方便、快捷地为 PLC 控制系统建立仿真模型,以验证、调试所开发 PLC 的程序。

对于 PLC 控制系统中的某设备来说,它的运动不仅仅取决于 PLC 的指令,还取决于它和其他设备之间的关系。例如,PLC 中利用指令驱动一气缸,由气缸推动对象 A,再由 A 推动对象 B。那么,要使对象 B 运动,不仅要求直接受 PLC 控制的气缸有相对运动,而且还要求对象 A 要在适当位置,这就是所谓的外部逻辑关系,这些关系可以由外围电气、气动液压回路、机械结构所构成,比较复杂。但人机界面软件内部的丰富巨集指令,可以模拟各种外部逻辑关系,用户还可根据自己的要求编制若干个子程序来反映它们复杂的逻辑关系,这样能比较准确地替代外部设备之间的逻辑关系,以达到仿真的效果。

5.3.6　专用通信协议 MEWTOCOL

通信协议是通信双方就如何交换信息所建立的一些规定和过程。

FP1 采用松下电工公司专用通信协议——MEWTOCOL。该协议共分为两个部分:一是计算机与 PLC 之间的命令通信协议 MEWTOCOL-COM;二是 PLC 与 PLC 之间及 PLC 与计算机之间的数据传输协议 MEWTOCOL-DATA。它是 FP 系列 PLC 网络设计的基础。

MEWTOCOL -DATA 协议用于分散型工业局域网 H-LINK、P-LINK、W-LINK 及 ETLAN 中 PLC 与 PLC 之间及 PLC 与计算机之间的数据传输。这些局域网之间的通信单元内已配置好符合 MEWTOCOL-DATA 协议的通信软件,用户只需在用户程序中使用专用指令实现数据传输,而不需考虑 MEWTOCOL-DATA 协议的使用。

小　　结

FP1 作为小型机具有多种特殊功能,这正是目前松下电工 PLC 的优势所在。本章主要介绍了脉冲输出、高速计数(HSC)、可调输入延时滤波、脉冲捕捉等特殊控制功能,以及 A/D、D/A 转换智能模块,最后,简单介绍了 FP1 的通信功能及有关概念。

FP1 的脉冲输出功能可输出频率范围为 45Hz~5kHz 的方波脉冲,并可根据需要设置频率范围、脉冲宽度等参数。将脉冲输出与高速计数功能结合在一起,还可用来实现速度及位置控制。

高速计数功能采用了与扫描无关的计数方式,从而实现高速计数,最高计数频率可达 10kHz,并提供了加计数、减计数、加/减计数和两相计数 4 种计数输入模式。

PLC 设置了可调输入延时滤波功能,可以把工作环境中的短暂的干扰脉冲滤除,大大提高了系统的抗干扰能力。此外,还可根据实际需要通过系统寄存器No.404~No.407调整延时时间,范围是 1～128ms。

由于 PLC 采用循环扫描工作方式,其输出对输入的响应速度受扫描周期的影响,这就会使发生在程序执行阶段且持续时间小于一个扫描周期的有用短信号被丢失。脉冲捕捉功能可以在任一时刻捕捉输入信号的变化,并在规定的时间内响应。

A/D、D/A 转换是实现工业控制的基本环节之一,FP1 系列 PLC 可扩展一个 4 通道 A/D 模块和两个 2 通道 D/A 模块。A/D 的模拟量输入可以是电压信号,范围是 0～5V、0～10V;也可以是电流信号,范围是 0～20mA,输出的数字量范围是 K0～K1000。D/A 的情况与此类似。

FP1 可与计算机、大中型 PLC(FP3/FP5)以及外围设备之间进行通信。利用这一功能,可以很方便地构成多级网络系统,极大地提高了工业控制的自动化程度。还可以利用人机界面实现 PLC 控制系统的仿真。FP1 采用的松下电工专用通信协议 MEWTOCOL 包括两个部分,一部分是计算机与 PLC 之间的命令通信协议 MEWTOCOL-COM;另一部分是 PLC 与 PLC 之间及 PLC 与计算机之间的数据传输协议 MEWTOCOL-DATA。

习　题

5-1　若要将 FP1 的一些输入端设成具有延时功能,请设置对应系统寄存器的值。具体参数如下:

X0～X7	延时时间为 2ms;
X8～XF	延时时间为 16ms;
X10～X17	延时时间为 4ms;
X18～X1F	延时时间为 128ms。

5-2　要使 FP1 的 X0、X2、X4、X6 设成具有脉冲捕捉功能,请设置对应系统寄存器的值。

5-3　要求:

(1) 高速计数器为单路加计数方式,X2 复位使能;

(2) 脉冲数为 K1000 时,Y1 灯亮;脉冲数为 K2000 时,Y2 灯亮,Y1 灭;脉冲数为 K3000 时,停止计数,并将该值存入 DT0 中。

设置系统寄存器的值并编程实现上述要求。

5-4　某低速旋转机构,转速在 30～60r/min,若转速低于 30r/min,发出转速偏低报警,Y1 灯亮;若转速高于 60r/min,发出转速偏高报警,Y2 灯亮。试作出实现上述功能的梯形图。

5-5　A/D 模块的 CH2 和 CH3 通道输入两个模拟量信号,求平均值后,计算与 DT100 中数据的差,取绝对值,然后经 D/A 模块 No.0 的 CH0 输出。试作出上述功能的梯形图。

5-6　在 D/A 转换模块 No.1 的通道 0 输出 0～10V 的阶梯波,要求将 0～10V 分 5 步递增,每步 2V,时间为 1s,如习题 5-6 图所示。0V、2V、4V、6V、8V、10V 对应的数字量分别为 K0、K200、K400、K600、K800、K1000。要求用定时器控制每种状态的输出时间,试作出上述功能的梯形图。

5-7　简要比较串行通信与并行通信有何不同,并说明 FP1 有哪些常用的通信接口和链接方式。

5-8　试比较单工和双工通信方式的异同。

5-9　C-NET 网络是一个 1∶N 通信链接网络,即一个主站与多个从站点之间的主从网络。由主站进行整体监控各个从站实现相应的控制,这样组成了一个集散控制系统。当主站向从站发出指令后,对应从站会执行该指令并自动作出应答。这里主站选用一台计算机,各个从站选用 FP1 系列 PLC。试画出系统的连接框图。

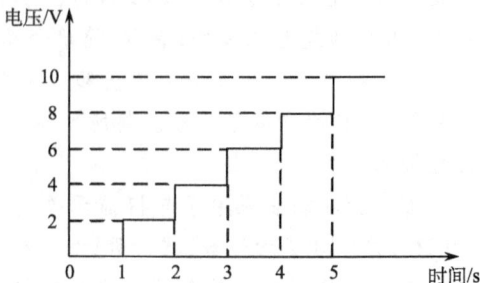

习题 5-6 图

第 6 章　监控组态软件与 PLC 应用综合设计

6.1　监控组态软件简介

6.1.1　监控组态软件简介

1. 概念

组态软件指一些数据采集与过程控制的专用软件,它们是在自动控制系统监控层一级的软件平台和开发环境,能以灵活多样的组态方式(而不是编程方式)提供良好的用户开发界面和简捷的使用方法,其预设置的各种软件模块可以非常容易地实现和完成监控层的各项功能,并能同时支持各种硬件厂家的计算机和 I/O 设备,与高可靠的工控计算机和网络系统结合,可向控制层和管理层提供软、硬件的全部接口,进行系统集成。

组态软件具有远程监控、数据采集、数据分析、过程控制等强大功能,日益渗透到自动化系统的每个角落,占据越来越多的份额,逐渐成为工业自动化系统中的核心和灵魂。

2. 组态软件的发展和现状

在 20 世纪 80 年代末期,由于个人计算机的普及,PC 开始走上工业监控的历史舞台,与此同时开始出现基于 PC 总线的各种数据 I/O 板卡,加上软件工业的迅速发展,开始有人研究和开发通用的 PC 监控软件—组态软件。世界上第一个把组态软件作为商品进行开发、销售的专业软件公司是美国的 Wonderware 公司,它在 80 年代末率先推出第一个商品化监控组态软件 Intouch,此后组态软件得到了迅猛的发展。目前世界上的组态软件有几十种之多,国际上较知名的监控组态软件有 Fix、Intouch、Wincc、LabView、Citech 等。

组态软件市场在中国开始有较快的增长大约是 1995 年年底至 1996 年。自 2000 年以来,国内监控组态软件产品、技术、市场都取得了飞快发展,应用领域日益拓展,用户和应用工程师数量不断增多。

监控组态软件是工业应用软件的重要组成部分,它是在信息化社会的大背景下,随着工业 IT 技术的不断发展而诞生、发展起来的。在整个工业自动化软件大家庭中,监控组态软件属于基础型工具平台,它给工业自动化、信息化及社会信息化带来的影响是深远的,组态软件作为新生事物尚处于高速发展时期,目前还没有专门的研究机构就它的理论与实践进行研究、总结和探讨,更没有形成独立、专门的理论研究机构。

3. 组态软件的特点

监控组态软件作为通用软件平台,具有很大的使用灵活性。为了既照顾"通用"又兼顾"专用",监控组态软件拓展了大量的组件,用于完成特定的功能,如批次管理、事故追忆、温控曲线、协议转发组件、专家报表、历史追忆组件、事件管理等。

组态软件最突出的特点就是实时多任务。数据的输入/输出、数据的处理、显示、存储及管理等多个任务需在同一个系统中同步快速地运行。

组态软件的用户是自动化工程设计人员,组态软件的目的就是让用户迅速开发出适合自己需要的可靠的应用系统。因此,组态软件一般具备以下特点:

(1) 使用简单,用户只需编写少量自己所需的控制算法代码,甚至可以不写代码。

(2) 运行可靠,用户在组态软件平台上开发出的应用系统可以长时间的连续可靠运行,在运行期间实现免维护。

(3) 提供数据采集设备的驱动程序,以把控制现场的数据采集到计算机中,并把运算的控制结果送回到控制现场的执行机构。

(4) 提供自动化应用系统所需的通用监控软件的组件。

(5) 强大的图形设计工具。

6.1.2　力控监控组态软件简介

北京三维力控科技有限公司推出的力控监控组态软件(ForceControl V7.0)是一个面向对象的 HMI/SCADA(human machine interface/supervisory control and data acquisition) 平台软件。它基于流行的 32/64 位 Windows 平台,其丰富的 I/O 驱动能够连接到各种现场设备,分布式实时多数据库系统,可提供访问工厂和企业系统数据的一个公共入口。内置 TCP/IP 协议的网络服务程序使用户可以充分利用 Intranet 或 Internet 的网络资源。

力控的应用范围广泛,可用于开发石油、化工、半导体、汽车、电力、机械、冶金、交通、楼宇自动化、食品、医药、环保等多个行业和领域的工业自动化、过程控制、管理监测、工业现场监视、远程监视/远程诊断、企业管理/资源计划等系统。力控监控组态软件与仿真软件间通过高速数据接口连为一体,在教学、科研仿真中应用越来越广泛。

1. ForceControl V7.0 集成环境

ForceControl V7.0 是一个集成的、开放的 HMI/SCADA 系统开发平台,全面支持微软的 32/64 位 Windows XP、Windows 7 及 Windows Server 2008 操作系统。以下是集成环境提供的核心部分:

开发系统(Draw):开发系统是一个集成环境,可以创建工程画面,配置各种系统参数,启动力控其他程序组件等。

界面运行系统(View):界面运行系统用来运行由开发系统 Draw 创建的画面。

实时数据库(DB):实时数据库是力控软件系统的数据处理核心,构建分布式应用系统的基础。它负责实时数据处理、历史数据存储、统计数据处理、报警处理、数据服务请求处理等。

I/O 驱动程序:I/O 驱动程序负责力控与 I/O 设备的通信。它将 I/O 设备寄存器中的数据读出后,传送到力控的数据库,然后在界面运行系统的画面上动态显示。

网络通信程序(NetClient/NetServer):网络通信程序采用 TCP/IP 通信协议,可利用 Intranet/Internet 实现不同网络触点上力控之间的数据通信。

ForceControl V7.0 集成环境的结构功能示意图如图 6-1 所示。

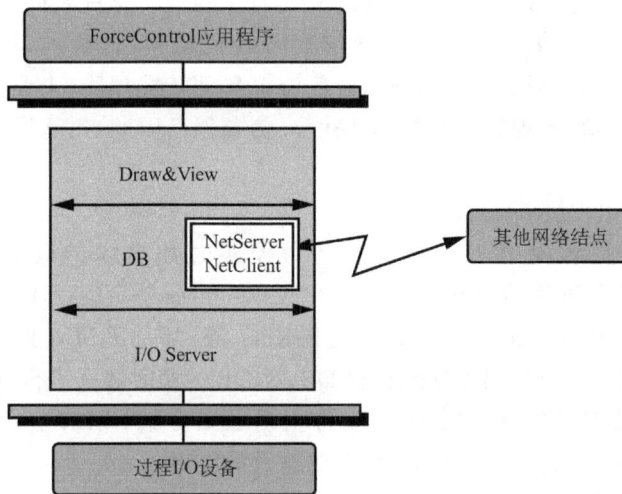

图 6-1　ForceControl V7.0 集成环境的结构示意图

2. ForceControl V7.0 中其他可选程序组件

1）通用数据库接口（ODBCRouter）

通用数据库接口组件用来完成工业组态软件的实时数据库与通用数据库（如 Oracle、Sybase、FoxPro、DB2、Informix、SQL Server 等）的互联，实现双向数据交换，通用数据库既可以读取实时数据，也可以读取历史数据；实时数据库也可以从通用数据库实时地读入数据。通用数据库接口组态环境用于指定要交换的通用数据库的数据库结构、字段名称及属性、时间区段、采样周期、字段与实时数据库数据的对应关系等。

2）网络通信程序（CommServer）

该通信程序支持串口、以太网、移动网络等多种通信方式，通过力控在两台计算机之间实现通信，使用 RS-232C 接口，可实现一对一（1：1 方式）的通信；如果使用 RS-485 总线，还可实现一对多台计算机（1：N 方式）的通信，同时也可以通过电台、Modem、移动网络的方式进行通信。

3）无线通信程序（Commbridge）

目前自动化工业现场很多远程监控采用电台和拨号的方式，随着移动 GPRS 网络的建设，移动网络有不受地理、地域等限制的诸多优点，对传统的无线通信起到了有效的补充，但各家 GPRS 厂商对外的通信接口的通信标准的不统一给 GPRS 的透明通信造成了瓶颈，不同厂家的设备和软件如何通过第三方厂家的 GPRS 进行透明通信传输是国内自动化目前应用 GPRS 的主要问题之一。力控科技的无线通信程序 Commbridge 可以有效地解决这个问题，可以将国内大部分厂商的产品统一集成到一个系统内，该组件可以广泛地应用于电力、石油、环保等诸多领域，可以通过移动网络进行关键的数据采集与处理。

4）通信协议转发组件（DataServer）

由于历史原因，国内企业的自动化系统中，存在着大量的不同厂家和不同通信方式的设备。设备之间的数据不能共享已经制约了企业信息化的发展，在一个自动化工程当中，自动化工程技术人员经常因为各种自动化装置之间的通信调试而花费大量的时间。使用 Data-Server 以后,使各种自动化装置之间的通信变得轻松简便,远程的设备监控成为可能。DataServer 通信协议转发器是一种新型的通信协议自动转发程序,主要用于各种综合自动化系统之间的互联通信,实现数据共享,彻底解决信息孤岛问题,也适用于其他需要通信协议转换的应用。

5) 实时数据库编程接口(DBCOMM)

DBCOMM 主要是解决第三方系统访问力控实时数据库的问题。DBCOMM 基于 Microsoft 的 COM 技术开发,支持绝大多数的 32 位 Windows 平台编程环境,如 .Net、VC++、VB、ASP、VFP、DELPHI、FrontPage、C++ Builder 等。DBCOMM 提供面向对象的编程方式,通过 DBCOMM 可以访问本地或远程 DB,对 DB 的实时数据进行读写,并对历史数据进行查询。当 DB 数据发生变化时,通过事件主动通知 DBCOMM 应用程序。DBCOMM 采用快速数据访问机制,适用于编写高速、大数据量的应用。

6) Web 服务器程序(Web Server)

Web 服务器程序可为处在世界各地的远程用户实现在台式机或便携机上用标准浏览器实时监控现场生产过程。

7) 控制策略生成器(StrategyBuilder)

控制策略生成器是面向控制的新一代软逻辑自动化控制软件,采用符合 IEC61131-3 标准的图形化编程方式,提供包括变量、数学运算、逻辑功能、程序控制、常规功能、控制回路、数字点处理等在内的十几类基本运算块,内置常规 PID、比值控制、开关控制、斜坡控制等丰富的控制算法。同时提供开放的算法接口,可以嵌入用户自己的控制程序。控制策略生成器与力控的其他程序组件可以无缝连接。

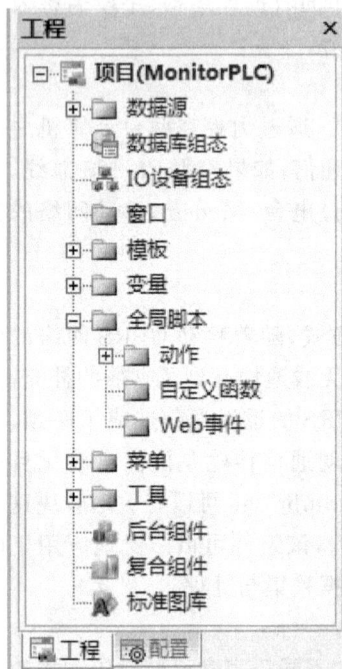

6.1.3　力控组态软件实例入门

1. 建立工程

首先运行程序"力控 ForceControl V7.0",进入"工程管理器",选择图标"新建",在"新建工程"对话框中输入一个项目名称,不妨命名为"MonitorPLC",按"确定"按钮。在工程列表中会出现新的工程,单击选中该工程并单击"开发"图标进入开发系统界面,开始组态编辑工作。

2. 创建点

(1) 在"工程项目"选项卡下双击"数据库组态"启动组态程序 DbManager(如未见到"工程项目"选项卡,请激活菜单命令"查看/工程项目"导航栏),如图 6-2 所示。

(2) 启动 DbManager 后出现 DbManager 主窗口,如图 6-3 所示。

(3) 选择菜单命令"点/新建"或在右侧的点列表上双击任一空白行,出现"请指定节点、点类型"对话框,如图

图 6-2　工程项目导航栏窗口

6-4 所示。

（4）选择"区域 1"及"数字 I/O 点"类型，然后单击"继续≫"按钮，进入点定义对话框，如图 6-5 所示。

图 6-3　DbManager 窗口

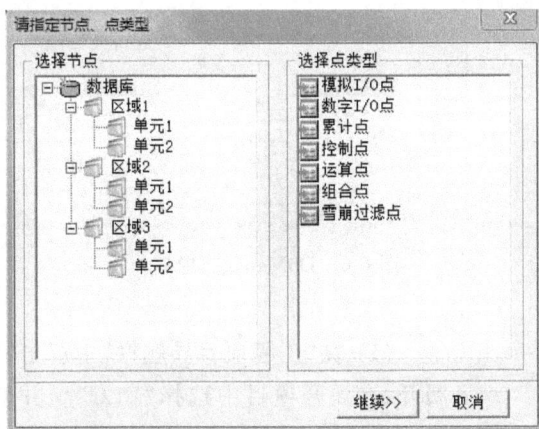

图 6-4　指定节点和点类型窗口

（5）在"点名"输入框内键入点名"MX0"，其他参数可以采用系统提供的缺省值。单击"确定"按钮，在点表中增加了一个点"MX0"，如图 6-6 所示。

（6）重复以上步骤，创建 MX1、MY0、MY1 和 MY2 点。

最后单击"保存"按钮保存组态内容，然后关闭"DbManager 窗口"，返回到主窗口。

3. 定义 I/O 设备

在数据库中定义了上述 5 个点后，下面将建立一个 I/O 设备——PLC，上述定义好的 5 个点的值将取自 PLC。

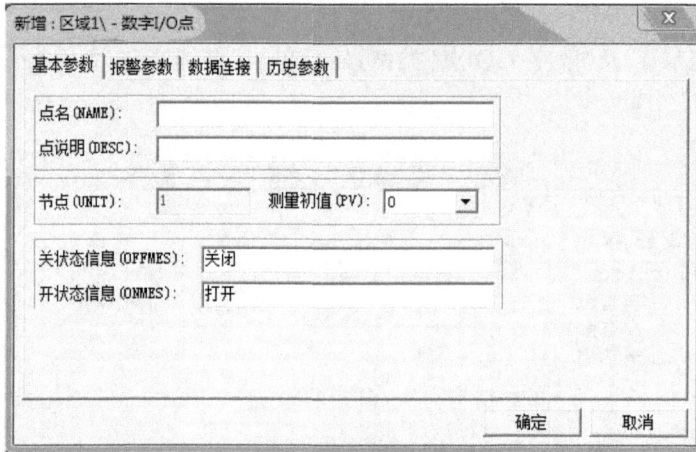

图 6-5　点定义窗口

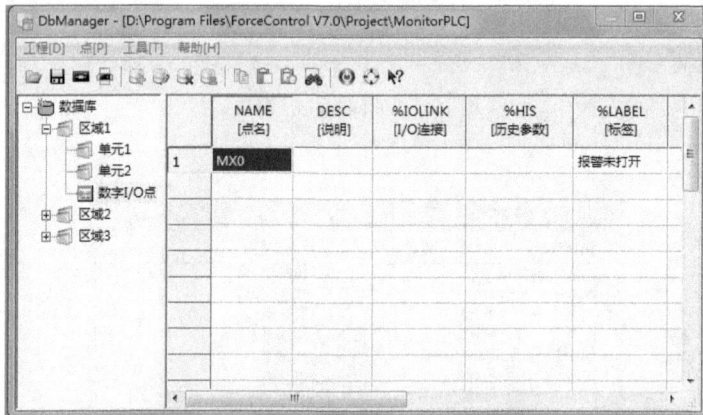

图 6-6　DbManager 窗口

（1）在"工程项目导航栏"中双击"I/O 设备组态"项使其展开，在展开项目中选择"PLC"项并双击使其展开，然后继续选择厂商名"NaiS（松下电工）"并双击使其展开后，选择项目"FP 系列串口"双击并按图 6-7 定义。

（2）双击项目"FP 系列串口"出现"设备配置-第一步"对话框，在"设备名称"输入框内键入一个人为定义的名称，为了便于记忆，不妨为"NEWPLC"（大小写不限），在"设备地址"输入框内键入 1，其余保持默认值，单击"下一步"按钮，进入"设备配置-第二步"，在串口下拉菜单中选择"COM1"，单击"下一步"按钮，进入"设备配置-第三步"对话框，单击"完成"按钮。如图 6-8（a）、（b）、（c）所示。

此时在 IOManager 窗口右半侧增加了一项"NEW-PLC"。

图 6-7　建立 I/O 设备窗口

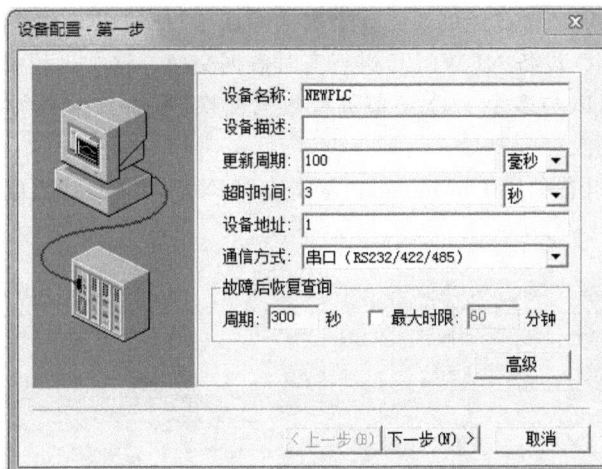

(a) 设备配置-第一步

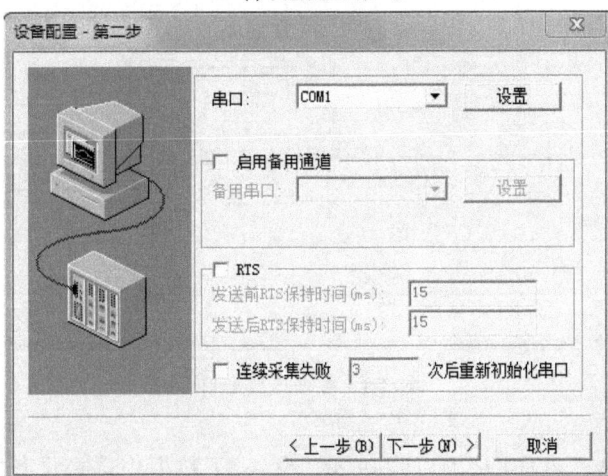

(b) 设备配置-第二步

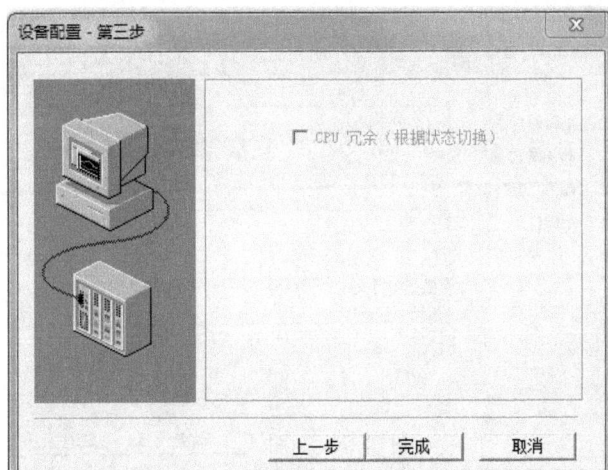

(c) 设备配置-第三步

图 6-8　I/O 设备定义窗口

（3）数据连接。现在将已经创建的 5 个数据库点与 NEWPLC 联系起来，以使这 5 个点的 PV 参数值能与 I/O 设备 NEWPLC 进行实时数据交换。这个过程就是建立数据连接的过程。由于数据库可以与多个 I/O 设备进行数据交换，所以我们必须指定哪些点与哪个 I/O设备建立数据连接。

① 启动数据库组态程序 DbManager，双击点"MX0"，切换到"数据连接"一页，出现如图 6-9 所示对话框。

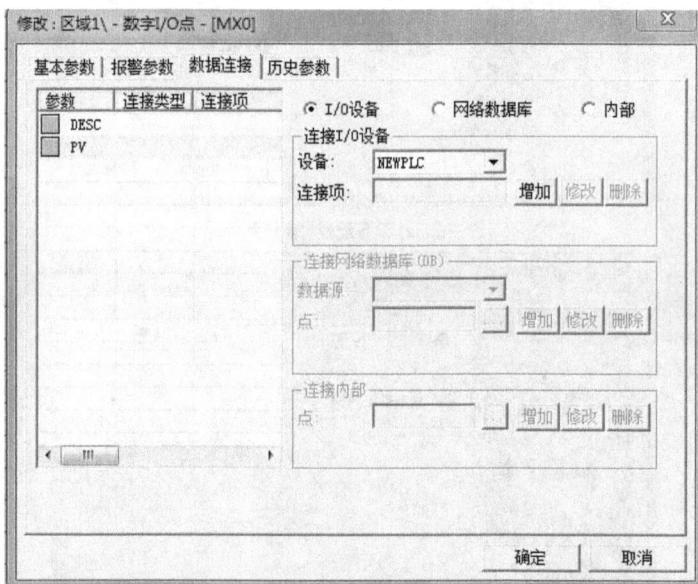

图 6-9　数据连接窗口

② 点击参数"PV"，在"连接 I/O 设备"的"设备"下拉框中选择设备"NEWPLC"。建立连接项时，单击"增加"按钮，出现如图 6-10 所示的"设备组点对话框"。

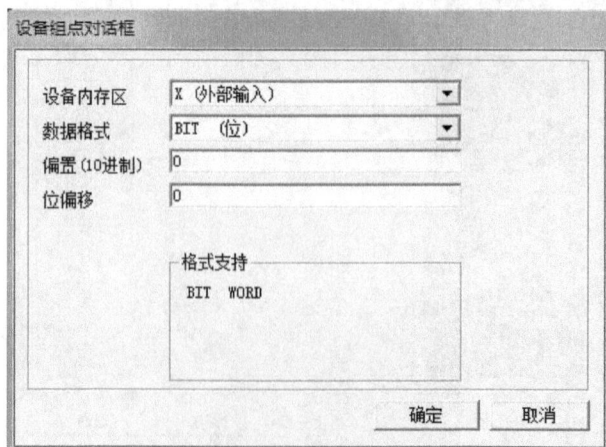

图 6-10　设备组点对话框

在"设备内存区"下拉菜单中选择"X（外部输入）"，在"偏置（10 进制）"输入框中输入 0，"位偏移"输入框中输入 0，单击"确定"返回。重复上述步骤，可连接所有定义过的点。在重复上述步骤时，对于同一个继电器，位偏移依次加 1。对话框中填写的值如表 6-1 所示。

表 6-1　点的对应关系

	MX0	MX1	MY0	MY1	MY2
设备内存区	X（按位）	X（按位）	Y（按位）	Y（按位）	Y（按位）
数据格式	bit	bit	bit	bit	bit
偏置	0	1	0	1	2

最终结果如图 6-11 所示。关闭该窗口，返回主窗口。

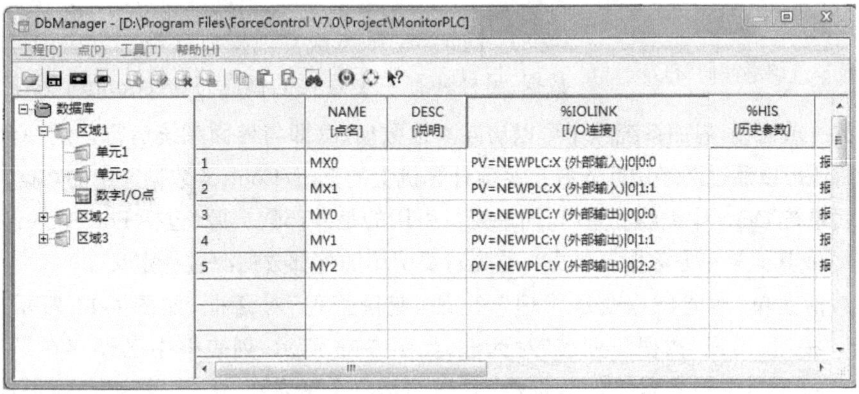

图 6-11　定义点的最终结果列表

4. 创建绘图窗口

选择"文件［F］/新建"命令出现"新建"窗口，选择"创建空白界面"按钮，出现"窗口属性"对话框，如图 6-12 所示。

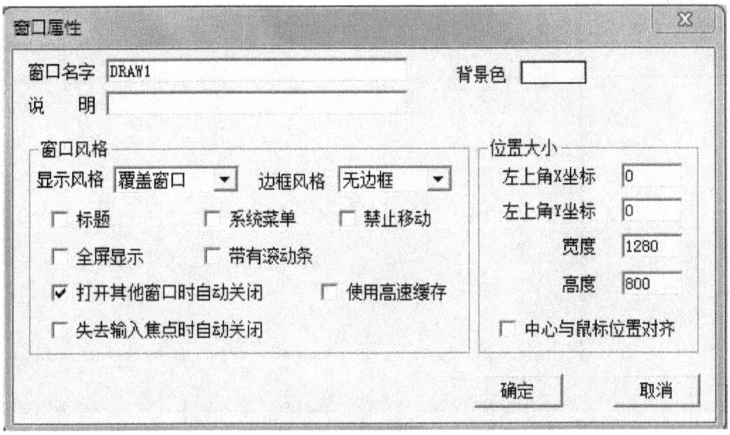

图 6-12　窗口属性对话框

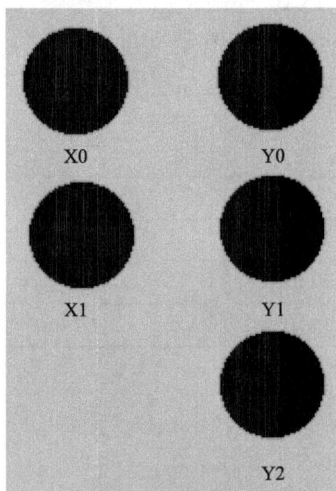

图 6-13　图形绘制窗口

全部保持默认值,单击"确定"按钮,建立了一个新的窗口。

按图 6-13 所示绘制窗口图形。绘制过程为标准的 Windows 操作,这里就不一一说明了。

5. 制作动画连接

前面已经做了很多事情,包括制作显示画面和创建数据库点,并已通过一个自己定义的 I/O 设备"NEWPLC"把数据库点的过程值与该设备连接起来。现在回到开发环境中,通过制作动画连接使显示画面活动起来。

(1) 定义数据源。前面已经讲到,界面系统和数据库系统都是一个开放系统。界面系统在与数据库系统通信时还可以通过 DDE、ActiveX 或其他接口从第三方应用程序中获取数据;另外还有一个重要的概念,ForceControl 系统是支持分布式应用的。或者说,界面系统除了可以访问本地数据库(即与界面系统运行在同一台 PC 上的数据库)外,还可以通过网络访问安装在其他计算机上的 ForceControl 数据库中的数据。因此,当我们在界面系统 Draw 中创建变量时,如果变量引用的是外部数据源(包括 ForceControl 数据库、DDE 服务器或其他第三方数据提供方),首先对要引用的外部数据源进行定义。

(2) 激活菜单"功能(S)/变量管理",出现"变量管理"对话框,如图 6-14 所示。单击其中"数据源"按钮,出现"数据源列表"对话框,如图 6-15 所示,列表框中已经存在了一个数据源"系统"。这是系统缺省定义的数据源,它指向本机上的数据库。保持默认的数据源,单击"返回"按钮,退出"数据源列表"对话框。

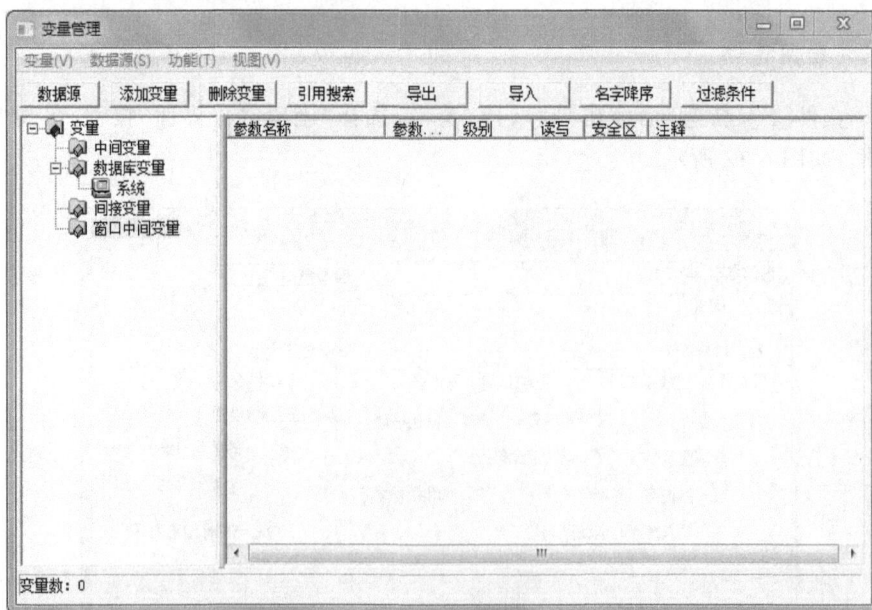

图 6-14　变量管理对话框

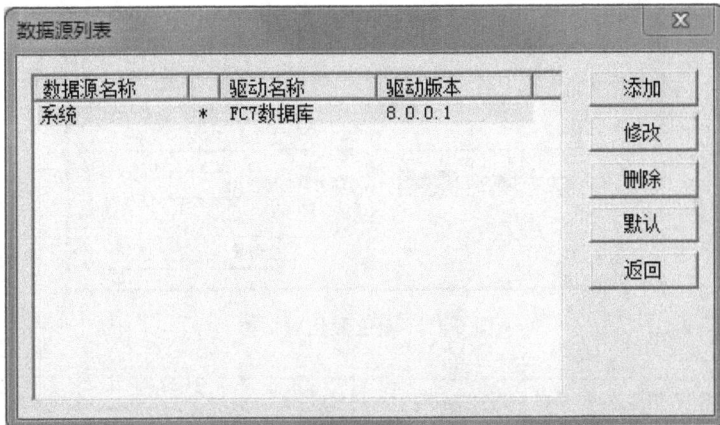

图 6-15　数据源定义列表框

（3）动画连接。有了变量之后就可以制作动画连接。一旦创建了一个图形对象，给它加上动画连接就相当于赋予它"生命"使其"活动"起来。动画连接使图形对象按照变量的值改变其显示。双击"X0"上面的图形，弹出如图 6-16 所示的"动画连接"对话框。

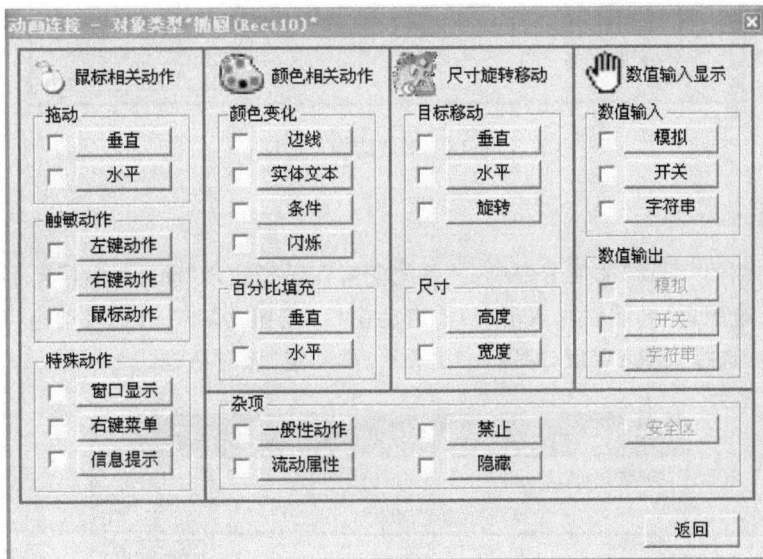

图 6-16　动画连接窗口

　　单击"颜色相关动作"一列中的"条件"按钮，弹出"颜色变化"对话框如图 6-17 所示。
　　单击"变量选择"按钮，弹出"变量选择"对话框，选择区域 1，如图 6-18 所示。
　　在图 6-18 中，选择"MX0"和"PV"，单击"选择"按钮。然后确认每一个对话框，则第一个圆的动画连接就制作完成。
　　同理，按上述步骤定义其余图形的动画连接。注意变量选择与相应的标注相同，即MX0 为监视 PLC 中的 X0 的触点，依次类推。保存制作结果。

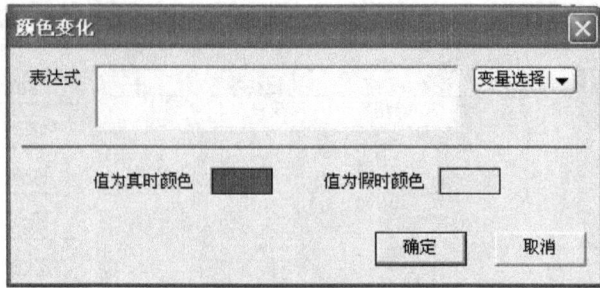

图 6-17　颜色变化对话框

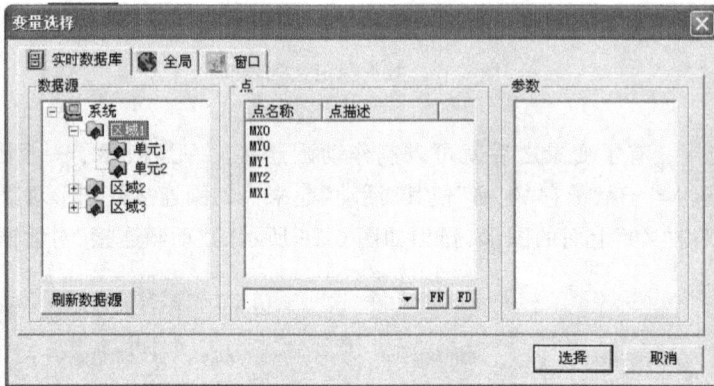

图 6-18　变量选择对话框

6. 配置系统

在页面左侧的"配置"选项卡中单击"系统配置"（若没出现"配置"选项卡，请激活主菜单命令"查看/系统配置"导航栏），双击"初始启动窗口"按钮，弹出"初始启动窗口"对话框，单击"增加"按钮，选择"DRAW1"，如图 6-19 所示。"确定"该对话框。

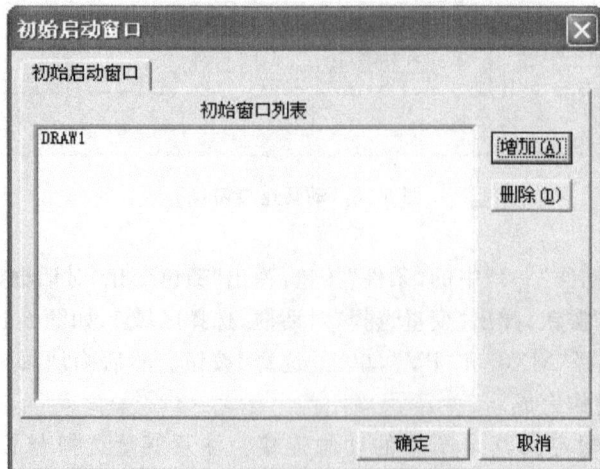

图 6-19　"初始启动窗口"对话框

到目前为止,上位机的组态程序已经制作完成。连接 PLC 和计算机,启动 FPWIN-GR,编辑一小段 PLC 程序下载到 PLC 中使其执行,再关闭 FPWIN-GR。在 ForceControl 工程管理器中选择应用程序"MontiorPLC","进入运行"。接通 PLC 的 X0,X1 点可以看到组态画面上的图形颜色随 PLC 上触点的变化而变化。

6.2　自动售货机 PLC 控制与监控组态设计

6.2 节和 6.3 节给出了两个利用力控监控组态软件进行 PLC 应用系统设计的实例,目的是使读者学完前几章有关 PLC 的基本应用之后,在进一步利用 PLC 进行工业控制方面得到一次较全面、较深入的训练,并掌握利用监控组态软件进行 PLC 控制的仿真过程。相信此仿真设计方法能够提高读者的编程技巧,丰富读者的工程实践经验。科研人员也可以利用此仿真设计手段进行有关 PLC 工程项目的开发工作。

本仿真系统由上位机和下位机两部分组成。上、下位机通过串行口进行通信交换数据。上位机利用 PC,下位机利用松下可编程控制器。

上位机内装北京力控组态软件 ForceControl 7.0 和松下编程软件 FPWIN-GR。组态软件 ForceControl 用以制作仿真画面、编写仿真程序并与下位机进行通信,是专用的自动化软件,集数据采集、监控功能于一体。

FPWIN-GR 是松下可编程序控制器与 PC 联机的编程支持工具,用户利用它可以实现程序输入、程序注释、程序修改、程序编译、状态监控和测试以及设置系统寄存器和 PLC 各种参数等。FPWIN-GR 是在 Windows 操作系统下使用的软件,有多种编程方式,其中主要是梯形图与助记符编程。

建议读者在学习下面两个仿真实例(在本书配套的光盘中已提供)前,先连接计算机和 PLC 装置实际运行一下仿真系统,这样更有利于消化和理解。关于上位机与下位机 PLC 联机的注意事项请参考本书 7.2 节中对实验的几点说明。

6.2.1　自动售货机功能分析

这部分阐述了自动售货机的各种动作功能和控制要求,给出了完整的自动售货机操作规程,并介绍了自动售货机运行系统中所包括的人工操作步骤。

1. 自动售货机的基本功能

在进行上、下位机程序编写之前,先要做的工作是确定自动售货机本身所具有的功能及在进行某种操作后所具有的状态。

在实际生活中,我们见到的售货机可以销售一些简单的日用品,如饮料、常用药品和小的生活保健用品等。售货机的基本功能就是对投入的货币进行运算,并根据货币数值判断是否能购买某种商品,并做出相应的反应。举一个简单的例子来说明,例如,售货机中有 8 种商品,其中 01 号商品(代表第一种商品)价格为 2.60 元,02 商品为 3.50 元,依此类推。现投入 1 个 1 元硬币,此时售货机应该显示已投入的币值,再投入则显示累计币值,当投入的货币超过 01 商品的价格时,01 商品选择按钮处应有所变化,提示可以购买,其他商品同此。当按下选择 01 商品的按钮时,售货机进行减法运算,从投入的货币总值中减去 01 商品的价格,同时启动相应的电动机,提取 01 号商品到出货口。此时售货机继续等待外部命令,如继续交易,则同上,如果此时不再购买而按下退币按钮,售货机则要进行退币操作,退回相应的货币,并在程序中清 0,完成此次交易。由此看来,售货机一次交易要涉及加法运算、减法运算以及在退币时的除法运算,这是它的内部功能。还要有货币识别系统及货物和货币的传动系统来实现完整的售货、退币功能。

2. 仿真实验系统中售货机的分析

由于售货机的全部功能是在上位机上模拟的,所以售货机的部分硬件是由计算机软件来模拟代替的。如钱币识别系统可以用按压某个"仿真对象"输出一个脉冲直接给 PLC 发布命令,而传动系统也是由计算机来直接模拟的,这些并不会影响实际程序的操作,完全能模拟现实中自动售货机的运行。

1）实验状态假设

由于是在计算机上模拟运行,实验中有一些区别于实际情况的假设,本实验中假设:

(1) 自动售货机只售 8 种商品。

(2) 自动售货机可识别 10 元、5 元、1 元、5 角、1 角硬币。

(3) 自动售货机可退币 10 元、5 元、1 元、5 角、1 角硬币。

(4) 自动售货机有液晶显示功能。

(5) 实验中售货机忽略了各种故障以及缺货等因素。

2）一次交易过程分析

为了方便分析,我们以一次交易过程为例。

(1) 初始状态。由电子标签显示各商品价格,显示屏显示友好界面,此时不能购买任何商品。

(2) 投币状态。按下投币按钮,显示投币框,按下所投币值,显示屏显示投入、消费、余额数值,当所投币值超过某商品价格时,相应商品选择按钮发生变化,提示可以购买。

(3) 购买状态。按下可以购买的选择按钮,所选的商品出现在出货框中,同时显示屏上的金额数字根据消费情况相应变化。取走商品后出货框消失。

(4) 退币状态。按下退币按钮,显示退币框,同时显示出应退币值及数量。按下确认钮,则恢复初始状态。

到此为止,自动售货机的一个完整工作结束。这也是本仿真系统的设计思想。

6.2.2　设计任务的确定

在清楚自动售货机运行工作过程的基础上,制定出设计方案,确定任务的目标,以设计出合理的仿真系统。

首先,应该做上位机与下位机之间的任务分工:上位机主要用来完成仿真界面的制作工作,而下位机则主要用来完成 PLC 程序的编写。其次,要分别对上位机和下位机进行资料的查找与收集。例如在进行仿真界面的设计时可以去观看一下真正售货机的外观,必要时可以借助一些宣传图片来设计自动售货机的外形;在进行 PLC 程序的编写时需要先分配 PLC 的 I/O 点,确定上、下位机的接口。再次,对上位机和下位机分别进行设计工作。最后,进行上位机设计结果与下位机设计结果的配合工作,经调试后完成整个系统的设计。

　　另外,上位机与下位机的设计工作是密切配合的。它们无论在通信中使用的变量,还是在仿真中控制的对象都应该是一致的。总体上讲,仿真界面是被控对象,利用 PLC 来控制这个仿真的自动售货机,仿真的自动售货机接受 PLC 的控制指令并完成相应的动作;另外,仿真界面中的仿真自动售货机的运行,都是由组态界面所提供的命令语言来完成的。这是整个仿真系统内部各大部件之间的内在关系。

　　清楚了仿真实验的整体设计思路,下面就可以开始着手设计了。

6.2.3　程序设计部分

　　这部分内容是整个系统设计的主体部分。所要完成的任务是仿真系统的上位机与下位机的程序设计,即在上述功能分析的基础上,有针对性地进行设计。

　　1. 程序设计说明

　　仿真程序的编写利用了力控组态软件 ForceControl 7.0。下位机程序的编制则是利用松下 PLC 专用编程软件 FPWIN-GR 完成的。

　　在设计的过程中,就像上面所叙述的那样,并非孤立地分别进行上位机和下位机的设计工作,而是互相配合的。因此在以下的详细设计过程中,并没有将上位机的设计与下位机的设计整体分开来写,而是相互交替,同时尽量清晰地叙述,在相应的设计部分中注明是上位机的设计还是下位机的设计。

　　2. PLC 程序设计

　　可以把一次交易过程分为几个程序块:运行初期电子标签价格的内部传递;投币过程;价格比较过程;选择商品过程;退币过程。

　　1) 运行初期电子标签价格的内部传递程序的设计

　　仿真系统运行初期,要由 PLC 向仿真画面相应对象传递已经存储好的价格,还要给投入显示、消费显示及余额显示寄存器清 0,同时也要给存储退币币值的存储器清 0。程序编制过程中,要用到运行初期闭合继电器 R9013、16 位数据传送指令 F0,同时在上位机 ForceControl 中,必须定义相应的变量,来实现与 PLC 程序的对接。所定义的变量如表 6-2 所示。

表 6-2　变量的定义与对应关系

说明	上位机 ForceControl 变量	对应 PLC 地址
投入显示	POITR001.PV	WR1
消费显示	POIXF002.PV	WR2
余额显示	POIYE003.PV	WR3
01 商品价格	JG01.PV	WR4
02 商品价格	JG02.PV	WR5
03 商品价格	JG03.PV	WR6
04 商品价格	JG04.PV	WR7
05 商品价格	JG05.PV	WR8
06 商品价格	JG06.PV	WR9
07 商品价格	JG07.PV	WR10

说明	上位机 ForceControl 变量	对应 PLC 地址
08 商品价格	JG08.PV	WR11
退币 10 元	TB＄100.PV	SV0
退币 5 元	TB＄50.PV	SV1
退币 1 元	TB＄10.PV	SV2
退币 5 角	TB＄5.PV	SV3
退币 1 角	TB＄1.PV	SV4

根据表 6-2 编制 PLC 程序如图 6-20 所示。

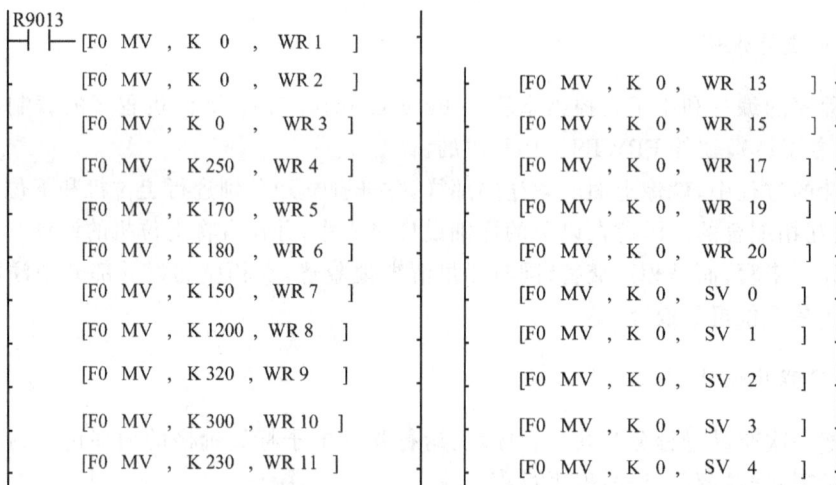

图 6-20　运行初期电子标签价格的内部传递程序

在梯形图程序图 6-20 中,系统初始化时,通过运行初期闭合继电器 R9013 在第一次扫描时将数值传递给上位机。给 WR1~WR11 及 SV0~SV4 赋初值,赋值功能通过高级指令 F0 实现。至于为什么要加入 WR13、WR15、WR17、WR19 及 WR20,在以后的程序中将介绍它们的作用。

2) 投币过程

在投币过程中,每投下一枚硬币,投入显示将增加相应的币值,余额也增加同样币值。先建立变量表,再编写程序。变量表如表 6-3 所示。对应的梯形图程序如图 6-21 所示。

表 6-3　变量表

说明	上位机 ForceControl 变量	对应 PLC 地址
投入 1 角	TR＄1.PV	R200
投入 5 角	TR＄5.PV	R201
投入 1 元	TR＄10.PV	R202
投入 5 元	TR＄50.PV	R203
投入 10 元	TR＄100.PV	R204

在图 6-21 中,当按下投入一角时,相当于让 R200 接通,之所以用一个微分指令,就是要只在接通时检测一次,不能永远加下去。投入 1 角要使投入显示、余额显示都相应增加相同数值,加法是由 16 位加法指令 F20 来实现的。投入 5 角、1 元、5 元、10 元,原理同上。

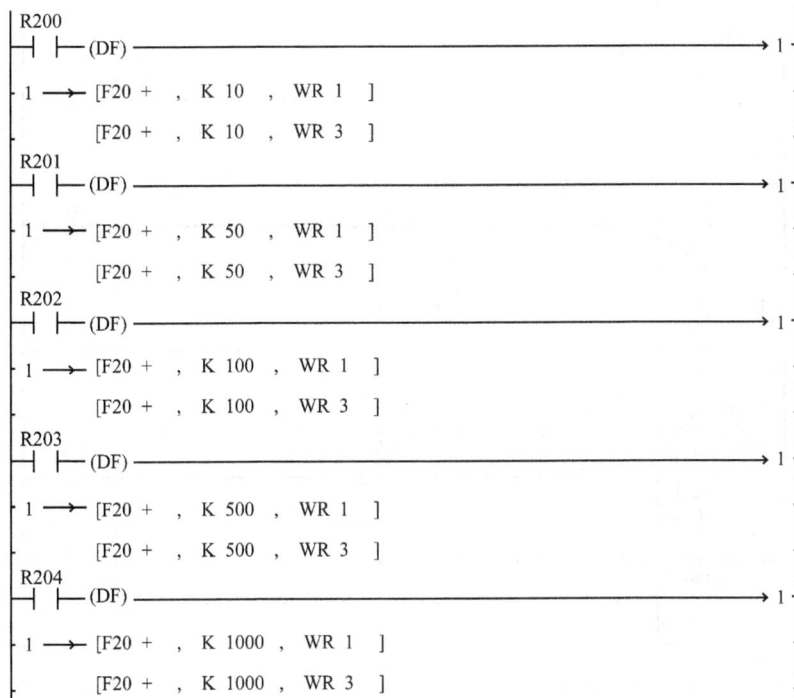

```
R200
 ┤ ├(DF) ────────────────────────────────────────────────────▶ 1
 1 ──▶ [F20 + , K 10 , WR 1 ]
       [F20 + , K 10 , WR 3 ]
R201
 ┤ ├(DF) ────────────────────────────────────────────────────▶ 1
 1 ──▶ [F20 + , K 50 , WR 1 ]
       [F20 + , K 50 , WR 3 ]
R202
 ┤ ├(DF) ────────────────────────────────────────────────────▶ 1
 1 ──▶ [F20 + , K 100 , WR 1 ]
       [F20 + , K 100 , WR 3 ]
R203
 ┤ ├(DF) ────────────────────────────────────────────────────▶ 1
 1 ──▶ [F20 + , K 500 , WR 1 ]
       [F20 + , K 500 , WR 3 ]
R204
 ┤ ├(DF) ────────────────────────────────────────────────────▶ 1
 1 ──▶ [F20 + , K 1000 , WR 1 ]
       [F20 + , K 1000 , WR 3 ]
```

图 6-21　投币过程梯形图

3) 价格比较过程

价格的比较要贯穿实验过程的始终,只要余额大于某种商品价格时,就需要输出一个信号,提示可以购买。这里用选择灯来代表此信号。所建立的变量表如表 6-4 所示。

表 6-4　价格比较变量表

说明	上位机 ForceControl 变量	对应 PLC 地址
01 商品灯亮	D01.PV	Y0
02 商品灯亮	D02.PV	Y1
03 商品灯亮	D03.PV	Y2
04 商品灯亮	D04.PV	Y3
05 商品灯亮	D05.PV	Y4
06 商品灯亮	D06.PV	Y5
07 商品灯亮	D07.PV	Y6
08 商品灯亮	D08.PV	Y7

根据变量表和控制要求编写的程序如图 6-22 所示。

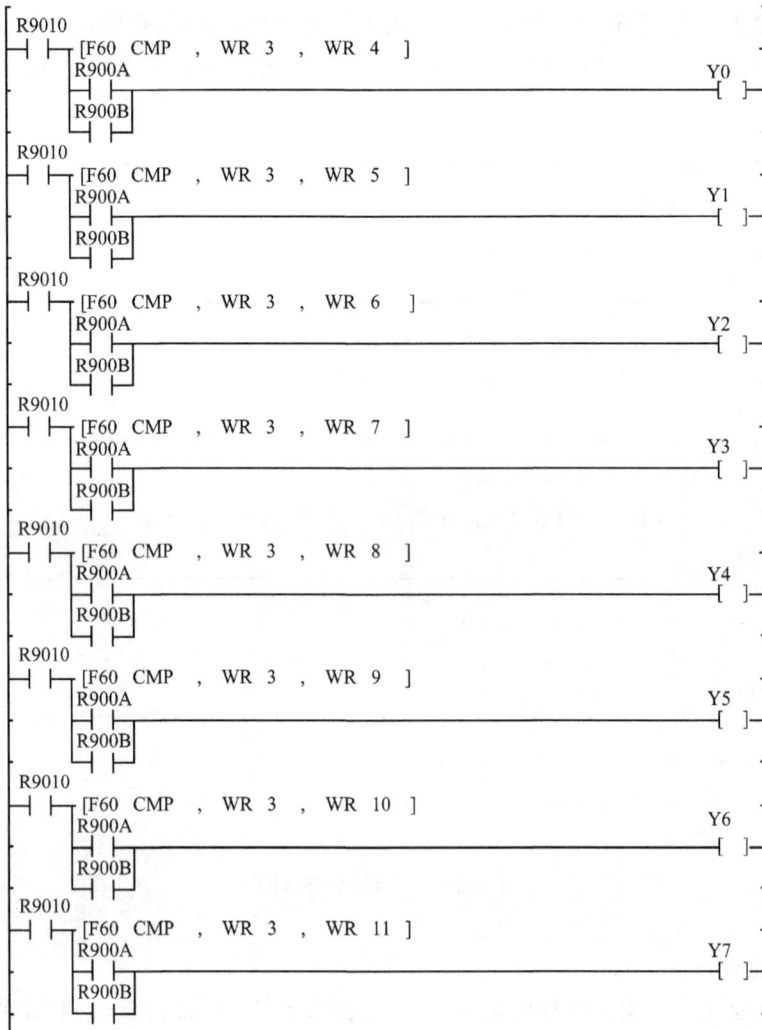

图 6-22　价格比较梯形图

在梯形图 6-22 中，为了实现数据的实时比较，用了一个特殊内部继电器 R9010，在程序执行过程中，R9010 始终保持闭合，F60 是 16 位数据比较指令，用它来比较余额和商品的价格，R900A 是大于标志，R900B 是等于标志。当余额大于或等于某种商品价格时，程序使相应的指示灯闪烁，表示可以购买该种商品。

4）选择商品过程

当投入的币值可以购买某种商品时，按下相应的"选择"按钮即可在出货框中出现该种商品，同时消费显示栏中显示出已经消费掉的金额，余额也将扣除已消费的币值，接着余额继续与价格比较，判断是否能继续购买。出现在出货口的商品在没有取走前，一直保持显示状态，用鼠标点击该商品代表已经取走，出货口中的商品隐藏。建立的变量表如表 6-5 所示。对应的梯形图程序如图 6-23 所示。

表 6-5　选择商品变量表

说明	上位机 ForceControl 变量	对应 PLC 地址
选择 01 商品	XZ01.PV	R205
选择 02 商品	XZ02.PV	R206
选择 03 商品	XZ03.PV	R207
选择 04 商品	XZ04.PV	R208
选择 05 商品	XZ05.PV	R209
选择 06 商品	XZ06.PV	R20A
选择 07 商品	XZ07.PV	R20B
选择 08 商品	XZ08.PV	R20C
01 商品出现	CX01.PV	Y8
02 商品出现	CX02.PV	Y9
03 商品出现	CX03.PV	YA
04 商品出现	CX04.PV	YB
05 商品出现	CX05.PV	YC
06 商品出现	CX06.PV	YD
07 商品出现	CX07.PV	YE
08 商品出现	CX08.PV	YF
取 01 商品	Q01.PV	R230
取 02 商品	Q02.PV	R231
取 03 商品	Q03.PV	R232
取 04 商品	Q04.PV	R233
取 05 商品	Q05.PV	R234
取 06 商品	Q06.PV	R235
取 07 商品	Q07.PV	R236
取 08 商品	Q08.PV	R237

　　在梯形图 6-23 中,一是要使商品出现在出货框中,二是要实现内部货币的运算。以第一步为例,按下选择 01 商品键,相当于给 R205 加一个信号(只接受一次脉冲,所以用 DF 微分指令),当 Y0 接通(01 商品灯亮)时,则系统显示可以购买 01 商品。由于取 01 商品 R230 是常闭触点,故 Y8 输出,代表在出货框中出现 01 商品,购买成功。当按下取 01 商品按钮时,R230 断开,不能输出 Y8,代表 01 商品被取走。内部币值的计算和是否取走商品无关,只要按下选择按钮,并且可以购买此商品就要从余额中扣除相应的金额,显示消费的币值。加法由 F20 指令实现,减法由 F25 指令实现。

　　5)退币过程

　　在退币过程中,最主要的是要完成退币的运算过程,根据结果输出相应的钱币,退币结束时还要给程序中使用到的某些寄存器重新赋零。所建立的变量表如表 6-6 所示。对应的梯形图程序如图 6-24 所示。

```
R205      Y0   R230                                    Y8
├─(DF)──┤ ├──┤/├────────────────────────────────────( )─┤
Y8         │
├─┤ ├──────┘
R205      Y0
├─(DF)──┤ ├───────────────────────────────────────────1
1 ──→ [F25 - , WR 4 , WR 3 ]
      [F20 + , WR 4 , WR 2 ]
R206      Y1   R231                                    Y9
├─(DF)──┤ ├──┤/├────────────────────────────────────( )─┤
Y9         │
├─┤ ├──────┘
R206      Y1
├─(DF)──┤ ├───────────────────────────────────────────1
1 ──→ [F25 - , WR 5 , WR 3 ]
      [F20 + , WR 5 , WR 2 ]
R207      Y2   R232                                    YA
├─(DF)──┤ ├──┤/├────────────────────────────────────( )─┤
YA         │
├─┤ ├──────┘
R207      Y2
├─(DF)──┤ ├───────────────────────────────────────────1
1 ──→ [F25 - , WR 6 , WR 3 ]
      [F20 + , WR 6 , WR 2 ]
R208      Y3   R233                                    YB
├─(DF)──┤ ├──┤/├────────────────────────────────────( )─┤
YB         │
├─┤ ├──────┘
R208      Y3
├─(DF)──┤ ├───────────────────────────────────────────1
1 ──→ [F25 - , WR 7 , WR 3 ]
      [F20 + , WR 7 , WR 2 ]
R209      Y4   R234                                    YC
├─(DF)──┤ ├──┤/├────────────────────────────────────( )─┤
YC         │
├─┤ ├──────┘
R209      Y4
├─(DF)──┤ ├───────────────────────────────────────────1
1 ──→ [F25 - , WR 8 , WR 3 ]
      [F20 + , WR 8 , WR 2 ]
R20A      Y5   R235                                    YD
├─(DF)──┤ ├──┤/├────────────────────────────────────( )─┤
YD         │
├─┤ ├──────┘
R20A      Y5
├─(DF)──┤ ├───────────────────────────────────────────1
1 ──→ [F25 - , WR 9 , WR 3 ]
      [F20 + , WR 9 , WR 2 ]
R20B      Y6   R236                                    YE
├─(DF)──┤ ├──┤/├────────────────────────────────────( )─┤
YE         │
├─┤ ├──────┘
R20B      Y6
├─(DF)──┤ ├───────────────────────────────────────────1
1 ──→ [F25 - , WR 10 , WR 3 ]
      [F20 + , WR 10 , WR 2 ]
R20C      Y7   R237                                    YF
├─(DF)──┤ ├──┤/├────────────────────────────────────( )─┤
YF         │
├─┤ ├──────┘
R20C      Y7
├─(DF)──┤ ├───────────────────────────────────────────1
1 ──→ [F25 - , WR 11 , WR 3 ]
      [F20 + , WR 11 , WR 2 ]
```

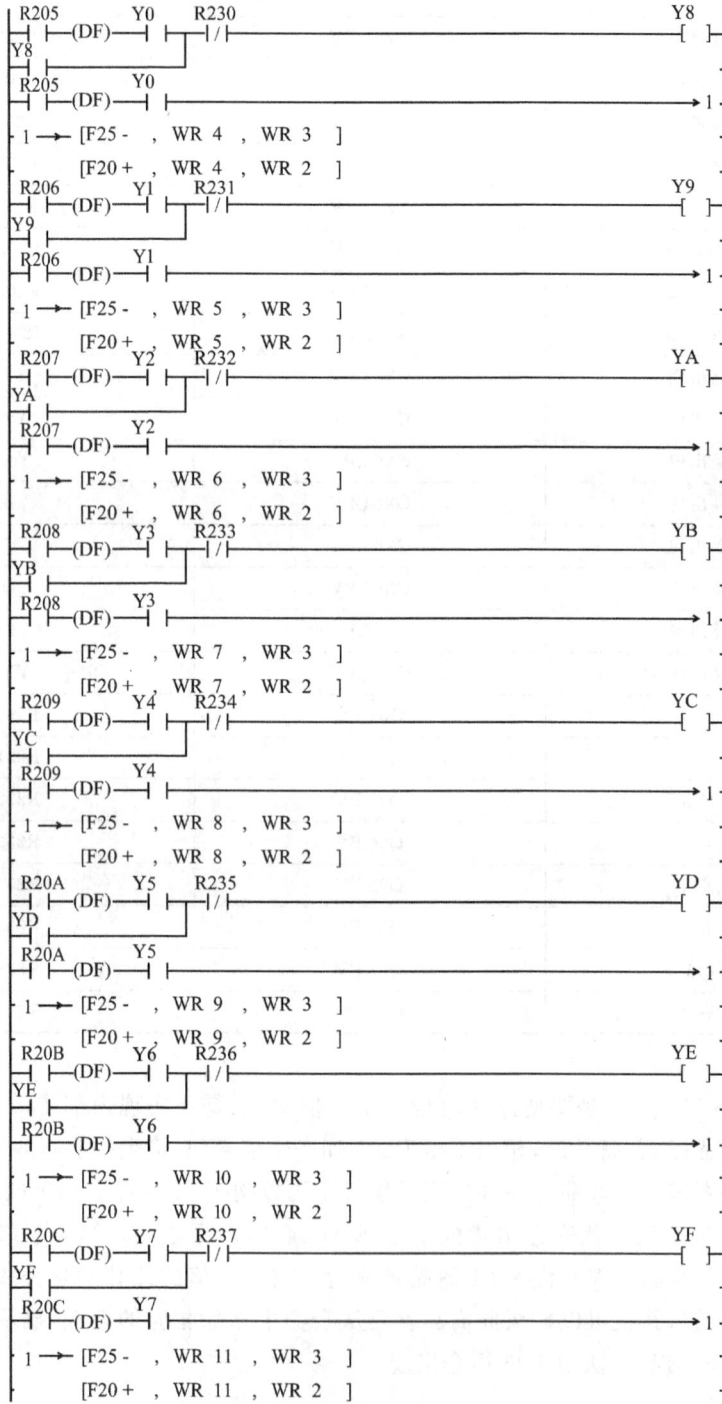

图 6-23　选择商品梯形图

表 6-6　退币过程变量表

说明	上位机 ForceControl 变量	对应 PLC 地址
退币按钮	TENTER	R20F
退币 1 角	TB$1.PV	SV4
退币 5 角	TB$5.PV	SV3
退币 1 元	TB$10.PV	SV2
退币 5 元	TB$50.PV	SV1
退币 10 元	TB$100.PV	SV0
退币确任按钮	TUIBIOK.PV	R0

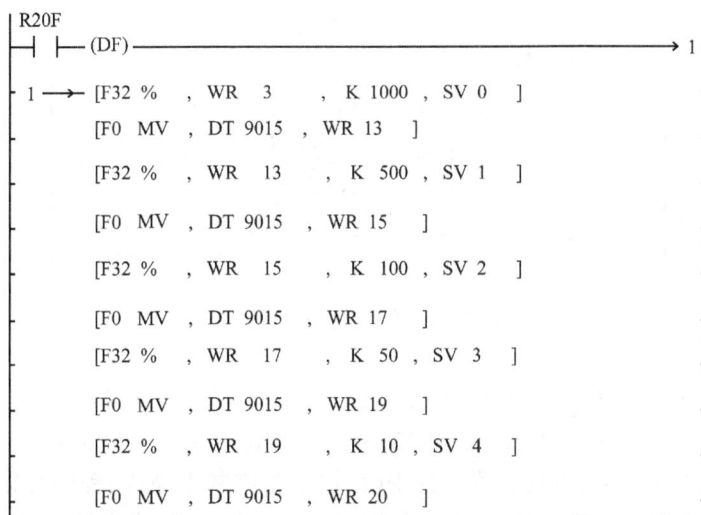

图 6-24　退币过程梯形图

　　整个退币过程在按下退币按钮(即 R20F 接通)时执行,同样也用到一个微分指令,在接收到信号时产生一次开关脉冲,进而执行一次其下面的指令。F32 是除法指令,第一次将余额的币值除以 1000,商存储于 SV0 中,作为退币 10 元的输出值。余数则存储于特殊数据寄存器 DT9015 中,下次将不能被 1000(10 元)整除的余数除以 500(5 元),商存储于 SV1 中,余数继续下传,直至被 1 角除过。由于所投币值最小是 1 角,并且商品价格也确定在整角,所以最终能被 1 角整除。

　　在程序的初始化时曾给 WR13、WR15、WR17、WR19 和 WR20 赋零,WR13、WR15、WR17、WR19 和 WR20 是程序的中间量,为的只是程序在使用过程中能稳定执行,避免出现退币错误。

　　为什么要除以 1000 呢,这主要考虑到 PLC 的主要特点是执行过程稳定可靠,但执行速度较慢。在计算时尽量将数值作为整数计算,因为是在计算机上模拟,可以把一部分功能交由计算机来实现,这里把 1 角当作 10、5 角当作 50、1 元当作 100、5 元当作 500、10 元当作 1000,可以避免把这些数据当作有小数点的实数计算,这同前面的加 1 角等于加 10(K10)是相同的道理。至于交由计算机的任务将在以后叙述。

退币过程结束后,PLC 要将寄存器中的数值置回原定的初值 0,完成一次交易,防止下一次交易时出错。梯形图 6-25 用来完成对数据的初始化。

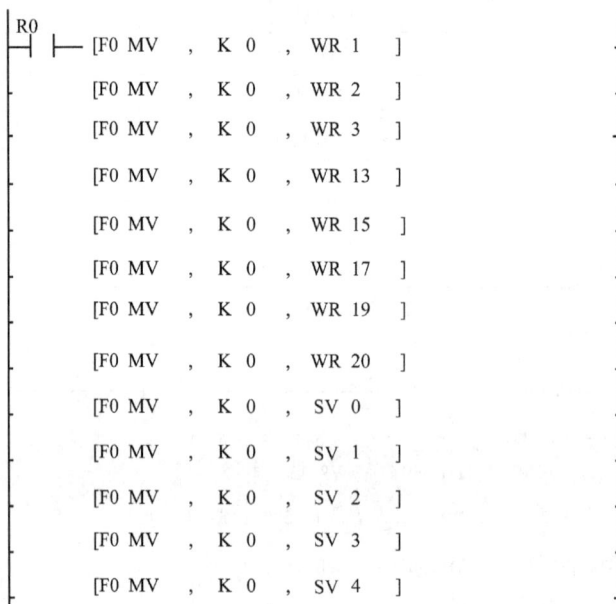

```
R0
├──┤├──[F0 MV   ,  K 0  ,  WR 1   ]
        [F0 MV   ,  K 0  ,  WR 2   ]
        [F0 MV   ,  K 0  ,  WR 3   ]
        [F0 MV   ,  K 0  ,  WR 13  ]
        [F0 MV   ,  K 0  ,  WR 15  ]
        [F0 MV   ,  K 0  ,  WR 17  ]
        [F0 MV   ,  K 0  ,  WR 19  ]
        [F0 MV   ,  K 0  ,  WR 20  ]
        [F0 MV   ,  K 0  ,  SV 0   ]
        [F0 MV   ,  K 0  ,  SV 1   ]
        [F0 MV   ,  K 0  ,  SV 2   ]
        [F0 MV   ,  K 0  ,  SV 3   ]
        [F0 MV   ,  K 0  ,  SV 4   ]
```

图 6-25　数据初始化梯形图

程序中分别将投入显示、消费显示、余额显示、10 元存储、5 元存储、1 元存储、5 角存储和 1 角存储清 0,还将中间量 WR13、WR15、WR17、WR19 和 WR20 清 0。

完成了以上 5 个过程,自动售货机的 PLC 控制程序基本完成,程序可以控制售货机实现各种所要求的功能。下面介绍如何在力控软件中仿真自动售货机的功能。

6.2.4　售货机仿真界面的设计

下面利用组态软件 ForceControl 设计自动售货机仿真系统。先分几部分进行仿真界面的设计。

1. 售货机背景的设计

售货机背景是一个不动的画面,可以利用图片处理的方法按照制定样式的功能画出售货机的整体。整体效果如图 6-26 所示。

2. 显示屏部分的设计

显示屏部分的设计利用了组态软件 ForceControl 设计了两个显示画面,一个是未交易时初始状态的欢迎界面如图 6-27 所示,在交易过程中的币值显示画面如图 6-28 所示。其中图 6-27 中的欢迎字符是可以闪烁变化的,"aaaa"字符可以用来显示系统的时间。图 6-28 中的字符"＃＃＃＃"用来显示币值,它们均是可定义的变量,定义变量将在下面介绍,这里只是画出了整体效果。

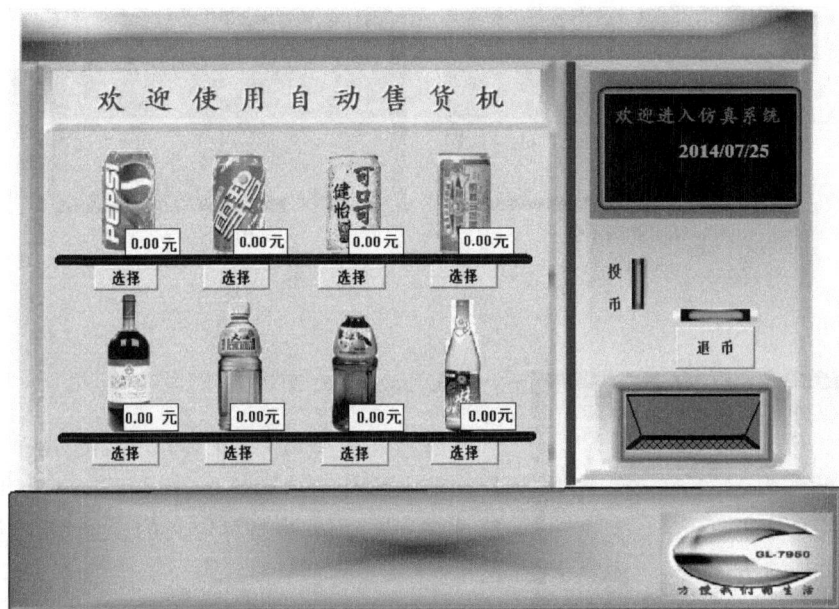

图 6-26　售货机的整体效果图

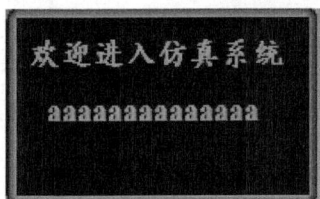

图 6-27　未交易时初始界面　　　　　　图 6-28　交易时币值显示界面

3. 电子标签的设计

电子标签用来显示程序中传递上来的价格,所以其中要有可以定义的字符,设计出的标签为 J.03 ,其中的字符"J.03"表示可以显示 03 商品价格的变量。

4. 按钮的设计

"选择"按钮的设计要反映出可以购买和不可购买时的差异,所以其中也要有可以变化的字符。设计成 选择 样式,其中字符"选择"在满足条件以后可以闪烁变色。提示按钮设计成 退币 样式,按钮均可以动作。

5. 投、退币提示框的设计

投、退币提示框中要有可以投入的硬币、确认按钮以及框架,其中硬币、确认按钮和字符"a"均是可以定义的变量。投、退币提示框效果如图 6-29 所示。

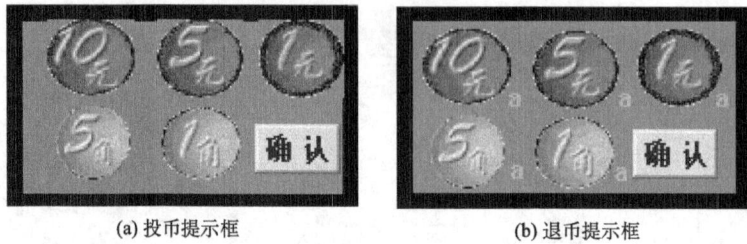

(a) 投币提示框　　　　　　　(b) 退币提示框

图 6-29　投币及退币提示框

图 6-30　出货框

6. 出货框的设计

出货框中要有 01 至 08 商品的示意图以及框架。其中的商品在满足条件后可以出现,鼠标单击后可以消失,因此也是可定义的变量,效果如图 6-30 所示。

6.2.5　售货机仿真界面中各变量的定义

仿真程序上的各部分若实现仿真功能,就必须定义成相应的变量,再与 PLC 程序中的软继电器相匹配,这样才能实现 PLC 的控制功能。有些变量直接与计算机通信,使计算机实现某种功能,如显示屏中欢迎语句的闪烁,按钮的颜色变化等,因此定义的变量分成内部中间变量和数据库变量。下面分别就这两个变量类型加以讨论。

1. 中间变量

中间变量的作用域为整个应用程序,不限于单个窗口。一个中间变量,在所有窗口中均可引用。即在对某一窗口的控制中,对中间变量的修改将对其他引用此中间变量的窗口的控制产生影响。窗口中间变量也是一种临时变量,它没有自己的数据源。中间变量适于作为整个应用程序动作控制的全局性变量、全局引用的计算变量或用于保存临时结果。

该仿真实验系统中有 3 个中间变量。

1) poiwindows

poiwindows 变量是控制显示屏的,poiwindows=1 时显示屏进入投币交易状态,poiwindows=0 则显示屏返回初始欢迎状态。

2) poiwinJB

poiwinJB 变量是控制投币框的,poiwinJB=1 时显示投币框,poiwinJB=0 时投币框消失。

3) poiwinTB

poiwinTB 变量是控制退币框的,poiwinTB=1 显示退币框,poiwinTB=0 时退币框消失。

2. 数据库变量

当要在界面上显示处理数据库中的数据时,需要使用数据库变量。一个数据库变量对应数据库中的一个点参数。数据库变量的作用域为整个应用程序。

数据库变量根据数据类型的不同共有 3 种:实型数据库变量、整型数据库变量和字符数据库变量。仿真系统中有 56 个整型数据库变量,分别对应 PLC 程序中的 56 个软继电器,这在前面已经介绍过。

3. 仿真界面与 PLC 程序的配合定义

在这一段中,我们将仔细分析仿真界面各部分是如何与 PLC 程序连接的。分析过程是按照一次交易的实际情况来进行的,即由初始状态、投币状态、购买状态、退币状态到交易结束。

1) 初始状态

通过以上分析得知,当电子标签显示各商品的价格、显示屏显示友好界面时,不能购买任何商品。因此先让变量 poiwindows＝0(系统默认)。电子标签中的字符"J.01"(以 01 商品为例)对应的变量 JG01.PV 与 PLC 程序中的地址 WR4 相匹配,WR4 中存储的数据为250,如何让字符显示 2.50 元呢?在开发系统中,双击字符"J.01",来到"动画连接"画面,选择"数值输出"中的"模拟"项,键入"JG01.PV/100"即可,由 250 到 2.50 实际是计算机来完成的。其他的价格也是如此显示的。"动画连接"画面如图 6-31 所示。

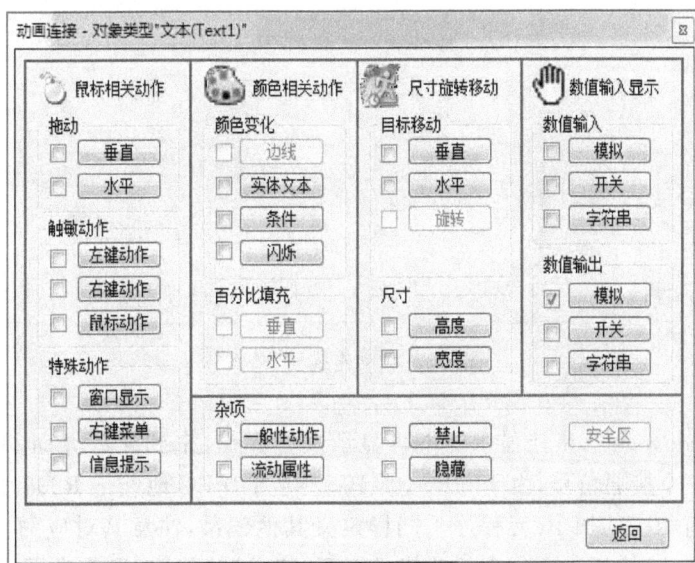

图 6-31　"动画连接"画面

2) 投币状态

当投币时,按下"投币"提示字,出现投币框。如何定义"投币"呢?双击汉字"投币",来到"动画连接"画面,选择"触敏动作"中的"左键动作",在"动作描述"框中作如下定义:按下鼠标时,poiwinJB＝1,poiwinJB 这个变量是控制投币框的。当 poiwinJB＝1 时,出现钱币和提示框；poiwinJB＝0，钱币和提示框隐藏。

下面分别定义提示框和钱币以及"确认"按钮，双击提示框，来到"动画连接"画面，选择"显示/隐藏"项，定义 poiwinJB＝1 时显示，各硬币也用同样的方法定义，"确认"按钮也同样定义，这样就使在按下汉字"投币"时，变量 poiwinJB＝1，从而出现投币框，以及硬币等。我们只是定义了投币框的显示状态，用鼠标点击代替了实际过程中的钱币投入动作，最重要的任务是投币运算，下面介绍钱币的定义方法。

以 10 元为例，双击 10 元硬币，来到"动画连接"画面，选择"触敏动作"中的"左键动作"，在动作描述中如下定义：按下鼠标时，poiwindows＝1，TR\$100.PV＝1；释放鼠标时，TR\$100.PV＝0。"动作描述"画面如图 6-32 所示。

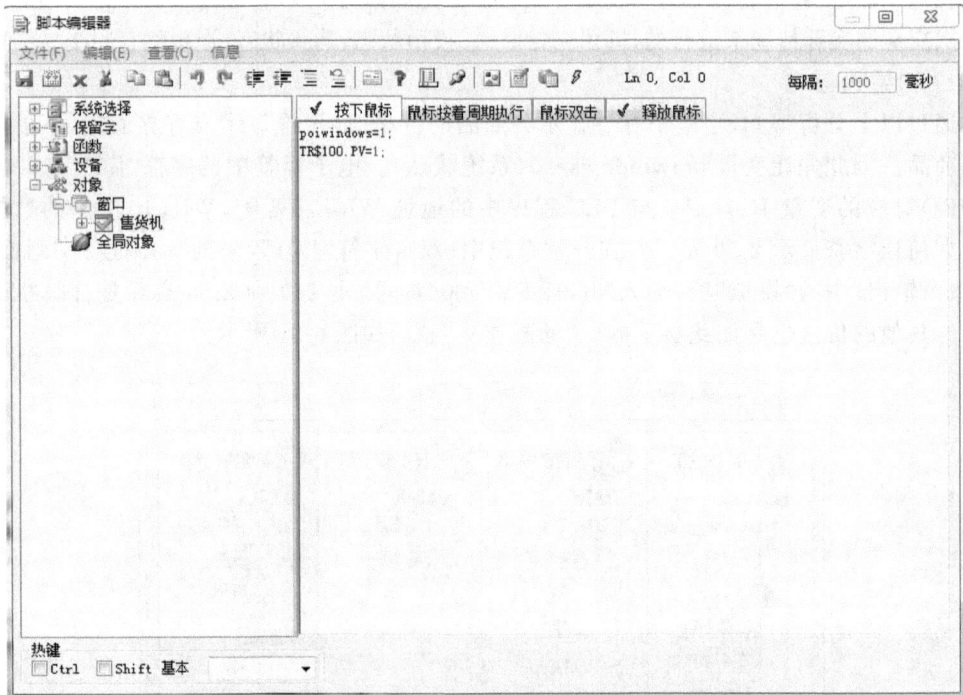

图 6-32 "动作描述"画面

其中 poiwindows＝1，是让显示屏不再显示友好界面，来到交易界面；TR\$100.PV＝1 时给 PLC 发出一个接通信号，由于 TR\$100.PV 对应的 PLC 地址是 R204，使得 R204 继电器导通，转而执行相应的加 10 元程序。同样定义其他钱币，注意其对应的 PLC 软继电器。最后还要定义"确认"按钮。要实现的功能是按下"确认"按钮时，所有的钱币以及投币提示框均消失。这里作如下定义：双击"确认"按钮，来到"动画连接"画面，选择"触敏动作"中的"左键动作"；在动作描述中作如下定义：按下鼠标时，poiwinJB＝0；poiwinJB＝0 时，所有的钱币以及投币提示框均消失，这是由计算机控制的内部变量。

当投币以后，显示屏要及时反映出投币情况，同时"选择"指示也要相应变化（闪烁、变色）。下面来定义显示屏和"选择"按钮。

显示屏要显示 3 种数据，分别为投入显示、消费显示和余额显示。三种显示均用力控软件自带的文本来显示。先在工具栏中单击"基本图元",选择"文本"选项,输入"投入""♯♯.♯♯""元"。消费显示、余额显示进行同样的操作。双击"♯♯.♯♯"来到动画连接画面,在"模拟"选项中作如下定义:POITR001.PV/100。POITR001.PV 连接的是 PLC 程序中的 WR1 继电器,是用来存储投入显示数据的,除以 100 同样是为了 PLC 数据计算的方便。这样就可用文本来显示投入的币值。同样定义消费显示,余额显示。模拟值输出设置界面如图 6-33 所示。

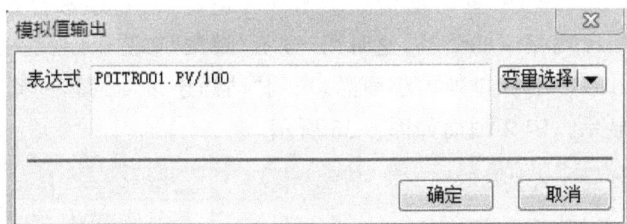

图 6-33　模拟值输出设置界面

　　"选择"按钮要根据余额的数值发生闪烁和变色。定义过程如下:双击"选择"按钮,来到"动画连接"画面,在"颜色相关动作"中选择"闪烁"项,分别定义属性和频率,在变量选择项中选择相应的指示灯变量。以 01 商品的选择指示灯为例,在变量选择项中选择 D01.PV=1,满足条件时指示灯变色。

　　这样就定义好了投币状态的上位机仿真变量,配合 PLC 程序可以实现投币功能。图 6-34 是一幅投币时的画面,投入 6.60 元,还未买商品,注意看显示屏的显示以及选择按钮的变化,此时还不能购买 05 号商品(价格 12 元)。

图 6-34　投币画面

3）购买状态

定义了投币状态，就可以购买商品了。当选择指示灯变色以后，按下它，将会在出货口处出现我们要买的商品。这样定义"选择"按钮：双击"选择"按钮，来到"动画连接"画面，选择"触敏动作"中的"左键动作"，在动作描述中如下定义：按下鼠标时，XZ01.PV＝1；释放鼠标时，XZ01.PV＝0。XZ01.PV 与 PLC 程序中的 R205 相对应，按下可以购买商品的选择键，转而执行相应的 PLC 程序，同时消费显示增加相应的币值，余额显示减少相应的币值，此时还要在出货口处出现相应的商品，这时用"显示/隐藏"功能来定义在出货口中出现的商品。以 01 商品为例，双击出货口处的小商品，来到"动画连接"画面，选择"显示/隐藏"项，定义 CX01.PV＝1 时显示。定义画面如图 6-35 所示。

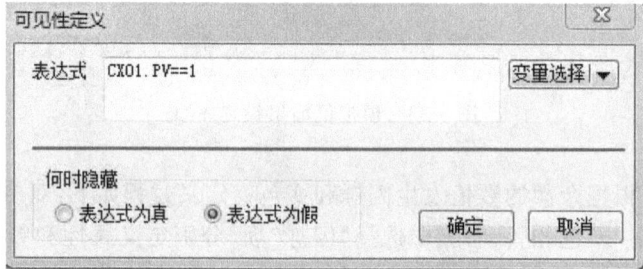

图 6-35　可见性定义对话框

出货口框架的隐藏/显现是用程序来控制的。当有一种商品出现在出货口，就会显示框架；当全部商品均消失后框架隐藏。程序如图 6-36 所示。图中 R210 是控制出货口框架是否出现的继电器。

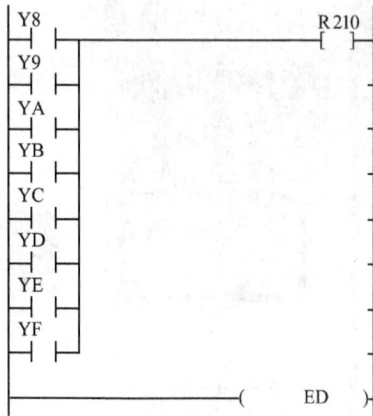

图 6-36　出货框隐藏/显现程序

4）退币状态

当按下"退币"按钮时，PLC 要进行退币运算。所以按下"退币"按钮就要与 PLC 通信，执行退币计算。下面来定义退币按钮。双击"退币"按钮，出现"动画连接"画面，选择"触敏动作"中的"左键动作"，动作描述为：按下鼠标，poiwinJB＝0；poiwinTB＝1；Tenter.PV＝1。释放鼠标，Tenter.PV＝0；内部变量 poiwinJB＝0是让投币框消失，poiwinTB＝1 是让退币框出现，Tenter.PV 与 PLC 程序中的 R20F 对应。退币框中要有 5 种硬币，还要有表示硬币个数的数字。由于计算中采用的算法使得退币时按照币值大小顺序退币，例如，退 5 元，只退一个 5 元，而不退 5 个 1 元。定义表示硬币个数的变量只用一位数即可。在退币时，要退出的硬币及个数显示，而不退的硬币隐藏。

定义钱币时（以 10 元为例），双击 10 元硬币，出现动画连接画面，选择"显现/隐藏"项，在"可见性定义"对话框中作如图 6-37 的定义。其他硬币定义方法同上。

定义钱币个数：双击 10 元硬币个数字符"a"，出现"动画连接"画面，选择"数值输出"中的"模拟"项，作如图 6-38 的定义。

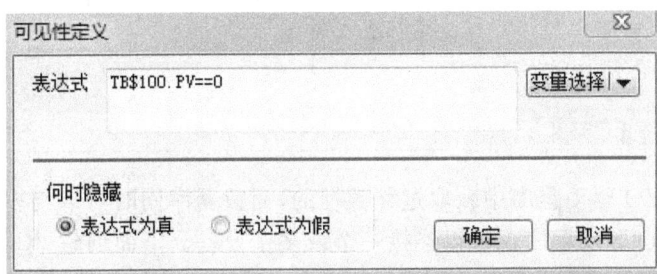

图 6-37　可见性定义对话框

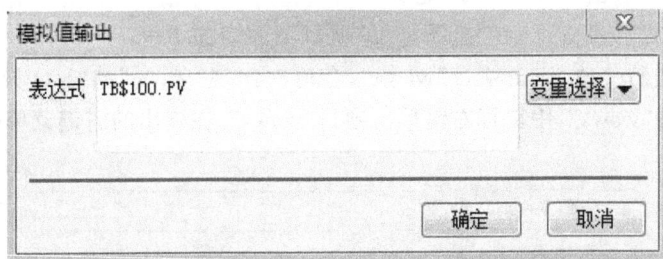

图 6-38　模拟值输出对话框

同时钱币个数也要定义是否隐藏,定义方法和定义钱币相同。

定义"确认"键时,按下"确认"键,代表取走了所有硬币,完成此次交易,因此退币"确认"键的定义很重要。双击"确认"键,出现"动画连接"画面,选择"触敏动作"中的"左键动作",在动作描述栏中定义如下:按下鼠标

poiwinTB＝0;　　　功能:退币框消失

TuiBiok.PV＝1;　　功能:给 PLC 信号,闭合 R0,完成数据的初始化

poiwindows＝0;　　功能:显示屏显示友好界面

为了防止在未取走商品时退币,按下"确认"键后又不能返回原始状态。在描述中加入以下一段程序,强行抛掉已经购买的商品。

CX01.PV＝0;

CX02.PV＝0;

CX03.PV＝0;

CX04.PV＝0;

CX05.PV＝0;

CX06.PV＝0;

CX07.PV＝0;

CX08.PV＝0;

释放鼠标时,TuiBiok.PV＝0。只是给 PLC 一个微分信号,不能将 R0 永远置为 1。还有一点要注意,"确认"键也要有隐藏的时候,定义方法同钱币。

定义退币框架:按下"退币"按钮后就会出现退币框架。可以这样定义:双击退币框架,来到"动画连接"画面,选择"显现/隐藏"项,在"可见性定义"表达式中定义 poiwinTB＝1 时

显现即可。

6.2.6　数据连接

1. 定义 I/O 设备

数据库是从 I/O 驱动程序中获取过程数据的,而数据库同时可以与多个 I/O 驱动程序进行通信,一个 I/O 驱动程序也可以连接一个或多个设备。下面创建 I/O 设备。

(1) 在左侧"工程项目导航栏"中双击"I/O 设备驱动"项使其展开,在展开项目中选择"PLC"项双击使其展开,然后继续选择厂商名"NAIS(松下电工)"并双击使其展开后,选择项目"FP 系列串口"双击并按图 6-39 定义。

(2) 单击"完成"按钮返回,在"松下电工"项目下面增加了一项"wawa",如果要对 I/O 设备"wawa"的配置进行修改,双击项目"wawa",会再次出现"wawa"的"I/O 设备定义"对话框。若要删除 I/O 设备"wawa",用鼠标右键单击项目"wawa",在弹出的右键菜单中选择"删除"。

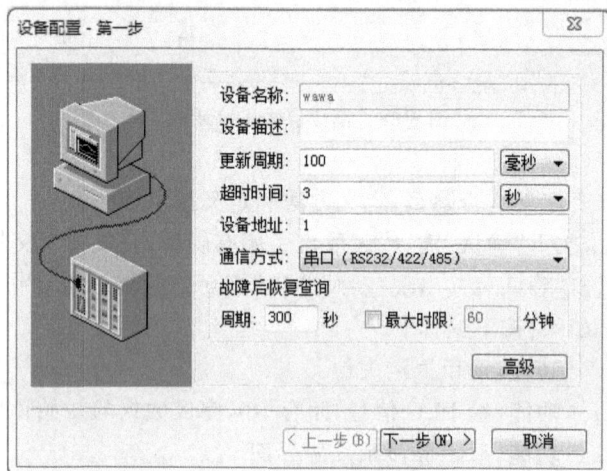

(a) 设备配置-第一步

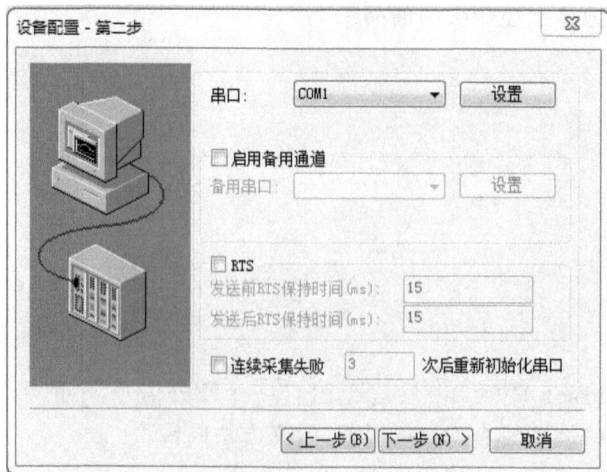

(b) 设备配置-第二步

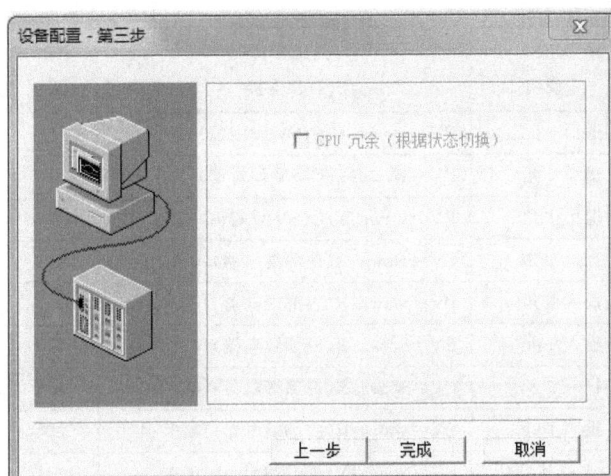

(c) 设备配置-第三步

图 6-39　I/O 设备定义界面

2. 数据连接

刚刚创建了一个名为"wawa"的 I/O 设备, 而且它连接的正是假想的 PLC 设备。现在的问题是如何将已经创建的多个数据库点与 PLC 联系起来, 以使这些点的 PV 参数值能与 I/O 设备 PLC 进行实时数据交换, 这个过程就是建立数据连接的过程。由于数据库可以与多个 I/O 设备进行数据交换, 所以必须指定哪些点与哪个 I/O 设备建立数据连接。为方便起见, 我们将数据列表整理成如表 6-7 所示。

表 6-7　数字 I/O 表

序号	NAME [点名]	DESC [说明]	%IOLINK [I/O 连接]	%HIS [历史参数]	%LABEL [标签]
1	POITR001	投入显示	PV＝wawa:R(内部继电器)|3|1		报警未打开
2	POIXF002	消费显示	PV＝wawa:R(内部继电器)|3|2		报警未打开
3	POIVE003	余额显示	PV＝wawa:R(内部继电器)|3|4		报警未打开
4	JG01	01 商品价格	PV＝wawa:R(内部继电器)|3|4		报警未打开
5	JG02	02 商品价格	PV＝wawa:R(内部继电器)|3|5		报警未打开
6	JP03	03 商品价格	PV＝wawa:R(内部继电器)|3|6		报警未打开
7	JP04	04 商品价格	PV＝wawa:R(内部继电器)|3|7		报警未打开
8	JP05	05 商品价格	PV＝wawa:R(内部继电器)|3|8		报警未打开
9	JP06	06 商品价格	PV＝wawa:R(内部继电器)|3|9		报警未打开
10	JP07	07 商品价格	PV＝wawa:R(内部继电器)|3|10		报警未打开
11	JP08	08 商品价格	PV＝wawa:R(内部继电器)|3|11		报警未打开
12	TB＄100	退币 10 元	PV＝wawa:T/C(SV 设定值)|3|0		报警未打开
13	TB＄100	退币 5 元	PV＝wawa:T/C(SV 设定值)|3|1		报警未打开

序号	NAME [点名]	DESC [说明]	%IOLINK [I/O 连接]	%HIS [历史参数]	%LABEL [标签]
14	TB＄100	退币 1 元	PV＝wawa：T/C(SV 设定值)|3|2		报警未打开
15	TB＄100	退币 5 角	PV＝wawa：T/C(SV 设定值)|3|3		报警未打开
16	TB＄100	退币 1 角	PV＝wawa：T/C(SV 设定值)|3|4		报警未打开
17	TB＄1	投入 1 角	PV＝wawa：R(内部继电器)|0|20：0		报警未打开
18	TB＄5	投入 5 角	PV＝wawa：R(内部继电器)|0|20：1		报警未打开
19	TB＄10	投入 1 元	PV＝wawa：R(内部继电器)|0|20：2		报警未打开
20	TB＄50	投入 5 元	PV＝wawa：R(内部继电器)|0|20：3		报警未打开
21	TB＄100	投入 10 元	PV＝wawa：R(内部继电器)|0|20：4		报警未打开
22	D01	01 商品灯亮	PV＝wawa：V(外部输出)|0|0：0		报警未打开
23	D02	02 商品灯亮	PV＝wawa：V(外部输出)|0|0：1		报警未打开
24	D03	03 商品灯亮	PV＝wawa：V(外部输出)|0|0：2		报警未打开
25	D04	04 商品灯亮	PV＝wawa：V(外部输出)|0|0：3		报警未打开
26	D05	05 商品灯亮	PV＝wawa：V(外部输出)|0|0：4		报警未打开
27	D06	06 商品灯亮	PV＝wawa：V(外部输出)|0|0：5		报警未打开
28	D07	07 商品灯亮	PV＝wawa：V(外部输出)|0|0：6		报警未打开
29	D08	08 商品灯亮	PV＝wawa：V(外部输出)|0|0：7		报警未打开
30	XZ01	选择 01 商品	PV＝wawa：R(内部继电器)|0|20：5		报警未打开
31	XZ02	选择 02 商品	PV＝wawa：R(内部继电器)|0|20：6		报警未打开
32	XZ03	选择 03 商品	PV＝wawa：R(内部继电器)|0|20：7		报警未打开
33	XZ04	选择 04 商品	PV＝wawa：R(内部继电器)|0|20：8		报警未打开
34	XZ05	选择 05 商品	PV＝wawa：R(内部继电器)|0|20：9		报警未打开
35	XZ06	选择 06 商品	PV＝wawa：R(内部继电器)|0|20：10		报警未打开
36	XZ07	选择 07 商品	PV＝wawa：R(内部继电器)|0|20：11		报警未打开
37	XZ08	选择 08 商品	PV＝wawa：R(内部继电器)|0|20：12		报警未打开
38	CX01	01 商品出现	PV＝wawa：Y(外部输出)|0|0：8		报警未打开
39	CX02	02 商品出现	PV＝wawa：Y(外部输出)|0|0：9		报警未打开
40	CX03	03 商品出现	PV＝wawa：Y(外部输出)|0|0：10		报警未打开
41	CX04	04 商品出现	PV＝wawa：Y(外部输出)|0|0：11		报警未打开
42	CX05	05 商品出现	PV＝wawa：Y(外部输出)|0|0：12		报警未打开
43	CX06	06 商品出现	PV＝wawa：Y(外部输出)|0|0：13		报警未打开
44	CX07	07 商品出现	PV＝wawa：Y(外部输出)|0|0：14		报警未打开
45	CX08	08 商品出现	PV＝wawa：Y(外部输出)|0|0：15		报警未打开
46	Q01	取 01 商品	PV＝wawa：R(内部继电器)|0|23：0		报警未打开
47	Q02	取 02 商品	PV＝wawa：R(内部继电器)|0|23：1		报警未打开
48	Q03	取 03 商品	PV＝wawa：R(内部继电器)|0|23：2		报警未打开

续表

序号	NAME [点名]	DESC [说明]	%IOLINK [I/O 连接]	%HIS [历史参数]	%LABEL [标签]
49	Q04	取 04 商品	PV＝wawa:R(内部继电器)|0|23:3		报警未打开
50	Q05	取 05 商品	PV＝wawa:R(内部继电器)|0|23:4		报警未打开
51	Q06	取 06 商品	PV＝wawa:R(内部继电器)|0|23:5		报警未打开
52	Q07	取 07 商品	PV＝wawa:R(内部继电器)|0|23:6		报警未打开
53	Q08	取 08 商品	PV＝wawa:R(内部继电器)|0|23:7		报警未打开
54	TENTER	退币按钮	PV＝wawa:R(内部继电器)|0|20:15		报警未打开
55	TUIBIOK	退币确认	PV＝wawa:R(内部继电器)|0|0:0		报警未打开
56	KUANG	购物框	PV＝wawa:R(内部继电器)|0|21:0		报警未打开

3. 运行

保存所有组态内容,然后关闭所有力控程序。将自动售货机的 PLC 程序下传到 PLC 装置中并让其执行,再切换到离线状态,然后再次启动力控工程管理器,选择本工程,并单击 "进入运行"按钮启动整个运行系统。在运行中,可以按照实际自动售货机的功能来操作,以检验所编程序的正确与否。

6.2.7　自动售货机 PLC 控制梯形图

经过前面的分析,我们给出了自动售货机完整的 PLC 梯形图程序(图 6-40)。

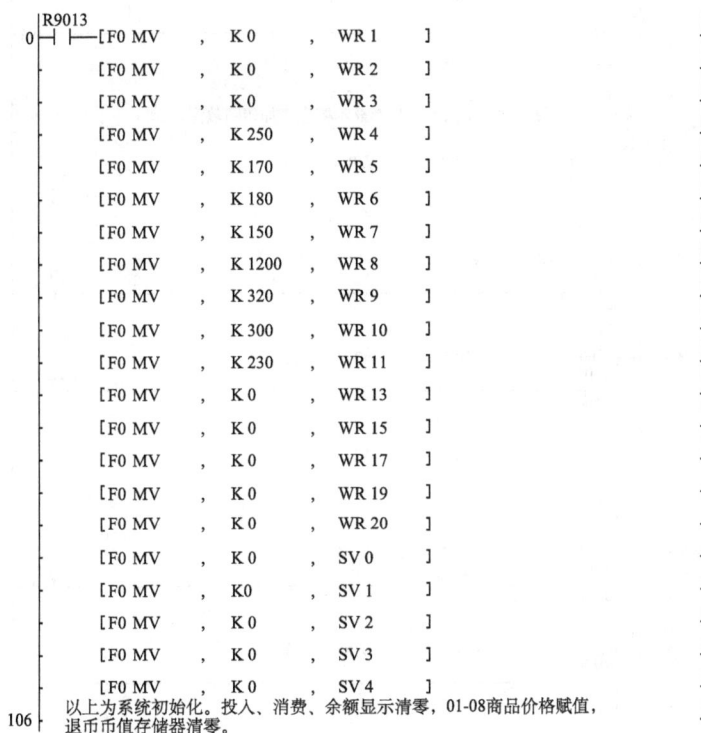

```
    R9013
0 ──┤├──[F0 MV    ,    K 0      ,    WR 1    ]
       [F0 MV    ,    K 0      ,    WR 2    ]
       [F0 MV    ,    K 0      ,    WR 3    ]
       [F0 MV    ,    K 250    ,    WR 4    ]
       [F0 MV    ,    K 170    ,    WR 5    ]
       [F0 MV    ,    K 180    ,    WR 6    ]
       [F0 MV    ,    K 150    ,    WR 7    ]
       [F0 MV    ,    K 1200   ,    WR 8    ]
       [F0 MV    ,    K 320    ,    WR 9    ]
       [F0 MV    ,    K 300    ,    WR 10   ]
       [F0 MV    ,    K 230    ,    WR 11   ]
       [F0 MV    ,    K 0      ,    WR 13   ]
       [F0 MV    ,    K 0      ,    WR 15   ]
       [F0 MV    ,    K 0      ,    WR 17   ]
       [F0 MV    ,    K 0      ,    WR 19   ]
       [F0 MV    ,    K 0      ,    WR 20   ]
       [F0 MV    ,    K 0      ,    SV 0    ]
       [F0 MV    ,    K 0      ,    SV 1    ]
       [F0 MV    ,    K 0      ,    SV 2    ]
       [F0 MV    ,    K 0      ,    SV 3    ]
       [F0 MV    ,    K 0      ,    SV 4    ]
```

以上为系统初始化。投入、消费、余额显示清零,01-08商品价格赋值,退币币值存储器清零。

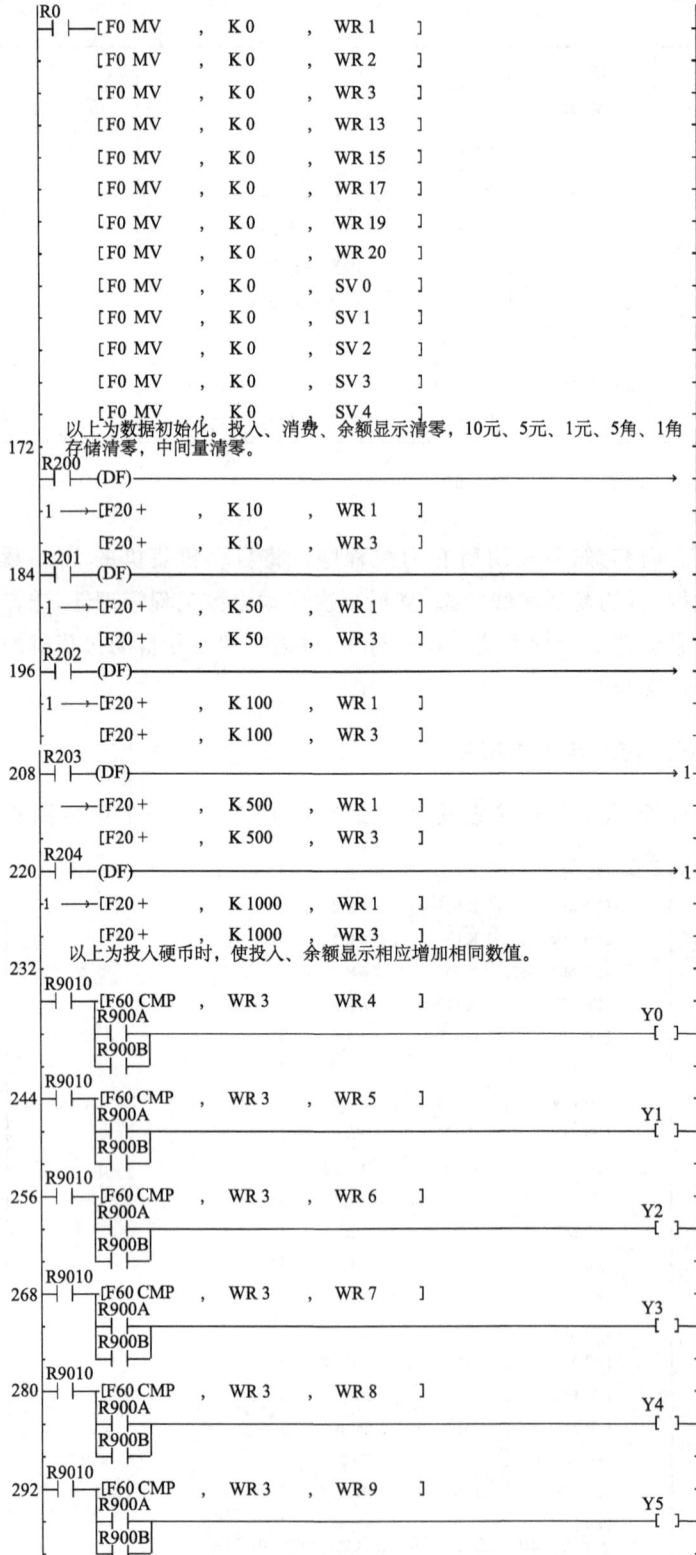

```
R0
├─┤├──[F0 MV    ,    K 0    ,    WR 1   ]
   │   [F0 MV    ,    K 0    ,    WR 2   ]
   │   [F0 MV    ,    K 0    ,    WR 3   ]
   │   [F0 MV    ,    K 0    ,    WR 13  ]
   │   [F0 MV    ,    K 0    ,    WR 15  ]
   │   [F0 MV    ,    K 0    ,    WR 17  ]
   │   [F0 MV    ,    K 0    ,    WR 19  ]
   │   [F0 MV    ,    K 0    ,    WR 20  ]
   │   [F0 MV    ,    K 0    ,    SV 0   ]
   │   [F0 MV    ,    K 0    ,    SV 1   ]
   │   [F0 MV    ,    K 0    ,    SV 2   ]
   │   [F0 MV    ,    K 0    ,    SV 3   ]
   │   [F0 MV    ,    K 0    ,    SV 4   ]
```

以上为数据初始化。投入、消费、余额显示清零，10元、5元、1元、5角、1角存储清零，中间量清零。

```
      R200
172   ├─┤├────(DF)──────────────────────────────────────
        1 ──→─[F20 +    ,    K 10    ,    WR 1   ]
              [F20 +    ,    K 10    ,    WR 3   ]
      R201
184   ├─┤├────(DF)──────────────────────────────────────
        1 ──→─[F20 +    ,    K 50    ,    WR 1   ]
              [F20 +    ,    K 50    ,    WR 3   ]
      R202
196   ├─┤├────(DF)──────────────────────────────────────
        1 ──→─[F20 +    ,    K 100   ,    WR 1   ]
              [F20 +    ,    K 100   ,    WR 3   ]
      R203
208   ├─┤├────(DF)────────────────────────────────────→ 1
          ──→─[F20 +    ,    K 500   ,    WR 1   ]
              [F20 +    ,    K 500   ,    WR 3   ]
      R204
220   ├─┤├────(DF)────────────────────────────────────→ 1
        1 ──→─[F20 +    ,    K 1000  ,    WR 1   ]
              [F20 +    ,    K 1000  ,    WR 3   ]
```

以上为投入硬币时，使投入、余额显示相应增加相同数值。

```
      R9010
232   ├─┤├──[F60 CMP   ,   WR 3    WR 4    ]
         │  R900A                              Y0
         │  ├─┤├──────────────────────────────( )
         │  R900B
         │  ├─┤├
      R9010
244   ├─┤├──[F60 CMP   ,   WR 3   ,   WR 5   ]
         │  R900A                              Y1
         │  ├─┤├──────────────────────────────( )
         │  R900B
         │  ├─┤├
      R9010
256   ├─┤├──[F60 CMP   ,   WR 3   ,   WR 6   ]
         │  R900A                              Y2
         │  ├─┤├──────────────────────────────( )
         │  R900B
         │  ├─┤├
      R9010
268   ├─┤├──[F60 CMP   ,   WR 3   ,   WR 7   ]
         │  R900A                              Y3
         │  ├─┤├──────────────────────────────( )
         │  R900B
         │  ├─┤├
      R9010
280   ├─┤├──[F60 CMP   ,   WR 3   ,   WR 8   ]
         │  R900A                              Y4
         │  ├─┤├──────────────────────────────( )
         │  R900B
         │  ├─┤├
      R9010
292   ├─┤├──[F60 CMP   ,   WR 3   ,   WR 9   ]
         │  R900A                              Y5
         │  ├─┤├──────────────────────────────( )
         │  R900B
         │  ├─┤├
```

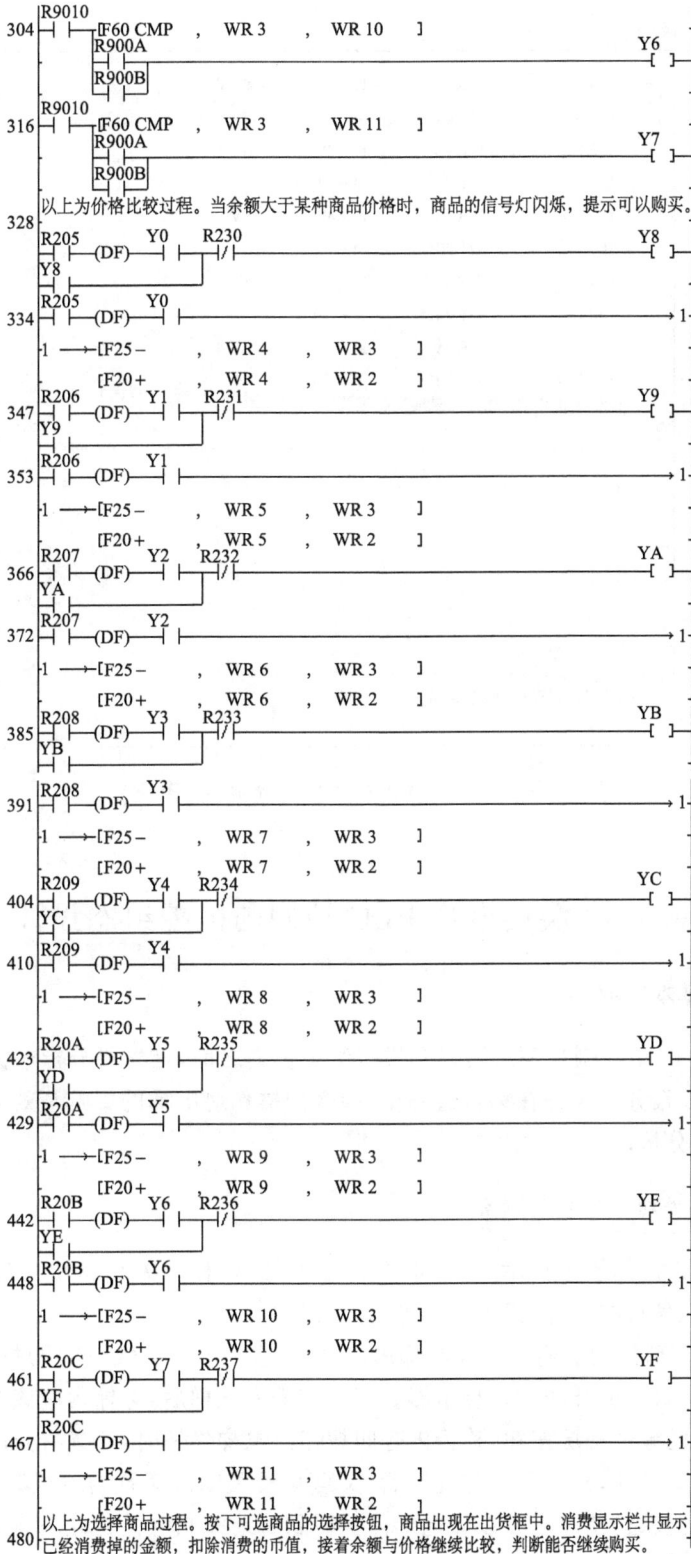

304 ├─R9010─[F60 CMP , WR 3 , WR 10]
　　　├─R900A─────────────────────── Y6 ─( )
　　　├─R900B─┤

316 ├─R9010─[F60 CMP , WR 3 , WR 11]
　　　├─R900A─────────────────────── Y7 ─( )
　　　├─R900B─┤

328 以上为价格比较过程。当余额大于某种商品价格时，商品的信号灯闪烁，提示可以购买。

├─R205─(DF)─Y0─R230─┤/├──────────── Y8 ─( )
├─Y8─┤

334 ├─R205─(DF)─Y0──────────────────→ 1

├1──[F25 − , WR 4 , WR 3]
├─[F20 + , WR 4 , WR 2]
347 ├─R206─(DF)─Y1─R231─┤/├──────────── Y9 ─( )
├─Y9─┤

353 ├─R206─(DF)─Y1──────────────────→ 1

├1──[F25 − , WR 5 , WR 3]
├─[F20 + , WR 5 , WR 2]
366 ├─R207─(DF)─Y2─R232─┤/├──────────── YA ─( )
├─YA─┤

372 ├─R207─(DF)─Y2──────────────────→ 1

├1──[F25 − , WR 6 , WR 3]
├─[F20 + , WR 6 , WR 2]
385 ├─R208─(DF)─Y3─R233─┤/├──────────── YB ─( )
├─YB─┤

391 ├─R208─(DF)─Y3──────────────────→ 1

├1──[F25 − , WR 7 , WR 3]
├─[F20 + , WR 7 , WR 2]
404 ├─R209─(DF)─Y4─R234─┤/├──────────── YC ─( )
├─YC─┤

410 ├─R209─(DF)─Y4──────────────────→ 1

├1──[F25 − , WR 8 , WR 3]
├─[F20 + , WR 8 , WR 2]
423 ├─R20A─(DF)─Y5─R235─┤/├──────────── YD ─( )
├─YD─┤

429 ├─R20A─(DF)─Y5──────────────────→ 1

├1──[F25 − , WR 9 , WR 3]
├─[F20 + , WR 9 , WR 2]
442 ├─R20B─(DF)─Y6─R236─┤/├──────────── YE ─( )
├─YE─┤

448 ├─R20B─(DF)─Y6──────────────────→ 1

├1──[F25 − , WR 10 , WR 3]
├─[F20 + , WR 10 , WR 2]
461 ├─R20C─(DF)─Y7─R237─┤/├──────────── YF ─( )
├─YF─┤

467 ├─R20C─(DF)─Y7──────────────────→ 1

├1──[F25 − , WR 11 , WR 3]
├─[F20 + , WR 11 , WR 2]
480 以上为选择商品过程。按下可选商品的选择按钮，商品出现在出货框中。消费显示栏中显示已经消费掉的金额，扣除消费的币值，接着余额与价格继续比较，判断能否继续购买。

```
R20F
├──┤├──────(DF)─────────────────────────────────────────────→1
1 ──→[F32 %    ,  WR 3    ,  K 1000  ,  SV 0    ]
    [F0 MV    ,  DT 9015  ,  WR 13   ]
    [F32 %    ,  WR 13   ,  K 500   ,  SV 1    ]
    [F0 MV    ,  DT 9015  ,  WR 15   ]
    [F32 %    ,  WR 15   ,  K 100   ,  SV 2    ]
    [F0 MV    ,  DT 9015  ,  WR 17   ]
    [F32 %    ,  WR 17   ,  K 50    ,  SV 3    ]
    [F0 MV    ,  DT 9015  ,  WR 19   ]
    [F32 %    ,  WR 19   ,  K 50    ,  SV 4    ]
    [F0 MV    ,  DT 9015  ,  WR 20   ]
542  以上为退币过程。根据结果输出相应钱币。
     Y8                                                    R210
    ─┤├┬──────────────────────────────────────────────────( )─
     Y9│
    ─┤├┤
     YA│
    ─┤├┤
     YB│
    ─┤├┤
     YC│
    ─┤├┤
     YD│
    ─┤├┤
     YE│
    ─┤├┤
     YF│
    ─┤├┘
551  以上为从出货框中取走商品。
    ──────────────────────────────────────────────────( ED )─
```

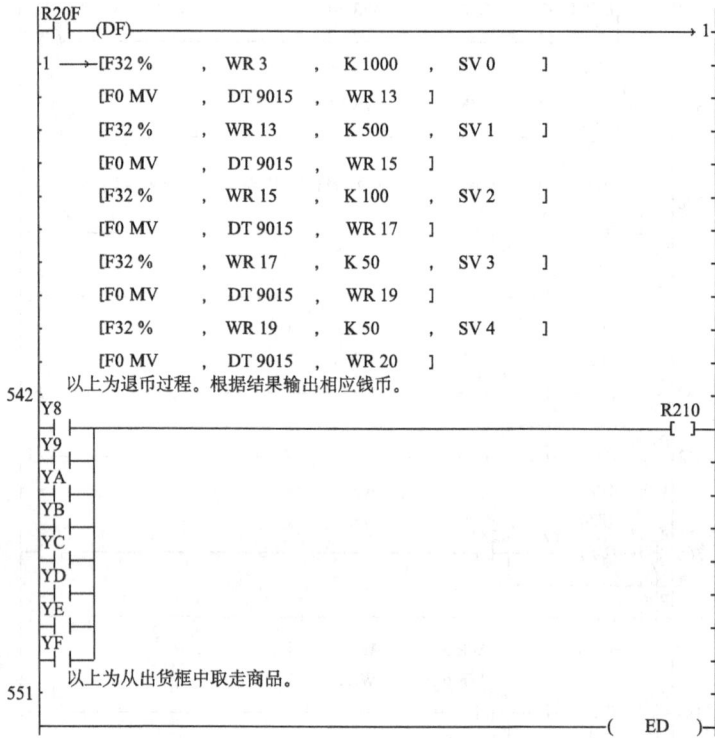

图 6-40　自动售货机 PLC 控制梯形图

6.3　7 层楼电梯 PLC 控制与监控组态设计

6.3.1　电梯的基本功能

在进行电梯 PLC 控制程序编写以及进行组态仿真之前,首先要分析电梯本身的组成和所具有的功能,并且分析电梯在运行过程中,乘客的操作对电梯的影响与效果等。下面将根据具体情况做出分析。

1.电梯的部件组成及功能简介

电梯的硬件由内部按钮指示灯、外部按钮指示灯、行程开关和驱动电机等多个部分组成,他们分别完成各自的功能,以保证电梯的正常运行。

(1)电梯内部部件功能简介。在电梯内部,应该有 7 个楼层(1～7 层)按钮、开门和关门按钮以及楼层显示器、上升和下行显示器。当乘客进入电梯后,电梯内应该有能让乘客按下的代表其要去目的地的楼层按钮,称为内呼叫按钮。电梯停下时,应具有开门、关门的功能,即电梯门可以自动打开,经过一定的延时后,又可自动关闭。而且,在电梯内部也应有控制电梯开门、关门的按钮,使乘客可以在电梯停下时随时地控制电梯的开门与关门。电梯内部还应配有指示灯,用来显示电梯现在所处的状态,即电梯是上升还是下降以及电梯所处的楼层,这样可以使电梯里的乘客清楚地知道自己所处的位置,离自己要到的楼层还有多远,电梯是上升还是下降等。

（2）电梯的外部部件功能简介。电梯的外部共分 7 层，每层都应该有呼叫按钮、呼叫指示灯、上升和下降指示灯及楼层显示器。呼叫按钮是乘客用来发出呼叫的工具，呼叫指示灯在完成相应的呼叫请求之前应一直保持为亮，它和上升指示灯、下降指示灯、楼层显示器一样，都是用来显示电梯所处的状态的。7 层楼电梯中，1 层只有上呼叫按钮，7 层只有下呼叫按钮，其余 5 层都同时具有上呼叫和下呼叫按钮。而上升、下降指示灯以及楼层显示器，7 层电梯均应该相同。

不论是内部部件还是外部部件，对于电梯运行状态和所处楼层等信息的显示应该保持一致。

（3）行程开关及驱动电机。行程开关在每个楼层都有安装一个或者多个，用来判断电梯运行时所处的位置。驱动电机则是电梯轿厢上升、下降或者停止的动力来源。对于电梯门来说，还需要开关门行程开关和驱动开关电梯门的电机。

本书使用的是力控组态软件仿真的电梯，并非实际电梯，所以在硬件部件上做了一些省略和简化。行程开关在每层只使用了一个；驱动电机则认为对应高电平运行，低电平停止，启停过程没有变速等；电梯内外层门的机械结构并没有体现，做了较大的简化。

2. 电梯的初始状态、运行中状态和运行后状态分析

（1）电梯的初始状态。为了方便分析，假设电梯位于 1 层待命，各层显示器都被初始化，电梯处于以下状态：

① 各层呼叫灯均不亮。

② 电梯内部及外部各楼层显示器显示均为"1"。

③ 电梯内部及外部各层电梯门均关闭。

（2）电梯在运行过程中：

① 按下某层呼叫按钮（1～5 层）后，该层呼叫灯亮，电梯响应该层呼叫。

② 电梯上行或下行直至该层。

③ 各楼层显示随电梯移动而改变，各层指示灯也随之而变。

④ 运行中电梯门始终关闭，到达指定层时，门才打开。

⑤ 在电梯运行过程中，支持其他呼叫。

（3）电梯运行后状态：在到达指定楼层后，电梯会继续待命，直至新命令产生。

① 电梯在到达指定楼层后，电梯门会自动打开，经一段延时自动关闭，在此过程中，支持手动开门或关门。

② 各楼层显示值为该层所在位置，且上行与下行指示灯均灭。

6.3.2　电梯实际运行中的情况分析

实际中，电梯服务的对象是许多乘客，乘客乘坐电梯的目的地是不完全一样的，而且，每一个乘客呼叫电梯的时间有前有后，因此，我们将电梯在实际中的各种具体情况加以分类，做出分析，以便于编制程序。

1. 分类分析

1) 电梯上行分析

若电梯在上行过程中,某楼层有呼叫产生时,可分以下两种情况:

(1) 若呼叫层处于电梯当前运行层之上目标运行层之下,则电梯应在完成前一指令之前先上行至该层,完成该层呼叫后再由近至远的完成其他各个呼叫动作。

(2) 呼叫层处于电梯当前运行层之下,则电梯在完成前一指令之前不响应该指令,直至电梯重新处于待命状态。

2) 电梯下行分析

若电梯在下行过程中,某楼层有呼叫产生时,可分以下两种情况:

(1) 若呼叫层处于电梯当前运行层之下目标运行层之上,则电梯应在完成前一指令之前先下行至该层,完成该层呼叫后再由近至远地完成其他各个呼叫动作。

(2) 若呼叫层处于电梯运行层之上,则电梯在完成前一指令之前不响应该指令,直至电梯重新处于待命状态。

2. 总结规律

由以上各种分析可以看出,电梯在接受指令后,总是由近至远地完成各个呼叫任务。电梯机制只要依此原则进行设计动作,就不会在运行时出现电梯上下乱跑的情况了。在分析的同时,我们也知道了电梯系统中哪些是可人工操作的设备。根据以上分析,图 6-41 给出了 7 层楼电梯控制组态仿真界面。

图 6-41　7 层楼电梯控制组态仿真界面

图 6-41 的左半部分是电梯的内视图,其中包括 1 个楼层显示灯、开门按钮、关门按钮、1 层到 7 层的呼叫按钮以及电梯的上升和下降状态指示灯等。两扇电梯门打开后可以看到楼道的景象。图 6-41 的右半部分是 7 层楼宇电梯的外视图,表示 7 层楼宇和 1 个电梯的轿厢。在电梯的外视图中,1 层有 1 个上呼叫按钮,7 层有 1 个下呼叫按钮,2、3、4、5 和 6 层有上、下呼叫按钮各 1 个,每个呼叫按钮内都有 1 个相应的指示灯,用来表示该呼叫是否得到响应。轿厢的电梯门和每层的电梯门都可以打开。

3. 仿真电梯的控制要求

(1) 接受每个呼叫按钮(包括内部和外部的呼叫)的呼叫命令,并做出相应的响应。

(2) 电梯停在某一层(例如 3 层)时,按动该层(3 层)的呼叫按钮(上呼叫或下呼叫),则相当于发出打开电梯门命令,进行开门的动作过程;若此时电梯的轿厢不在该层(在 1、2、4、5、6、7 层),则等到电梯关门后,按照不换向原则控制电梯向上或向下运行。

(3) 电梯运行的不换向原则是指电梯优先响应不改变现在电梯运行方向的呼叫,直到这些命令全部响应完毕后才响应使电梯反方向运行的呼叫。例如,现在电梯的位置在 1 层和 2 层之间上行,此时出现了 1 层上呼叫、2 层下呼叫和 3 层上呼叫,则电梯首先响应 3 层上呼叫,然后再依次响应 2 层下呼叫和 1 层上呼叫。

(4) 电梯在每一层都有 1 个行程开关,当电梯碰到某层的行程开关时,表示电梯已经到达该层。

(5) 当按动某个呼叫按钮后,相应的呼叫指示灯亮并保持,直到电梯响应该呼叫。

(6) 当电梯停在某层时,在电梯内部按动开门按钮,则电梯门打开;按动电梯内部的关门按钮,则电梯门关闭。但在电梯行进期间电梯门是不能被打开的。

(7) 当电梯运行到某层后,相应的楼层指示灯亮,直到电梯运行到前方一层时楼层指示灯改变。

6.3.3　电梯控制 PLC 编程

先应该做上位机与下位机之间的任务分工:上位机主要用来完成仿真界面的制作及动画连接工作,而下位机则主要用来完成 PLC 程序的运行。其实,上位机与下位机的设计工作是密切配合的。它们无论在通信中使用的变量,还是在进行界面仿真时控制的对象都应该是一致的。总体上讲,仿真界面是被控对象,PLC 是存储运行程序的装置,而控制指令则由仿真界面中的仿真控制器件发出。另外,仿真界面中仿真电梯的运动、门的运动等,都是由力控组态软件所提供的命令语言来完成的。

本书第二版 7.2 节电梯程序编写的思路可以理解为一个逻辑黑箱,需要程序编写者依靠经验来逐步寻找输入输出之间的逻辑,这样程序编写起来费时费力,并且很难达到希望的最简逻辑,调试起来也带来了诸多的不便,最重要的一点是运用单纯的逻辑所编写的程序对功能扩展比较烦琐。

通过上面对电梯的介绍和运行情况的分析可以发现,电梯的停止、上行、下行与乘客下达的任务之间存在着位数据上的运算关系。将乘客交给电梯的任务由内部继电器的位数据保存下来,那么就可以根据内部继电器的位数据对电梯进行控制了。

1. PLC 程序中 I/O 点的定义

因为使用力控组态软件来虚拟仿真实际电梯的运行,所以使用了一些内部继电器来替代 X 或者 Y 继电器。在仿真电梯的 PLC 编程过程中,所用到的 I/O 地址分配如表 6-8 所示。

表 6-8　电梯程序 I/O 分配表

说　明	对应 PLC 地址	说　明	对应 PLC 地址
外部 1 层上呼叫按钮	R101	内部 2 层呼叫灯	RF
外部 2 层上呼叫按钮	R102	内部 3 层呼叫灯	R10
外部 2 层下呼叫按钮	R103	内部 4 层呼叫灯	R11
外部 3 层上呼叫按钮	R104	内部 5 层呼叫灯	R12
外部 3 层下呼叫按钮	R105	内部 6 层呼叫灯	R240
外部 4 层上呼叫按钮	R106	内部 7 层呼叫灯	R241
外部 4 层下呼叫按钮	R107	外部 1 层上呼叫灯	Y1
外部 5 层下呼叫按钮	R108	外部 2 层上呼叫灯	Y2
外部 5 层上呼叫按钮	R50	外部 2 层下呼叫灯	Y3
外部 6 层上呼叫按钮	R51	外部 3 层上呼叫灯	Y4
外部 6 层下呼叫按钮	R70	外部 3 层下呼叫灯	Y5
外部 7 层下呼叫按钮	R71	外部 4 层上呼叫灯	Y6
1 层行程开关	R109	外部 4 层下呼叫灯	Y7
2 层行程开关	R10A	外部 5 层下呼叫灯	Y8
3 层行程开关	R10B	外部 5 层上呼叫灯	R220
4 层行程开关	R10C	外部 6 层上呼叫灯	R221
5 层行程开关	R10D	外部 6 层下呼叫灯	R230
6 层行程开关	R20	外部 7 层下呼叫灯	R231
7 层行程开关	R21	1 层位灯	Y9
内部 1 层呼叫按钮	R10E	2 层位灯	YA
内部 2 层呼叫按钮	R10F	3 层位灯	YB
内部 3 层呼叫按钮	R110	4 层位灯	YC
内部 4 层呼叫按钮	R111	5 层位灯	YD
内部 5 层呼叫按钮	R112	6 层位灯	Y20
内部 6 层呼叫按钮	R30	7 层位灯	Y21
内部 7 层呼叫按钮	R31	电梯上升	YE
开门按钮	R113	电梯下降	YF
关门按钮	R114	上升指示灯	Y10
开门行程开关	R115	下降指示灯	Y11
关门行程开关	R116	电梯开门	Y12
内部 1 层呼叫灯	RE	电梯关门	Y13

2. 电梯 PLC 程序主要程序段解析

1）7 层电梯呼叫按钮和呼叫灯 PLC 程序

7 层电梯有 6 个外部向上按钮、6 个外部向下按钮和 7 个内部楼层按钮,这些按钮分别对应着各自的显示灯,在某个按钮下达的任务没有完成之前,相应的指示灯一直有显示。图 6-42 给出了 1 层楼外上呼叫按钮的梯形图,图 6-43 给出了 1 层外上呼叫灯的梯形图。其他楼层的按钮和指示灯程序按照 I/O 分配表和相应资源分配进行编写即可。

图 6-42　1 层外上呼叫按钮　　　　　　　　图 6-43　1 层外上呼叫灯

2）电梯开关门程序

电梯的开、关门注意事项前面已经介绍过。首先,只有当电梯停止的时候才能进行开门。其中主控继电器指令 2（MC2、MCE2）是自动开关门程序,主控继电器指令 3（MC3、MCE3）是手动开关门程序。图 6-44 和图 6-45 分别给出了电梯自动开关门梯形图和电梯手动开关门梯形图。

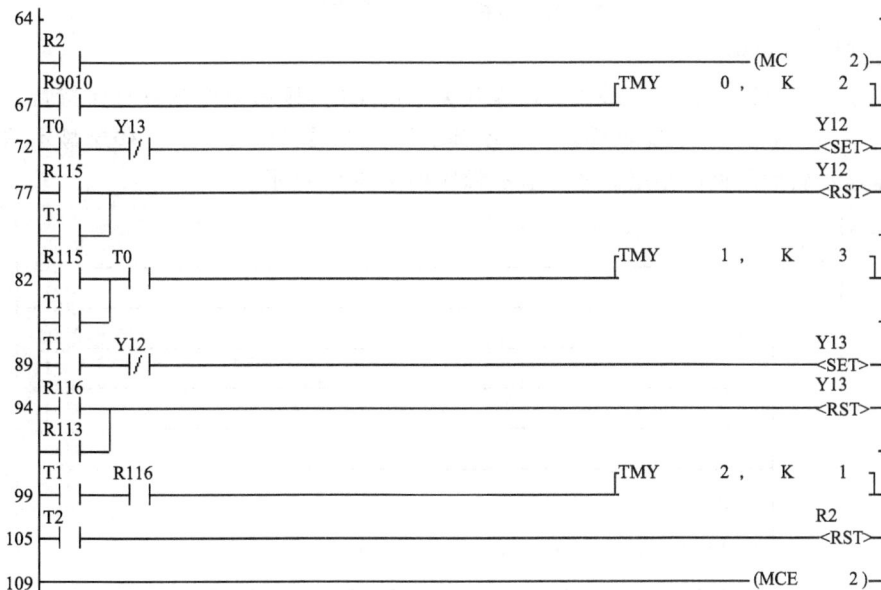

图 6-44　电梯自动开关门梯形图

在图 6-44 中,当电梯到达某一层且该层有需要响应的呼叫,则置位 R2 从而执行主控继电器 MC2 到 MCE2 之间的程序,即调用自动开关门程序。在调用该程序时,首先进入定时器 TMY0,定时 2 秒,定时器 0 触点 T0 闭合,置位 Y12,电梯开门。当电梯开门到达指定位置触碰开门行程开关 R115 则开门动作停止,进入关门定时器 TMY1,定时 3 秒,触点 T1 闭合置位 Y13,电梯关门。当电梯关门达到指定位置触碰到关门行程开关则电梯关门动作停止。当关门定时器 T1 触点闭合且关门行程开关 R116 闭合时进入定时器 TMY2,定时 1 秒之后,复位 R2 结束自动开关门。为保证程序的稳定运行,在开门定时器和关门定时器,开门动作和关门动作之间都加入了互锁。

在电梯手动开关门梯形图程序图 6-45 中,按下相应的开、关门按钮则执行相应的开关门动作;当触碰到相应的开关门行程开关时,结束当前的动作。

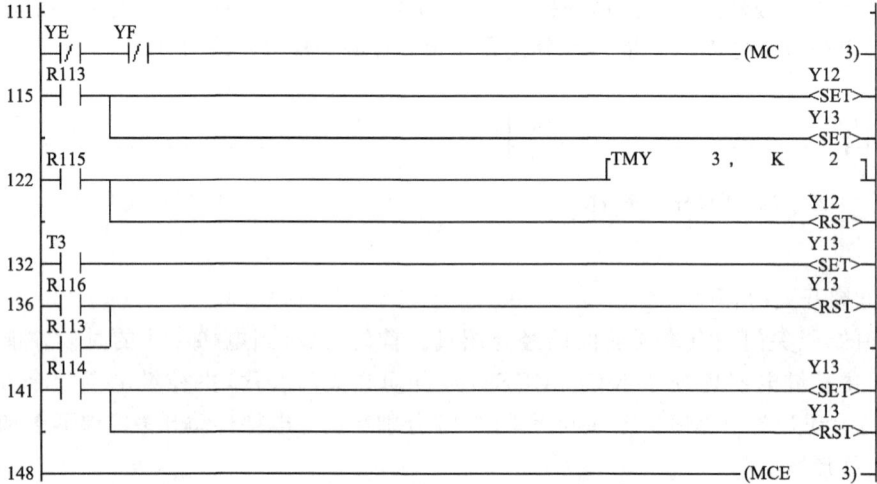

图 6-45　电梯手动开关门梯形图

3）楼层显示程序

楼层显示器是以电梯是否触碰到行程开关来决定的,显示器同样具有保持特性。另外要改变某一显示器的值,需要电梯轿厢拨动其上层或下层的行程开关。楼层显示器的主要功能就是显示轿厢所处的楼层。楼层显示程序如图 6-46 所示。

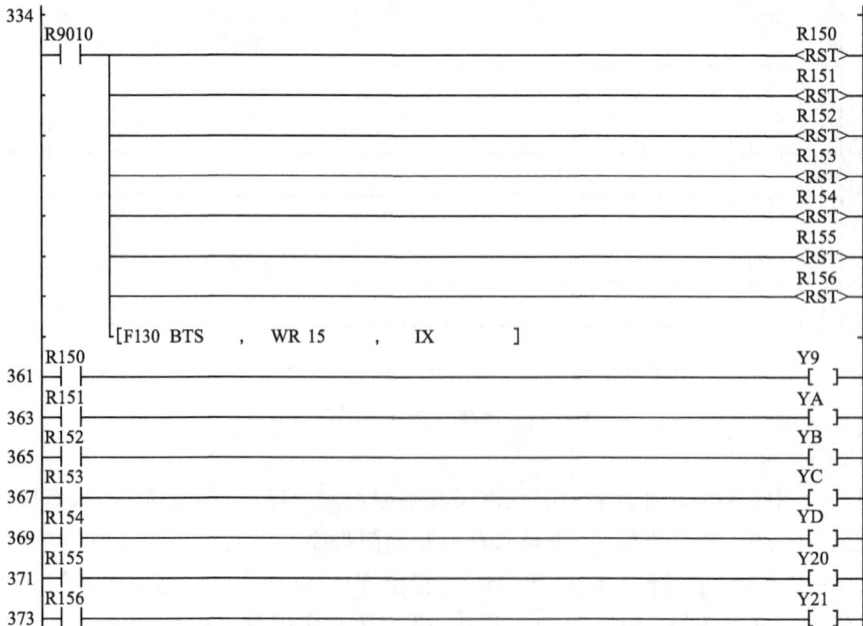

图 6-46　楼层显示梯形图

4）电梯行程开关程序

当电梯到达相应楼层时,电梯的轿厢拨动了相应楼层的行程开关,当行程开关闭合后将楼层信息传送给索引寄存器 IX,同时调用子程序 0,图 6-47 给出了 1 层行程开关的梯形图。

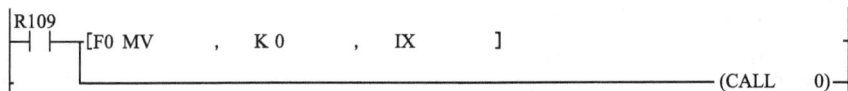

```
R109
├─┤├──[F0 MV      ,    K 0     ,    IX        ]
                                              ─────────(CALL     0)─
```

图 6-47　1 层行程开关程序

5）子程序 0 的功能

子程序 0 的主要功能就是判断电梯到达该楼层是否停止以及是否继续上行或者下行。子程序 0 又分成两部分,分别是电梯继续上行程序和继续下行程序。这两部分分别用主控继电器指令(MC0、MCE0)和(MC1、MCE1)实现,图 6-48 给出了子程序 0 的梯形图。

（1）资源分配

将外层上按钮的数据保存在 WR20 中,按楼层 1～6 层依次连接 R200～R205。

将外层下按钮的数据保存在 WR40 中,按楼层 2～7 层依次连接 R400～R405。

将内层按钮的数据保存在 WR60 中,按楼层 1～7 层依次连接 R600～R606。

IX 索引寄存器用来存放楼层数据,按楼层 1～7 层依次对应数据 0～6。

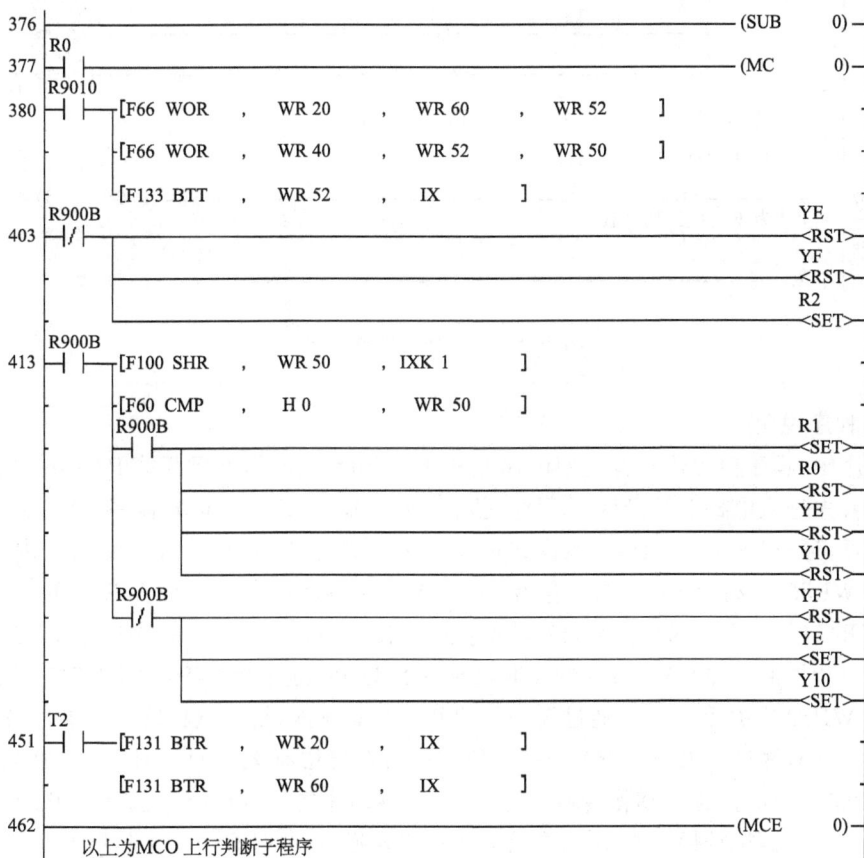

```
376                                                          (SUB     0)─
     R0
377 ├─┤├──                                                   (MC      0)─
     R9010
380 ├─┤├──[F66 WOR   ,    WR 20    ,    WR 60    ,    WR 52      ]
          ├──[F66 WOR   ,    WR 40    ,    WR 52    ,    WR 50      ]
          └──[F133 BTT   ,    WR 52    ,    IX        ]
     R900B                                                         YE
403 ├─┤/├──                                                     <RST>
     │                                                            YF
     │                                                         <RST>
     │                                                            R2
     │                                                         <SET>
     R900B
413 ├─┤├──[F100 SHR   ,    WR 50    ,    IXK 1     ]
          ├──[F60 CMP   ,    H 0     ,    WR 50     ]
          R900B                                                   R1
          ├─┤├──                                              <SET>
          │                                                      R0
          │                                                   <RST>
          │                                                      YE
          │                                                   <RST>
          │                                                     Y10
          │                                                   <RST>
          R900B                                                  YF
          ├─┤/├──                                             <RST>
          │                                                      YE
          │                                                   <SET>
          │                                                     Y10
          │                                                   <SET>
     T2
451 ├─┤├──[F131 BTR   ,    WR 20    ,    IX        ]
          └──[F131 BTR   ,    WR 60    ,    IX        ]
462                                                          (MCE     0)─
     以上为MC0上行判断子程序
```

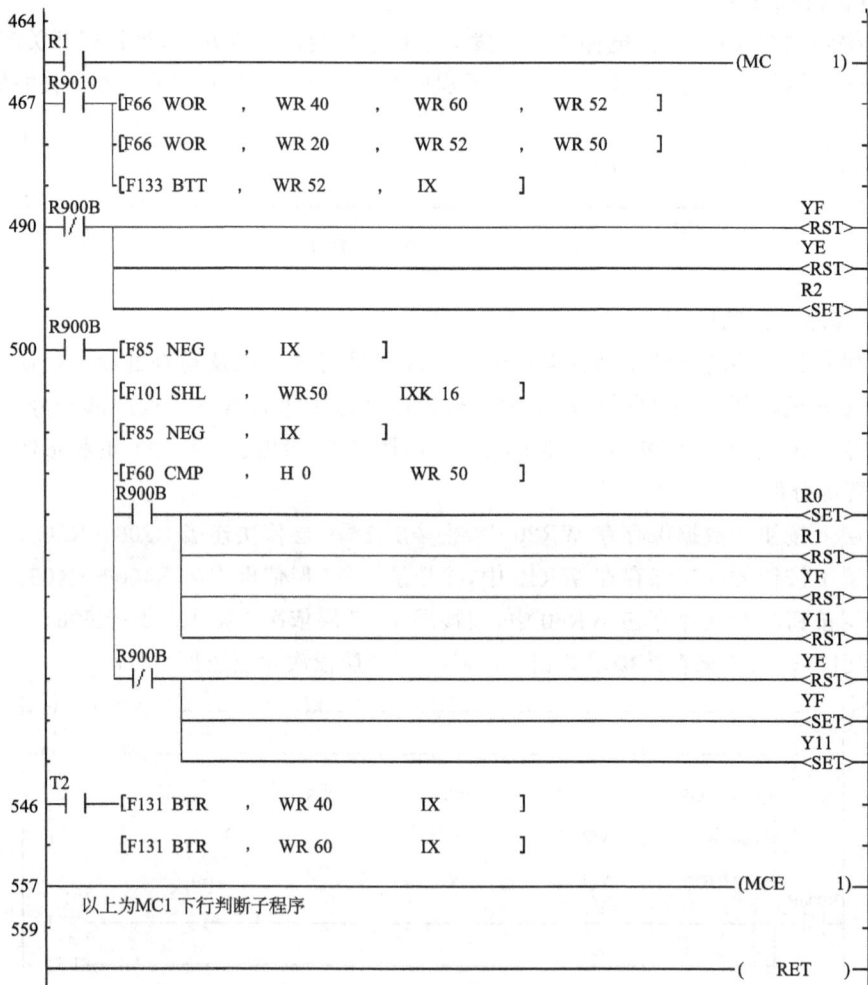

图 6-48　子程序 0 的梯形图

（2）程序说明

主程序中，程序初始化时首先使电梯上升开关 R0＝1、电梯下降开关 R1＝0。当调用子程序 0 时首先进入电梯上行判断子程序，执行 MC0 到 MCE0 之间的程序。R9010 为内部常闭继电器，通过指令 F66（16 位数据或运算），把 WR20（外部上呼叫），WR60（内部呼叫）取或放到 WR52（上行、停止标志寄存器）中，1 至 7 层的呼叫分别对应 WR52 的 0 到 6 位。同理把 WR40（外部下呼叫）与 WR52 取或放到 WR50 中，若某一层有呼叫（包括内部呼叫，外部上呼叫和外部下呼叫）则对应的 WR50 中某位为 1。通过指令 F133 BTT（16 位数据测试），测试 WR52 中的第 IX 位（通过拨动行程开关给其赋值，指示电梯所在楼层，0 至 6 分别代表 1 到 7 层），测试结果存在 R900B 中，即测试所在楼层有无呼叫，测试结果为 1，则有呼叫，此时 R900B＝0，触点不动作，则电梯上升和下降动作复位，电梯停止，置位 R2 调用自动开关门程序。若测试结果为 0，即该层无上呼叫和内呼叫，此时 R900B＝1，则 R900B 触点动作通过 F100SHR（16 位数据右移）把 WR50 的 IX 加 1 位移出，即只保留当前楼层以上楼层的呼叫命令。然后通过 F60（16 位数据比较）判断该层至上是否有呼叫，如果无呼叫则 R900B 通，触点动作，常开触点闭合退出上行，进入下行，电梯上升动作停止，电梯下行动作开始，即电梯准备下行进入下行判断。如果上方有呼叫则 R900B 触点不动作，常闭触点闭合，电梯上升动作开始，电梯上升指示灯亮，电梯下降动作停止。

触点 T2 是电梯自动开关门中的定时器 TMY2 控制的，当电梯完成自动开关门则定时器 TMY2 定时 1 秒后使 T2 触点闭合，从而复位自动开关门标志 R2，使 R2＝0。通过 F131（16 位数据复位）来复位该层的内呼叫和外部呼叫。

电梯下行的判断思路及程序的执行过程与电梯上行相似，在此就不再赘述了。

6.3.4　7 层楼电梯 PLC 控制参考程序

7 层楼电梯组态仿真系统的 PLC 控制参考程序如图 6-49 所示。由于篇幅的限制，有关 7 层楼电梯仿真系统界面的制作、脚本程序的编写、仿真系统的运行过程以及系统编程时易出现的问题和解决办法在这儿就不详细叙述了。读者可把本书配套光盘中的应用程序"七层电梯"装载到自己的计算机中运行，通过实际操作了解仿真电梯的基本功能，仔细分析该仿真系统的设计过程，从中学习利用监控组态软件进行 PLC 系统设计的方法和技巧。

小　　结

本章 6.1 节介绍了监控组态软件的概念、发展现状、特点和北京三维力控监控组态软件。组态软件的发展与成长和网络技术的发展密不可分。组态软件具有远程监控、数据采集、数据分析、过程控制等强大功能，在自动化系统中占据主力军的位置，逐渐成为工业自动化系统中的灵魂。6.1 节重点介绍了力控监控组态软件 ForceControl V7.0，并通过一个实例入门介绍了该软件的使用方法。如果读者想深入学习，可参考该软件提供的"帮助"菜单和产品用户手册。

本章 6.2 节和 6.3 节利用力控监控组态软件 ForceControl 进行了 PLC 应用系统的综合设计。通过组态软件仿真 PLC 的控制对象——自动售货机和 7 层楼电梯的运行。这样，读者不需要实物而通过微机的显示器就可检验所编 PLC 程序的正确与否和执行结果。

组态软件仿真的被控对象（售货机和电梯）不仅可以接受多种由 PLC 发出的控制信号，亦可向 PLC 发出各种命令信号，还可与 PLC 之间进行各种状态数据的传输，从而反映出 PLC 与被控对象（组态软件仿真的被控对象）及控制结果之间的关系。

在 PLC 控制的自动售货机和 7 层楼电梯的仿真系统中，首先分析了实际中自动售货机与 7 层楼电梯控制的功能和运行情况，以使 PLC 仿真控制系统更加切合实际；其次介绍了如何利用力控监控组态软件进行仿真系统界面的制作，如何建立 PLC 地址与仿真界面中变量之间关系的数据库以及动画连接等工作。

本章给出的 2 个组态仿真实例均已利用 FP1-C24 型 PLC 和 FP0R-C32 型 PLC 在计算机上调试通过，读者可通过连接计算机和 PLC 实际运行一下这 2 个仿真系统，更好地掌握 PLC 与监控组态软件的仿真设计方法，以便于开发出更加实用的 PLC 控制程序。

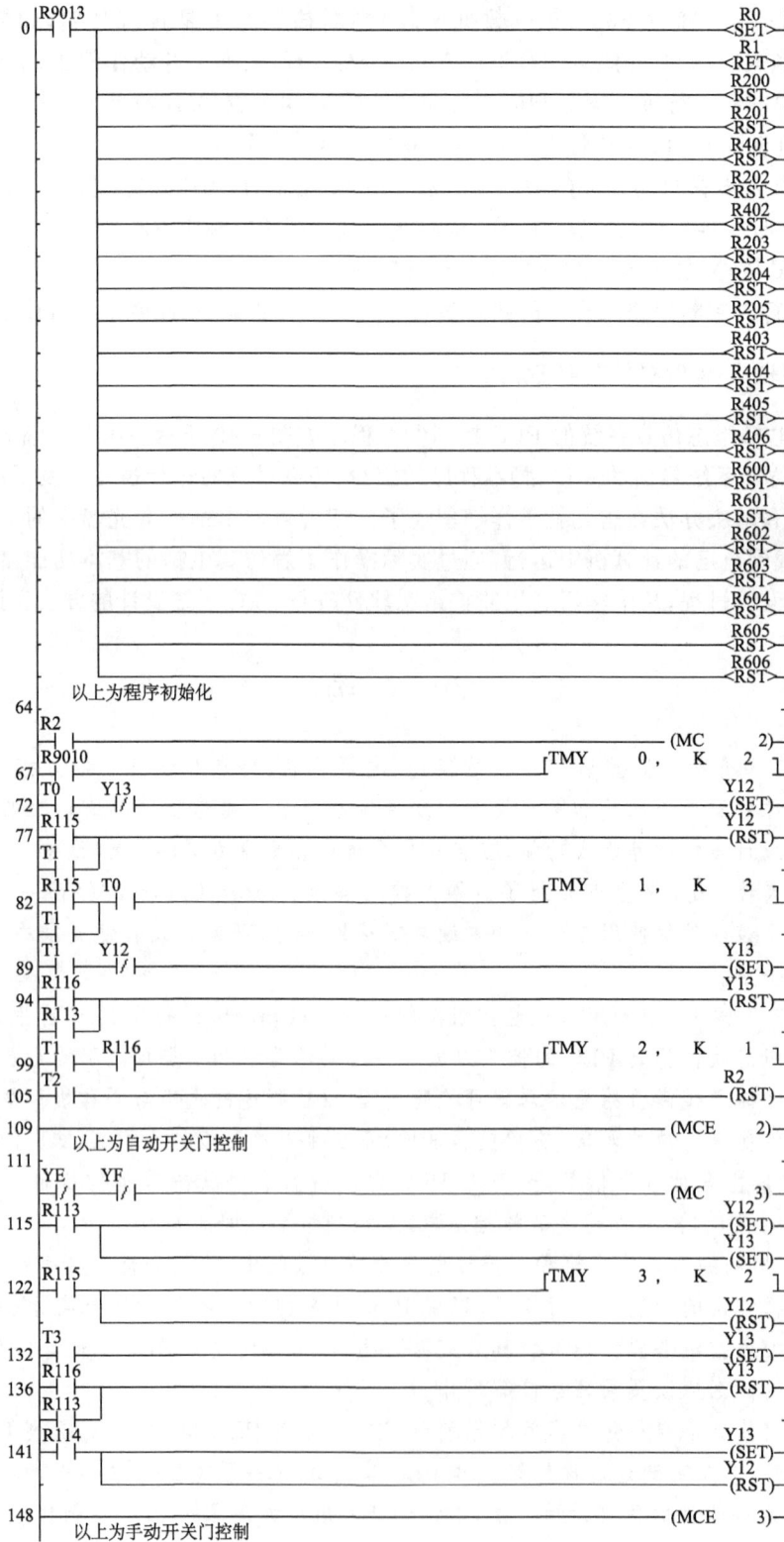

```
0  ┤R9013├─────────────────────────────────────────────────────  R0  <SET>
                                                                  R1  <RET>
                                                                  R200 <RST>
                                                                  R201 <RST>
                                                                  R401 <RST>
                                                                  R202 <RST>
                                                                  R402 <RST>
                                                                  R203 <RST>
                                                                  R204 <RST>
                                                                  R205 <RST>
                                                                  R403 <RST>
                                                                  R404 <RST>
                                                                  R405 <RST>
                                                                  R406 <RST>
                                                                  R600 <RST>
                                                                  R601 <RST>
                                                                  R602 <RST>
                                                                  R603 <RST>
                                                                  R604 <RST>
                                                                  R605 <RST>
                                                                  R606 <RST>
```

以上为程序初始化

```
64  ┤R2├──────────────────────────────────────────────  (MC    2)
67  ┤R9010├────────────────────────────  TMY  0 ， K  2
72  ┤T0├─┤Y13 /├──────────────────────────────────────  Y12 (SET)
77  ┤R115├────────────────────────────────────────────  Y12 (RST)
    ┤T1├─┘
82  ┤R115├─┤T0├───────────────────────  TMY  1 ， K  3
    ┤T1├──┘
89  ┤T1├─┤Y12 /├──────────────────────────────────────  Y13 (SET)
94  ┤R116├───────────────────────────────────────────── Y13 (RST)
    ┤R113├─┘
99  ┤T1├─┤R116├─────────────────────────  TMY  2 ， K  1
105 ┤T2├────────────────────────────────────────────── R2 (RST)
109 ─────────────────────────────────────────────────── (MCE    2)
```

以上为自动开关门控制

```
111 ┤YE /├─┤YF /├──────────────────────────────────────  (MC    3)
115 ┤R113├────────────────────────────────────────────  Y12 (SET)
                                                         Y13 (SET)
122 ┤R115├──────────────────────────────  TMY  3 ， K  2
                                                         Y12 (RST)
132 ┤T3├─────────────────────────────────────────────── Y13 (SET)
136 ┤R116├───────────────────────────────────────────── Y13 (RST)
    ┤R113├─┘
141 ┤R114├───────────────────────────────────────────── Y13 (SET)
                                                         Y12 (RST)
148 ─────────────────────────────────────────────────── (MCE    3)
```

以上为手动开关门控制

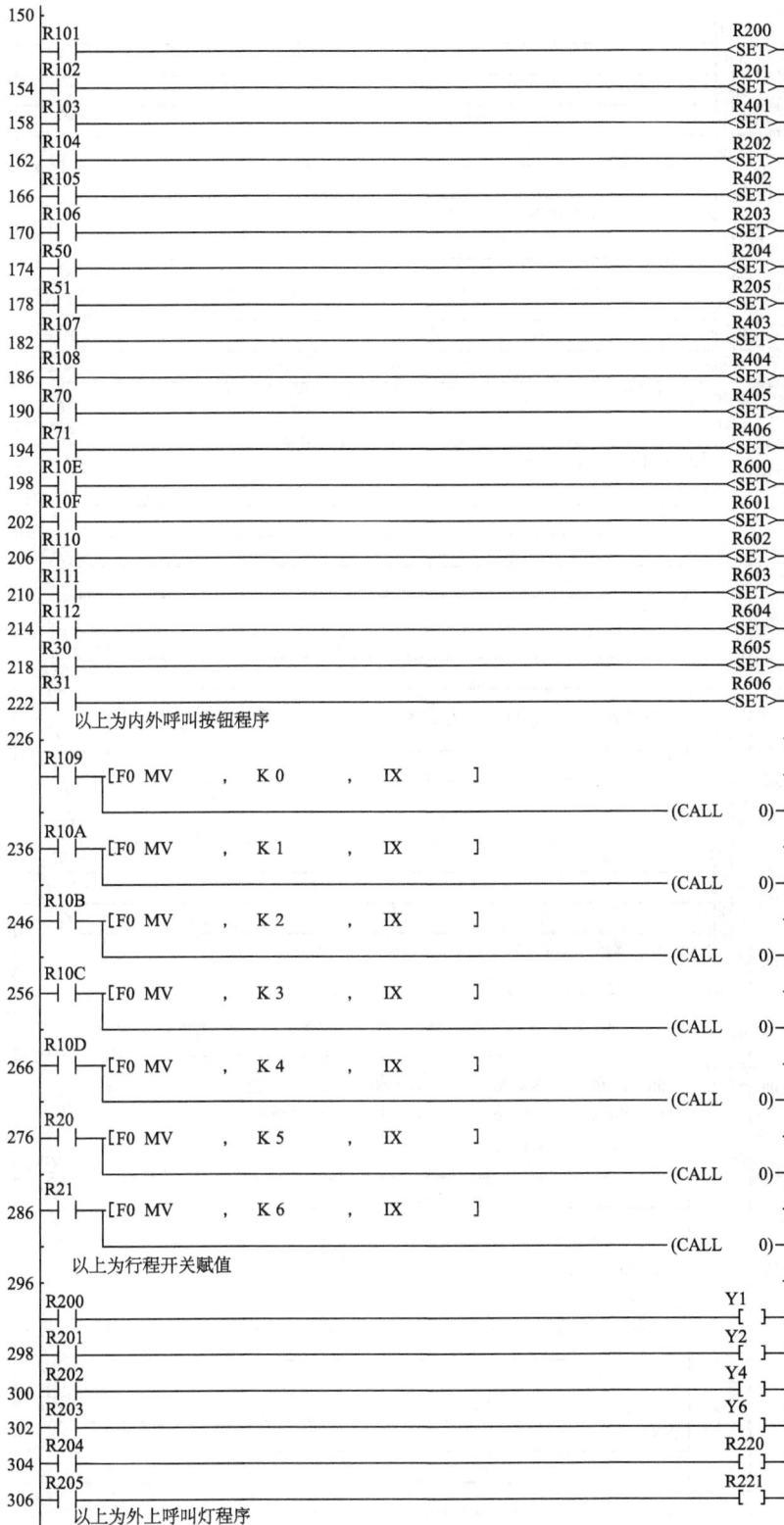

```
150  R101                                                          R200
     ├─┤                                                        ─<SET>─
     R102                                                          R201
154  ├─┤                                                        ─<SET>─
     R103                                                          R401
158  ├─┤                                                        ─<SET>─
     R104                                                          R202
162  ├─┤                                                        ─<SET>─
     R105                                                          R402
166  ├─┤                                                        ─<SET>─
     R106                                                          R203
170  ├─┤                                                        ─<SET>─
     R50                                                           R204
174  ├─┤                                                        ─<SET>─
     R51                                                           R205
178  ├─┤                                                        ─<SET>─
     R107                                                          R403
182  ├─┤                                                        ─<SET>─
     R108                                                          R404
186  ├─┤                                                        ─<SET>─
     R70                                                           R405
190  ├─┤                                                        ─<SET>─
     R71                                                           R406
194  ├─┤                                                        ─<SET>─
     R10E                                                          R600
198  ├─┤                                                        ─<SET>─
     R10F                                                          R601
202  ├─┤                                                        ─<SET>─
     R110                                                          R602
206  ├─┤                                                        ─<SET>─
     R111                                                          R603
210  ├─┤                                                        ─<SET>─
     R112                                                          R604
214  ├─┤                                                        ─<SET>─
     R30                                                           R605
218  ├─┤                                                        ─<SET>─
     R31                                                           R606
222  ├─┤                                                        ─<SET>─
         以上为内外呼叫按钮程序
226  R109
     ├─┤  ─[F0 MV      ,   K 0      ,   IX         ]
                                                       ───────(CALL      0)─
     R10A
236  ├─┤  ─[F0 MV      ,   K 1      ,   IX         ]
                                                       ───────(CALL      0)─
     R10B
246  ├─┤  ─[F0 MV      ,   K 2      ,   IX         ]
                                                       ───────(CALL      0)─
     R10C
256  ├─┤  ─[F0 MV      ,   K 3      ,   IX         ]
                                                       ───────(CALL      0)─
     R10D
266  ├─┤  ─[F0 MV      ,   K 4      ,   IX         ]
                                                       ───────(CALL      0)─
     R20
276  ├─┤  ─[F0 MV      ,   K 5      ,   IX         ]
                                                       ───────(CALL      0)─
     R21
286  ├─┤  ─[F0 MV      ,   K 6      ,   IX         ]
                                                       ───────(CALL      0)─
         以上为行程开关赋值
296  R200                                                          Y1
     ├─┤                                                        ─( )─
     R201                                                          Y2
298  ├─┤                                                        ─( )─
     R202                                                          Y4
300  ├─┤                                                        ─( )─
     R203                                                          Y6
302  ├─┤                                                        ─( )─
     R204                                                          R220
304  ├─┤                                                        ─( )─
     R205                                                          R221
306  ├─┤                                                        ─( )─
         以上为外上呼叫灯程序
```

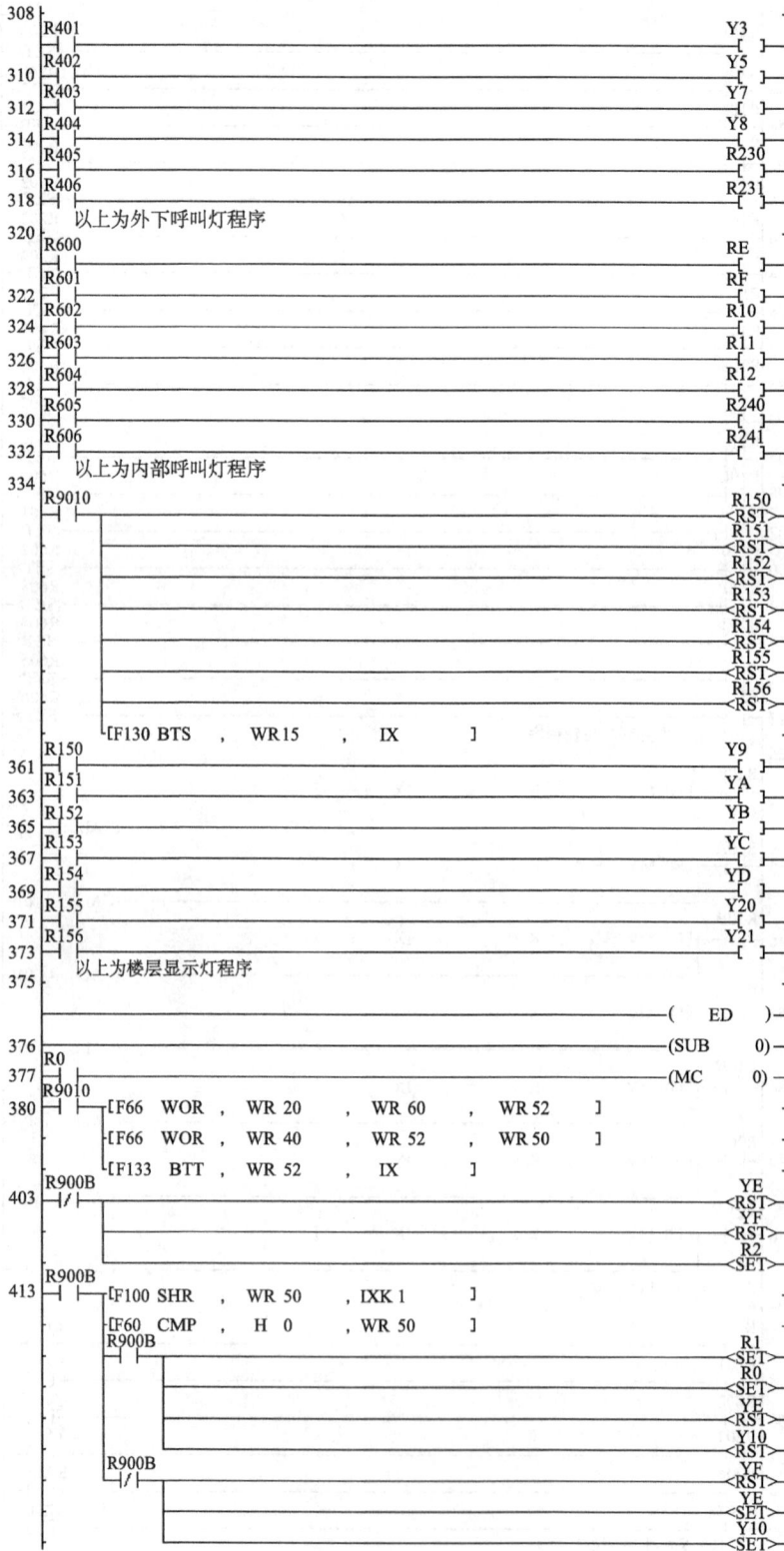

```
308  R401                                                      Y3
     ├┤                                                       ( )
310  R402                                                      Y5
     ├┤                                                       ( )
312  R403                                                      Y7
     ├┤                                                       ( )
314  R404                                                      Y8
     ├┤                                                       ( )
316  R405                                                      R230
     ├┤                                                       ( )
318  R406                                                      R231
     ├┤                                                       ( )
         以上为外下呼叫灯程序
320  R600                                                      RE
     ├┤                                                       ( )
     R601                                                      RF
322  ├┤                                                       ( )
     R602                                                      R10
324  ├┤                                                       ( )
     R603                                                      R11
326  ├┤                                                       ( )
     R604                                                      R12
328  ├┤                                                       ( )
     R605                                                      R240
330  ├┤                                                       ( )
     R606                                                      R241
332  ├┤                                                       ( )
         以上为内部呼叫灯程序
334  R9010                                                     R150
     ├┤                                                       <RST>
                                                              R151
                                                              <RST>
                                                              R152
                                                              <RST>
                                                              R153
                                                              <RST>
                                                              R154
                                                              <RST>
                                                              R155
                                                              <RST>
                                                              R156
                                                              <RST>
         [F130 BTS  ,   WR15   ,    IX       ]
     R150                                                      Y9
361  ├┤                                                       ( )
     R151                                                      YA
363  ├┤                                                       ( )
     R152                                                      YB
365  ├┤                                                       ( )
     R153                                                      YC
367  ├┤                                                       ( )
     R154                                                      YD
369  ├┤                                                       ( )
     R155                                                      Y20
371  ├┤                                                       ( )
     R156                                                      Y21
373  ├┤                                                       ( )
         以上为楼层显示灯程序
375                                                           (  ED   )
376  R0                                                       (SUB   0)
377  R9010                                                    (MC    0)
380  ├┤   [F66  WOR  ,   WR 20   ,   WR 60   ,   WR 52    ]
          [F66  WOR  ,   WR 40   ,   WR 52   ,   WR 50    ]
          [F133 BTT  ,   WR 52   ,   IX      ]
     R900B                                                     YE
403  ├/┤                                                      <RST>
                                                              YF
                                                              <RST>
                                                              R2
                                                              <SET>
     R900B
413  ├┤   [F100 SHR  ,   WR 50   ,   IXK 1   ]
          [F60  CMP  ,   H 0     ,   WR 50   ]
          R900B                                                R1
          ├┤                                                  <SET>
                                                              R0
                                                              <SET>
                                                              YE
                                                              <RST>
                                                              Y10
                                                              <RST>
          R900B                                               YF
          ├/┤                                                 <RST>
                                                              YE
                                                              <SET>
                                                              Y10
                                                              <SET>
```

```
      T2
451   ├─┤ ├─[F131 BTR    , WR 20    , IX        ]
             [F131 BTR    , WR 60    , IX        ]
462   ─────────────────────────────────────────────────────(MCE   0)
      以上为MC0 上行判断子程序
464
      R1
      ├─┤ ──────────────────────────────────────────────────(MC    0)
      R9010
467   ├─┤ ├─[F66 WOR    , WR 50    , WR 60    , WR 52    ]
             [F66 WOR    , WR 50    , WR 52    , WR 50    ]
             [F133 BTT   , WR 52    , IX       ]
      R900B                                              YF
490   ├─┤/├─────────────────────────────────────────────<RST>
                                                         YE
                                                        <RST>
                                                         R2
                                                        <SET>
      R900B
500   ├─┤ ├─[F85 NEG    , IX        ]
             [F101 SHL   , WR 50    , IXK 16    ]
             [F85 NEG    , IX        ]
             [F60 CMP    , H 0      , WR 50    ]
      R900B                                               R0
      ├─┤ ├──┬─────────────────────────────────────────<SET>
             │                                           Y1
             ├────────────────────────────────────────<RST>
             │                                           YF
             ├────────────────────────────────────────<RST>
             │                                           Y11
             ├────────────────────────────────────────<RST>
      R900B  │                                           YF
      ├─┤/├──┼─────────────────────────────────────────<RST>
             │                                           YF
             ├────────────────────────────────────────<SET>
             │                                           Y11
             └────────────────────────────────────────<SET>
      T2
546   ├─┤ ├─[F131 BTR    , WR 40    , IX        ]
             [F131 BTR    , WR 60    , IX        ]
557   ─────────────────────────────────────────────────────(MCE   1)
      以上为MC1 下行判断子程序
559
      ───────────────────────────────────────────────────(  RET  )
```

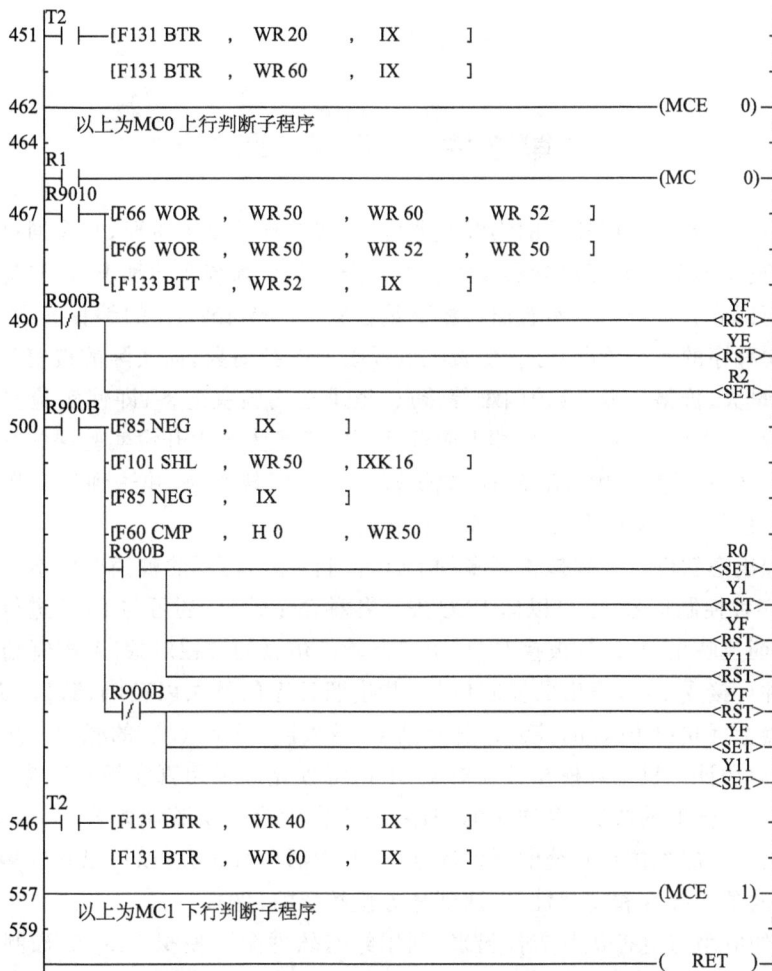

图 6-49   7 层电梯仿真系统 PLC 控制参考程序

习   题

6-1   什么是组态软件? 组态软件最突出的特点是什么?

6-2   力控监控组态软件 ForceControl 的集成环境提供了哪些核心内容?

6-3   上位机与下位机 PLC 联机的注意事项有哪些?

6-4   简述利用 ForceControl 创建一个工程的大致步骤,并上机创建一个简单的组态工程,编一小段 PLC 程序与上位机联机调试。

6-5   连接计算机和 PLC 装置实际运行一下本章给出的售货机和电梯 2 个仿真系统,仔细分析和领会其设计过程。

第 7 章 实 验

由于可编程控制器应用技术的实践性非常强,实验环节至关重要,只有通过实验进行实际操作,才能真正学会可编程控制器技术。本章分为指令系统实验和 PLC 控制组态软件综合仿真实验两部分。指令系统实验通过松下编程软件FPWIN-GR 的编程屏和 PLC 主机指示灯就可监视程序的运行情况;综合仿真实验需要有被控对象,而实际的被控对象一般都具有体积大、质量大、价格昂贵、维护困难等特点,很难在实验室配备,即使实验室配置了某些相对简单的设备,也因其易损坏、种类少而远远不能满足为学生开设实验课的需要。将组态软件用于 PLC 的实验教学中,能够用虚拟仿真的样机代替实物,并达到与实物相当的教学效果,从而解决了 PLC 实验课开设难或无法开设的问题。

利用监控组态软件可以虚拟仿真多种 PLC 控制对象,仿真的被控对象不仅可以接受由 PLC 发出的多种控制信号,也可以向 PLC 发出各种命令信号,还可与 PLC 进行各种状态数据的传输,从而反映出 PLC 与被控对象(由组态软件仿真的被控对象)及控制结果之间的关系。组态软件可接受 PLC 发出的控制信号,并按照程序的算法以动画、数值、文字、标尺等形式在显示器上反映出 PLC 的控制过程及结果,给人以"身临其境"的感觉。从教学意义上来说,如果可以用计算机全真模拟被控对象,不但可以克服采用真实被控对象的缺点,而且能以有限的设备、低廉的造价、多样化的程序,来丰富学生的实验课内容,大大增强 PLC 实验课的教学效果。虚拟仿真系统的开发周期短,开发后免维护,所以可以开发多个虚拟仿真系统,增加实验的多样性和直观性,以达到全方位教学的目的。

把 PLC 的应用与组态软件结合起来,利用组态软件全真模拟 PLC 的控制对象,这样,读者不需要实物而通过微机的显示器就可检验所编程序的正确与否和执行结果,这给学习者提供了很大方便,也为 PLC 的实验教学提供了一条新的途径。这样不但能增强 PLC 实验的教学效果,还能提高学生的编程技巧和动手能力,丰富学生的工程实践经验。

在本书的配套光盘中,提供了本章所给出的 PLC 控制组态软件综合仿真实验的 7 个实验课件,且这 7 个组态仿真实验均已利用 FP1-C24 型 PLC 和 FP0R-C32 型 PLC 在计算机上调试通过并在学生的 PLC 实验课中进行了多次使用,希望能给读者学习本课程带来方便。

7.1 指令系统实验

实验一 基本顺序指令练习

1. 实验目的

(1) 熟悉松下可编程控制器,掌握 FPWIN-GR 软件及 FP 编程器 Ⅱ 的使用方法。
(2) 掌握基本顺序指令的功能。

2. 实验器材

实验器材包括 FP1 系列 PLC 一台或 FP0R 系列 PLC 一台、计算机、FPWIN-GR 软件和 FP 编程器Ⅱ。

3. 实验预习

(1) 分析实验内容中梯形图的功能,写出指令表。

(2) 编制程序。

4. 实验内容与操作

1) 实验程序 1(梯形图见图 7-1)

(1) 连接计算机与 PLC 装置,启动计算机,接通 PLC 装置的电源。

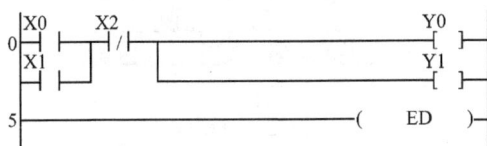

图 7-1　实验程序 1

(2) 双击桌面上的 FPWIN 图标,进入 FPWIN,录入事先编好的 PLC 程序并编辑转换。

(3) 把转换后的程序下传到 PLC 中。若程序无逻辑性错误,则 PLC 面板上的指示灯会指示 RUN 状态,否则指示 ERR 状态。这里要特别注意,对于 FP1 型 PLC,若使用 RS-232 接口通信,下传 PLC 程序时,注意防锁死。一旦锁死后,需用 FP 手持编程器Ⅱ解锁,方法请参考 7.2 节有关对实验的说明。

(4) 若出现错误,可用 FPWIN 主界面中的"上传"按钮从 PLC 中调出程序重新调试。重复以上过程。

(5) 运行并记录结果填写入表 7-1 中。

表 7-1　实验记录表

输入			输出	
X0	X1	X2	Y0	Y1
OFF	OFF	OFF		
ON	OFF	OFF		
ON	ON	ON		
OFF	ON	OFF		

2) 实验程序 2(梯形图见图 7-2)

(1) 重复实验程序 1 的(1)~(4)步。

(2) 按图 7-3 的时序要求运行程序,观察结果,画出输出 Y0 的时序图。

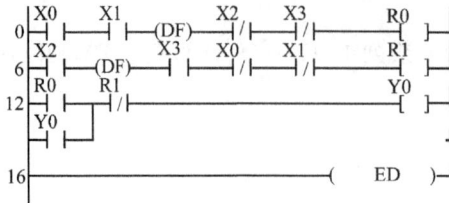

图 7-2　实验程序 2　　　　　　　　　　图 7-3　时序图

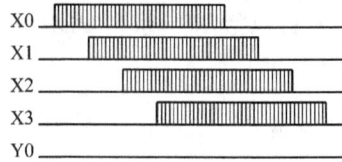

练　习

根据图 7-4 的时序要求,编制程序,并调试直到正确为止。

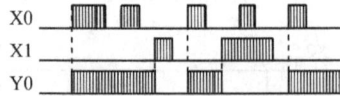

图 7-4　时序图

实验二　定时指令和计数指令的应用

1. 实验目的

(1) 进一步熟悉掌握 FPWIN-GR 软件的使用方法。

(2) 掌握定时、计数指令的功能及用法。

2. 实验器材

实验器材包括 FP1-C24 型 PLC 一台或 FP0R 系列 PLC 一台、计算机、FPWIN-GR 软件、FP 编程器Ⅱ(可选)。

3. 实验预习

(1) 复习 TM 与 CT 指令的功能、工作过程和分区范围。

(2) 思考实验内容中的程序编制要求,并编写程序。

4. 实验原理

在 FP1-C24 型机中有 144 个定时计数继电器(TM/CT)(FP0R 机型中有 1024 个),用它们可进行定时或计数控制。在使用时要注意它们是共用继电器编号的,为了避免重复使用造成混乱,一般把 TM/CT 分区使用,默认情况下 0～99 为 TM 区,100 之后为 CT 区(FP0R 机型默认情况下 0～1007 为 TM 区,1008～1023 为 CT 区)。另外,也可通过系统寄存器 No.5 对此重新设置。

注意:由于 FP1 系列 PLC 与 FP0R 系列 PLC 定时计数继电器的个数和默认设定值均

不相同,这里给出的梯形图是以 FP1-C24 型 PLC 为例编写的,若使用 FP0R 系列 PLC,请一定注意通过系统寄存器 No.5 重新设置。

5. 实验内容与操作

1)用系统寄存器 No.5 对定时/计数器重新设定:K100 → K90

在 FPWIN-GR 软件的主菜单下选择"选项→PLC 系统寄存器设置→保持/非保持 1",将"No.5 寄存器起始值"由默认的 100 改为 90 即可,按"OK"保存设置。

2)实验程序 1

要求:Y0 延时 10s 接通,延时 2s 断开。

参考实验一的有关步骤,输入程序运行后,在 FPWIN-GR 软件的主菜单下选择"在线→时序图监控",进入时序图监控窗口,观察控制信号(设为 X0)分别为 ON 和 OFF 时,Y0 的状态。画出时序图。

3)用 TM 指令编制程序 2

要求:当 X0 = ON 时,Y0 输出周期为 4s、占空比为 3∶4 的方波;当 X0 = OFF 时,停止。

4)用 TM 指令编制程序 3(梯形图见图 7-5)

输入梯形图,将程序投入运行,观察并记录结果:

(1) X0 接通,延迟 2s、4s、6s、8s、10s、12s 后,输出结果分别怎样。

(2) X0 接通,利用 FPWIN-GR 软件的监控功能监控 SV0、SV1、EV0、EV1 的内容是否发生变化。

5)用 CT 指令编制程序 4

要求:用 X2 控制 Y1,Y2,Y3,若 X2 闭合 3 次,Y1 亮;X2 再闭合 3 次,Y2 亮;X2 再闭合 3 次,Y3 亮;X2 再闭合一次,Y1 ～ Y3 全灭。如此循环进行(参考程序见图 7-6)。

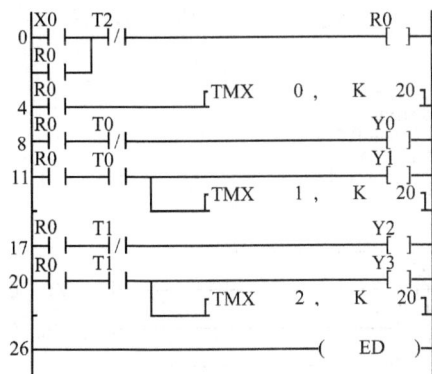

图 7-5　用 TM 指令编程

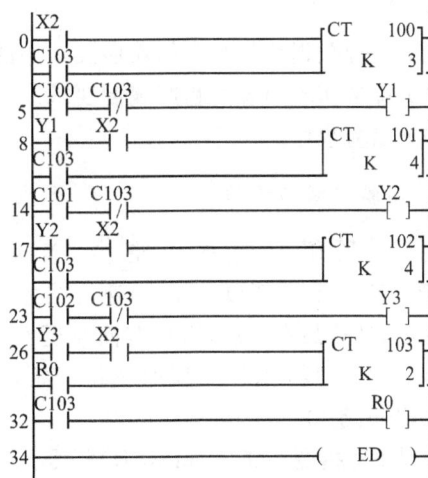

图 7-6　用 CT 指令编程

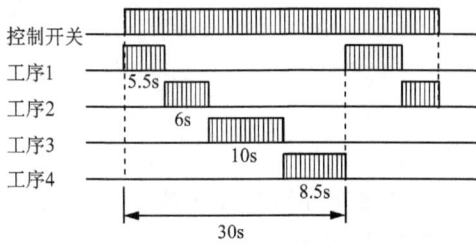

图 7-7　时序图

序开始,循环进行。

用 FPWIN-GR 软件的数据监控功能和触点监控功能,或用时序图监控功能观察 T1～T4 的通、断情况以及 EV 的变化情况。

练　习

总结程序 2、3、4,得出编制周期性信号的方法,分别用 TM 和 CT 指令按下列要求编制程序。

要求:用 X0 控制流水线 4 道工序的分级定时,时序要求如图 7-7 所示。X0 为运行控制开关,X0 = ON 时,启动和运行;X0 = OFF 时停机。而且每次启动均从第一道工序开始,循环进行。

实验三　几种数据移位指令的应用

1. 实验目的

(1) 综合比较几种移位指令的功能及使用方法。
(2) 掌握数据移位指令在 PLC 上的应用方法。
(3) 掌握调试程序的方法。

2. 实验器材

实验器材包括 FP1-C24 型 PLC 一台或 FP0R 系列 PLC 一台、计算机、FPWIN-GR 软件和 FP 编程器 Ⅱ(可选)。

3. 实验预习

(1) 几种数据移位指令的功能及适用的寄存器。
(2) 思考实验内容的程序编制要求。
(3) 编写程序。

4. 实验内容与操作

要求:利用双向移位指令 F119 (LRSR),使一个亮灯以 0.2s 的速度自左向右移动,到达最右侧后,再自右向左返回最左侧,如此反复。X2 = ON 时移位开始,X2 = OFF 时清 0。

总结 SR 指令与 F119(LRSR)指令的异同,参考程序见图 7-8。

练　习

试用双向移位指令及循环移位指令编

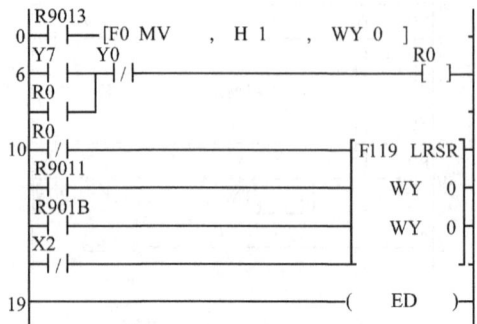

图 7-8　参考程序

写出若干种节日彩灯循环显示程序,调试好程序并观察其运行结果。

实验四 算术运算指令的应用

1. 实验目的

(1) 进一步熟悉高级指令的格式及使用方法。
(2) 掌握数据传输指令、算术运算指令的功能及应用。
(3) 掌握用 FPWIN-GR 软件监控功能进行程序调试的方法。

2. 实验器材

实验器材包括 FP1-C24 型 PLC 一台或 FP0R 系列 PLC 一台、计算机、FPWIN-GR 软件和 FP 编程器Ⅱ(可选)。

3. 实验预习

数据传输指令及算术运算指令的功能。

4. 实验内容与操作

写出图 7-9 的实验程序可以实现的计算功能(用计算式表示),并用 FPWIN-GR 软件数据监控功能监控 DT0 ~ DT7 的结果。

记录 X1=ON,X0=OFF 时:

DT0   K _____;H _____;   DT1   K _____;H _____;
DT2   K _____;H _____;   DT3   K _____;H _____;
DT4   K _____;H _____;   DT5   K _____;H _____;
DT6   K _____;H _____;   DT7   K _____;H _____。

当 X0=ON 时,各寄存器的内容又如何变化?

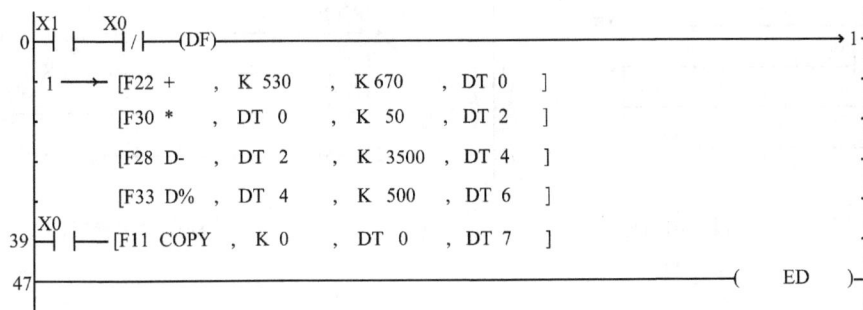

```
    │ X1   X0
  0 ├─┤ ├──┤/├───(DF)──────────────────────────────────────→ 1
    │ 1 ──→[F22 +  , K 530  , K 670  , DT 0  ]
    │       [F30 *  , DT 0   , K 50   , DT 2  ]
    │       [F28 D- , DT 2   , K 3500 , DT 4  ]
    │       [F33 D% , DT 4   , K 500  , DT 6  ]
    │ X0
 39 ├─┤ ├──[F11 COPY , K 0    , DT 0   , DT 7  ]
 47 │──────────────────────────────────────────( ED )─
```

图 7-9 实验程序

练 习

编程完成下面算式:

$$\frac{50 \times 30 - 1}{50 + 1}$$

用 FPWIN-GR 软件的监控功能检查计算结果,并检查余数寄存器的值。

实验五　子程序调用指令的应用

1. 实验目的

掌握子程序调用方法、调用过程及其应用。

2. 实验器材

实验器材包括 FP1-C24 型 PLC 一台或 FP0R 系列 PLC 一台、计算机、FPWIN-GR 软件和 FP 编程器Ⅱ(可选)。

3. 实验预习

(1) 复习子程序的指令功能、实现方法及使用注意事项。
(2) 阅读并思考实验原理及实验内容的程序要求。

4. 实验内容与操作

1) 运行图 7-10 中的梯形图程序,试分析运行结果

X0=ON 时,调用子程序 0,这时 Y0=ON 吗? 为什么?

2) 运行图 7-11 中的梯形图程序,试分析运行结果

X1=ON 时,调用子程序 0.3s 后,Y1=ON,若此时 X1=OFF,Y1=OFF 吗?

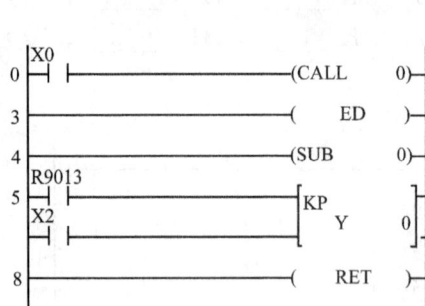

图 7-10　子程序调用梯形图 1

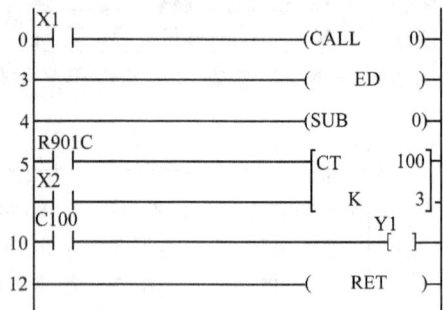

图 7-11　子程序调用梯形图 2

3) 编写程序

要求:利用子程序画出梯形图,实现下述功能。

(1) 当 X0 为 ON 时,X7=ON,有一个亮灯自左向右(Y0~Y7)以秒级速度移动,当移到最右侧后,再重复上述动作,如此循环,X7=OFF 时停止。

(2) 当 X1 为 ON 时,X7=ON,有一个亮灯自左向右(Y0~Y7)以秒级速度移动,当移到最右侧后,再自右向左返回最左侧,如此循环,当 X7=OFF 时停止,参考程序如图 7-12 所示。

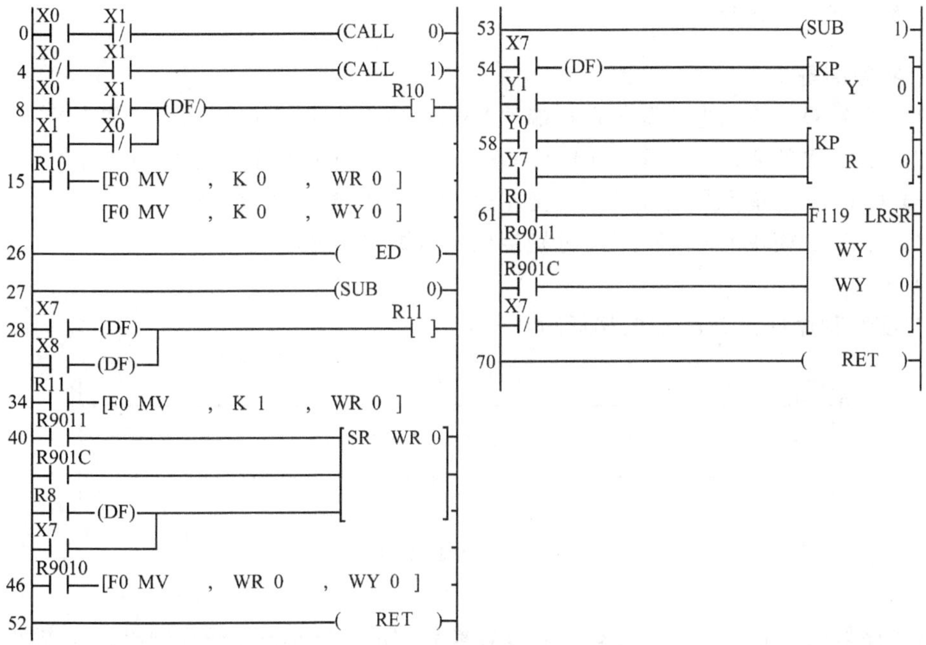

图 7-12　参考程序

实验六　A/D、D/A 模块的应用

1. 实验目的

学习与 FP1 配套的 A/D、D/A 模块的使用方法。

2. 实验器材

实验器材包括 FP1-C24 型 PLC、计算机、FPWIN-GR 软件、FP 编程器 Ⅱ（可选）、A/D 及 D/A 模块、电压源、万用表和连接导线。

3. 实验预习

1）复习第 5 章 A/D 转换模块和 D/A 转换模块两部分内容。
2）阅读实验原理及内容。

4. 实验原理

FP1 的 A/D 模块可同时进行 4 路电压、电流的转换，结果存放在 WX9 ～ WX12。输入电压有 0～5V、0～10V 两类，输入电流为 0 ～ 20mA。

FP1 的 D/A 模块可同时进行 2 路电压、电流的 D/A 转换，将 WY9、WY10 或 WY11、WY12 的数据进行 D/A 转换。输出电压有 0～5V、0～10V 两类，输出电流为 0 ～ 20mA。

本实验中规定的均为电压信号，由 A/D 模块的 V、C 两端输入，F.G.接屏蔽外壳。

5. 实验内容与操作

1）实验准备

（1）将 A/D 模块的电压范围选择端 RANGE 端子开路,则电压输入范围为0～5V。

（2）将 D/A 的通道 0 中 V⁻ 与 RANGE 短接,则电压输出范围为 0～10V。

（3）将 D/A 的单元号选择开关拨至左边,则该模块单元号为 No.0。

（4）将 A/D 模块的 CH0、CH1 分别接到电压源的输出端。

2）实验步骤

（1）实验程序见图 7-13 中的梯形图。

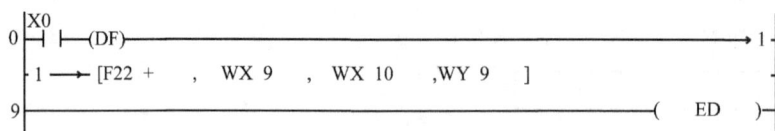

```
 0   X0
    ┤├──(DF)─────────────────────────────────────────────────────1
 1      ──→[F22 +    ,  WX 9  ,  WX 10   ,WY 9    ]
 9   ─────────────────────────────────────────────────(  ED  )─
```

图 7-13 实验程序 1

该程序将两路电压 V_{i0}～V_{i1},经 A/D 转换后相加,再经 D/A 转换输出。操作如下:

① 输入程序后,下载至 PLC 并运行。

② 调节输入电压值在 0 ～ 5V,使 X0 为 ON,用万用表测 D/A 单元 CH0 的值,并做记录。

分析转换过程。

（2）实验程序见图 7-14 中的梯形图。

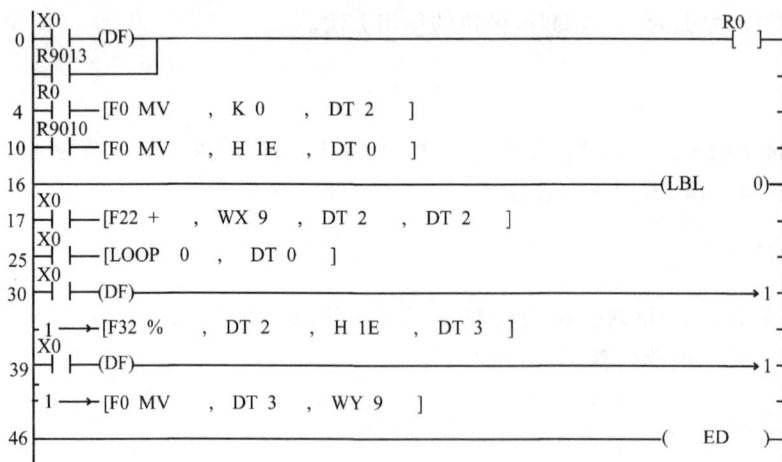

```
     X0                                                        R0
 0  ┤├──(DF)───┐                                             ─[  ]─
    R9013      │
 0  ┤├─────────┘
    R0
 4  ┤├──[F0 MV   ,  K 0   ,  DT 2    ]
    R9010
10  ┤├──[F0 MV   ,  H 1E  ,  DT 0    ]
16  ┤├───────────────────────────────────────────(LBL     0)
    X0
17  ┤├──[F22 +   ,  WX 9  ,  DT 2   ,  DT 2   ]
    X0
25  ┤├──[LOOP  0   ,  DT 0   ]
    X0
30  ┤├──(DF)──────────────────────────────────────────────1
 1     ──→[F32 %   ,  DT 2   ,  H 1E   ,  DT 3   ]
    X0
39  ┤├──(DF)──────────────────────────────────────────────1
 1     ──→[F0 MV   ,  DT 3   ,  WY 9   ]
46  ─────────────────────────────────────────────(  ED  )─
```

图 7-14 实验程序 2

当 X=ON 时,将一电压 30 次的采样结果经 A/D 转换后求出其平均值,再经 D/A 转换,输出平均电压。操作如下:

① 输入程序后,下载至 PLC 并运行。

② 调节输入电压值为 0～5V,使 X0 为 ON。重复 30 次,用万用表测 D/A 单元 CH0 的值。并做记录。

分析梯形图 7-14 中 LOOP 及 LBL 的用法。

若加法、除法运算中的数据过大溢出,应如何处理?

(3) 设计一限幅程序。

要求:

① 当 A/D 输入电压超过 4V 时,D/A 的输出电压保持在 4V,同时 Y0＝ON,指示电压过高。

② 当 A/D 输入电压不足 2V 时,D/A 的输出电压保持在 2V,同时 Y1＝ON,指示电压过低。

③ 当 A/D 输入电压为 2 ～ 4V 时,D/A 的输出电压等于 A/D 的输入电压。

参考程序见图 7-15。

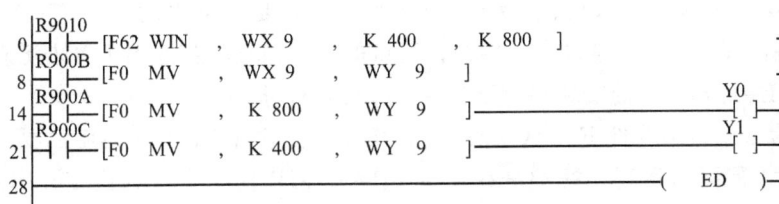

```
 0  R9010 ─[F62 WIN  , WX 9  , K 400  , K 800  ]
 8  R900B ─[F0  MV   , WX 9  , WY 9   ]
                                                              Y0
14  R900A ─[F0  MV   , K 800 , WY 9   ]─────────────────────( )
                                                              Y1
21  R900C ─[F0  MV   , K 400 , WY 9   ]─────────────────────( )
28 ──────────────────────────────────────────────────────( ED )
```

图 7-15 参考程序

操作如下:

① 将程序下载到 PLC 后开始运行。

② 调节输入电压分别为 1.5V、2.5V、4V、4.5V,测量 D/A 的输出电压,并观察 Y0、Y1 的状态,记录下来。

试分析该梯形图中 K400、K800 的含义。

7.2 PLC 控制组态软件综合仿真实验

对实验的几点说明如下:

(1) 下面给出的 7 个 PLC 控制组态软件综合仿真实验中,采用力控监控组态软件 ForceControl V7.0 虚拟仿真 PLC 的控制对象,采用 FPWIN-GR2.91 软件对 PLC 控制程序进行编辑和调试,且这 7 个仿真实验系统均分别利用 FP1-C24 型 PLC 和 FP0R-C32 型 PLC 调试通过。

(2) 本书配套光盘中的实验课件中,PLC 装置与微机通信时默认的通信口为 COM1 端口。若读者在实验时,把 PLC 装置与微机的其他端口相连,则需分别在组态软件的开发系统中和 FPWIN-GR 软件中重新设置相同的通信端口。即组态软件的端口设置与 FPWIN-GR 软件的端口设置要一致。

(3) 对于 FP1 型 PLC 当使用 RS-232 接口通信时,由于用户通信方式设置不对可能出现 PLC 装置锁死现象。一旦锁死后,需用 FP 手持编程器 II 将 PLC 系统寄存器 NO.412 改

写成 K1,并注意改写后把 PLC 装置断一下电后再上电,方可正常使用。改写的操作步骤如下:

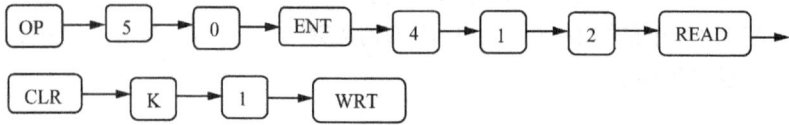

```
OP → 5 → 0 → ENT → 4 → 1 → 2 → READ →
CLR → K → 1 → WRT
```

(4) FP1 型 PLC 与计算机通信还可以通过厂家提供的专用编程电缆线连接到计算机的 USB 端口,连接时应首先知道所用编程电缆线是第几代的以安装相应的驱动程序。注意连接计算机不同的 USB 端口,会显示不同的 COM 口编号,这可在计算机的"设备管理器"选项的"端口"中查看。如果没有 USB 编程电缆线也可以利用本书 5.3.3 节介绍的通信方法。

(5) 若使用的是 FP0R 型 PLC,FP0R 可以通过 USB、RS232 两种方式与计算机通信。如果使用 RS232 直接连接即可;若使用 USB 通信则需要安装驱动程序,FPWIN-GR 2.91 软件中自带驱动程序,首次连接时只要在计算机的"设备管理器"选项中单击更新驱动程序,然后在 FPWIN-GR 2.91 的安装路径下选择 FP0R USB 即可。

(6) 因为力控组态软件 ForceControl 和 PLC 编程软件 FPWIN-GR 都要与 PLC 装置通信,故两者不能同时运行。特别是在运行 FPWIN-GR 前一定要退出 ForceControl 的所有程序,否则就会出现通信故障。

(7) 建议读者在实验时,先把实验所给出的参考程序下载到 PLC 中运行,启动配套光盘中相应的力控仿真系统仔细观察一下虚拟样机运行情况,或者运行一下光盘所带的演示课件,这样更便于理解实验的控制要求。

实验一　运货小车 PLC 控制组态仿真实验

1. 实验目的

(1) 初步学会使用组态软件,掌握 PLC 控制系统的组态仿真设计基本原理。
(2) 学习 FPWIN-GR 软件的使用,掌握用梯形图编写 PLC 程序及程序的调试方法。
(3) 熟悉运料小车控制的 PLC 编程及调试。

2. 实验器材

(1) 微机一台(内有力控组态软件和 FPWIN-GR 软件)。
(2) 松下 FP1-C24 型 PLC 一台或 FP0R 系列 PLC 一台。
(3) 连接线(微机与 PLC 的通信线)和 PLC 的电源线。
(4) 给 FP0R 型 PLC 供电的 24V 直流电源(可选)、FP 手持编程器Ⅱ一台(可选)。

3. 实验原理

本实验是利用 PLC 来控制一台运货的小车。运货小车的组态仿真界面如图 7-16 所示。一台小车在两个工作台之间运送货物,小车的活动范围限于两个工作台之间。图上的小车将货物不断地从左端运送到右端。

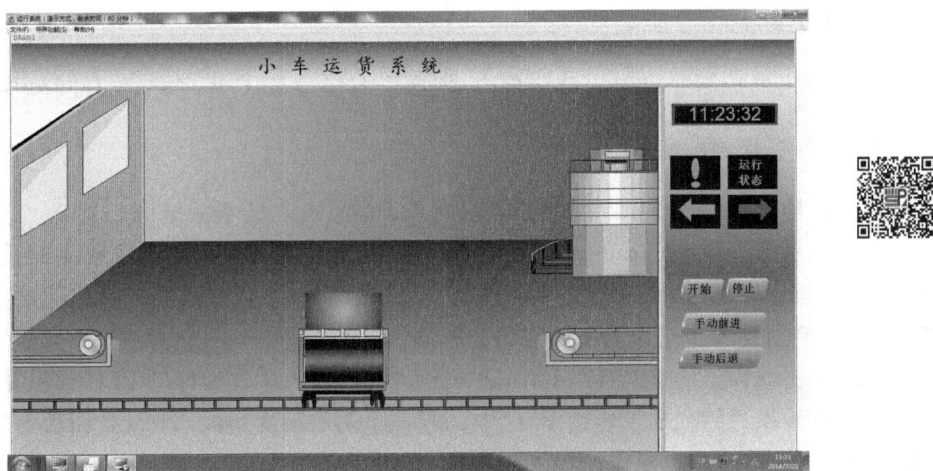

图 7-16　运货小车的组态仿真界面

实验的控制要求如下：

（1）界面上有两个 "开始" 和"停止" 按钮。两个按钮均为非自锁按钮，即按钮按下时为 1，松开后为 0。要求按下"开始"按钮后，小车开始工作，按下"停止"按钮后，小车立即停止工作。

（2）在开始工作之前，小车可能位于两工作台之间的任何位置，所以要求按下开始按钮后，小车先左行至最左端，碰到行程开关为止，然后再开始往复的运动。

（3）当小车行进到最左端碰到行程开关时，左端的行程开关会发出一个 ON 信号，在仿真界面上显示为行程开关变为红色，表示小车已经达到最左端，此时小车停车 3s，等待装货，3s 后，小车右行，直到碰到右端的行程开关。同样当小车碰到右侧的行程开关时，右侧的行程开关也会发出 ON 信号，行程开关变为红色，小车停车 3s，等待卸货。之后小车重新左行，不断地重复上面的过程，直到按下"停止"按钮为止。

（4）当小车停止时，任何时候按下"手动后退"按钮，则小车左行，直到碰到左端的行程开关；当小车停止时，任何时候按下"手动前进"按钮，则小车右行，直到碰到右端的行程开关。

（5）当小车接到左行信号时，界面上指向左端的箭头会由绿色变成红色；当小车接到右行信号时，界面上指向右端的箭头会由绿色变成红色；当小车接到停车信号时，界面上的叹号"!"会由绿色变成红色，表示小车既不前进也不后退。

4. I/O 分配表（见表 7-2）

表 7-2　I/O 分配表

输　入		输　出	
手动前进	R1	小车前进	Y0
手动后退	R2	小车后退	Y1
左行程开关	R3		
右行程开关	R4		
开始按钮	R6		
停止按钮	R0		

5. 预习要求

根据给定的控制要求和 I/O 分配表,用梯形图编写 PLC 程序并写出注释说明。

6. 实验步骤与内容

(1) 连接计算机与 PLC 装置,启动计算机,接通 PLC 装置的电源。

(2) 把参考程序 car.fp 下载到 PLC 中运行,之后关闭 FPWIN 或切换到离线状态,启动力控的"工程管理器"进入运货小车组态仿真系统观察一下程序运行的情况。这样有利于理解 PLC 的控制要求。然后退出所有组态程序。

(3) 双击桌面上的 FPWIN 图标,进入 FPWIN,录入事先编好的 PLC 程序并编辑转换。

(4) 把转换后的程序下传到 PLC 中。若程序无逻辑性错误,则 PLC 面板上的指示灯会指示 RUN 状态,否则指示 ERR 状态。

(5) 当 PLC 指示 RUN 状态时,关闭 FPWIN 或切换到离线状态。

(6) 启动"运货小车"的组态运行系统,观察运行的结果。若结果有误,则退出所有组态程序,重新启动 FPWIN 修改 PLC 程序。把修改后的程序再下传到 PLC 中,重复以上过程直至程序运行正确。

说明:

(1) 因组态软件不能控制 PLC 的 X0、X1 等外部输入触点,故用其内部继电器 R0、R1 等来替代。

(2) 调试程序时,不必每次都重新输入,可用 FPWIN 主界面中"上传"按钮从 PLC 中调出程序或打开已保存过的程序。

(3) 程序运行得正确与否可用该实验组态仿真系统的监控界面来观察。

(4) 本仿真实验系统为开放式,读者可以另行设计其他的控制方式,编写相关 PLC 控制程序来控制运货小车,以检验自己的 PLC 控制程序和控制算法。

7. 注意事项

(1) 拔插 RS-232C 的端口线时,要切断 PLC 及计算机的电源。

(2) PLC 的交流电源输入端为 220V 电压,请注意人身安全。

(3) 因组态软件和 FPWIN 软件使用同一端口与 PLC 装置通信,故组态软件的"运行系统"与 FPWIN 不可同时运行。

8. 实验报告要求

(1) 写出 I/O 分配表和调试好的实验程序。

(2) 画出运料小车控制系统工作时序图。

(3) 写出实验中的问题及分析。

9. 参考程序

该实验的参考程序如图 7-17 所示。

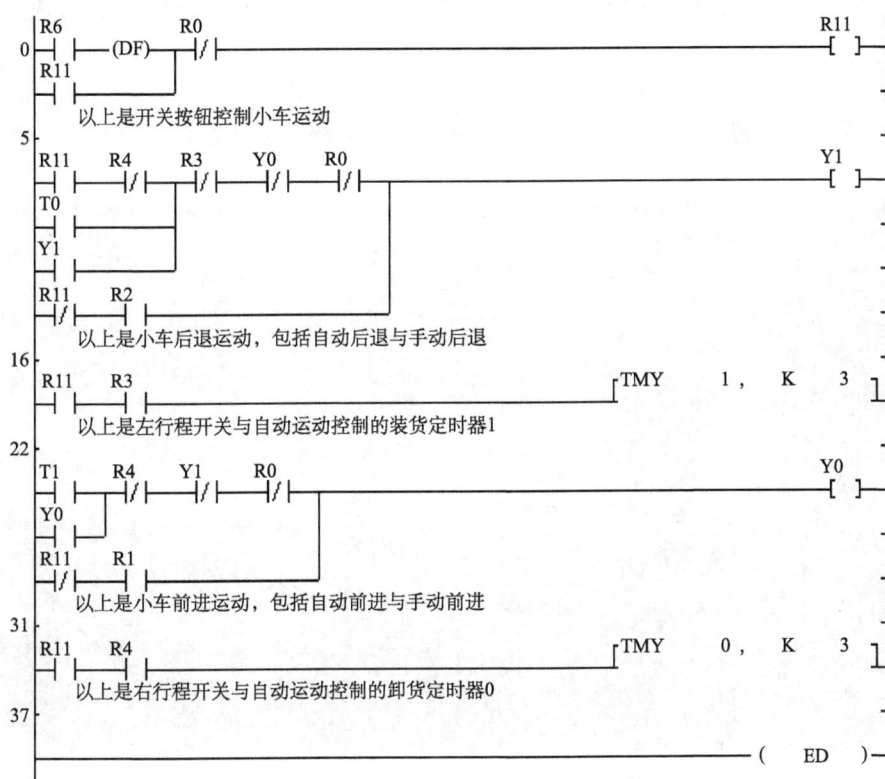

图 7-17　参考程序 car.fp

10. 思考题

(1) 组态软件的运行系统与 FPWIN 为何不可同时运行?

(2) 为什么可用 R0,R1,…代替 X0,X1,…作为输入信号?

(3) 在参考程序图 7-17 中,把第 5 步 R4 的常闭触点去掉时,小车碰到右侧的行程开关后马上返回而不等待卸货,这是为什么?

实验二　一维位置 PLC 控制组态仿真实验

1. 实验目的

(1) 初步学会使用组态软件,掌握 PLC 控制系统的组态仿真设计基本原理。

(2) 学习 FPWIN-GR 软件的使用,掌握用梯形图编写 PLC 程序及程序的调试方法。

(3) 熟悉一维位置控制的 PLC 编程及调试 。

2. 实验器材

(1) 微机一台(内有力控组态软件和 FPWIN-GR 软件)。

(2) 松下 FP1-C24 型 PLC 一台或 FP0R 系列 PLC 一台。

(3) 连接线(微机与 PLC 的通信线)和 PLC 的电源线。

(4) 给 FP0R 型 PLC 供电的 24V 直流电源(可选)、FP 手持编程器Ⅱ一台(可选)。

3. 实验原理

图 7-18 是一维位置 PLC 控制的组态仿真界面图。系统主要的控制对象是一部航吊。

图 7-18　一维位置 PLC 控制的组态仿真界面

实验的控制要求如下:

(1) 在开始工作之前,航吊位于最左端(左行程开关处于闭合状态)。

(2) 当按下"开始"按钮后,航吊运载一个重物(电动机)从左端到右端,碰到右端的行程开关后停止,然后返回,直至碰到左端的行程开关后停止,之后重新上面的运行过程。

(3) 任何时候按下"停止"按钮,系统停止运行。再按下"开始"按钮,系统就会接着原来的工作继续执行。

4. I/O 分配表(见表 7-3)

表 7-3　I/O 分配表

输　入		输　出	
开始/停止按钮	R4	航吊右行	Y1
左行程开关	R0	航吊左行	Y2
右行程开关	R1		

5. 预习要求

根据给定的控制要求和 I/O 分配表,用梯形图编写 PLC 程序并写出注释说明。

6. 实验步骤与内容

（1）连接计算机与 PLC 装置，启动计算机，接通 PLC 装置的电源。

（2）把参考程序 place.fp 下载到 PLC 中运行，之后关闭 FPWIN 或切换到离线状态，启动组态软件的运行系统，进入一维位置控制组态仿真系统观察一下程序运行的情况，这样有利于理解 PLC 的控制要求。然后退出所有组态程序。

（3）双击桌面上的 FPWIN 图标，进入 FPWIN，录入事先编好的 PLC 程序并编辑转换。

（4）把转换后的程序下传到 PLC 中。若程序无逻辑性错误，则 PLC 面板上的指示灯会指示 RUN 状态，否则指示 ERR 状态。

（5）当 PLC 指示 RUN 状态时，关闭 FPWIN 或切换到离线状态。

（6）启动"一维位置控制"的组态运行系统，观察运行的结果。若结果有误，则退出所有组态程序，重新启动 FPWIN 修改 PLC 程序。把修改后的程序再下传到 PLC 中，重复以上过程直至程序运行正确。

说明：

（1）由于组态软件不能控制 PLC 的 X0、X1 等输入触点，故用其内部继电器 R0、R1 等来替代。

（2）调试程序时，不必每次都重新输入，可用 FPWIN 主界面中的"上传"按钮从 PLC 中调出程序或打开已保存过的程序。

（3）程序运行得正确与否可用该实验组态仿真系统的监控界面来观察。

7. 注意事项

（1）拔插 RS-232C 的端口线时，要先切断 PLC 及计算机的电源。

（2）PLC 的交流电源输入端为 220V 电压，注意人身安全，不可触摸。

（3）因组态软件与 FPWIN 软件使用同一端口与 PLC 装置通信，故组态软件的运行系统与 FPWIN 不可同时运行。

8. 实验报告要求

（1）写出 I/O 分配表和调试好的实验程序。

（2）画出一维位置控制系统的工作时序图。

（3）写出实验中的问题及分析。

9. 参考程序

该实验的参考程序如图 7-19 所示。

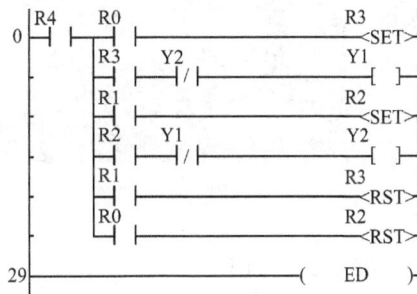

图 7-19　参考程序 place.fp

实验三　十字路口交通指挥灯 PLC 控制组态仿真实验

1. 实验目的

（1）初步学会使用组态软件，掌握 PLC 控制系统的组态仿真设计基本原理。

（2）学习 FPWIN-GR 软件的使用，掌握用梯形图编写 PLC 程序及程序的调试方法。

（3）熟悉十字路口交通指挥灯控制的 PLC 编程及调试。

2. 实验器材

（1）微机一台（内有力控组态软件和 FPWIN-GR 软件）。

（2）松下 FP1-C24 型 PLC 一台或 FP0R 系列 PLC 一台。

（3）连接线（微机与 PLC 的通信线）和 PLC 的电源线。

（4）给 FP0R 型 PLC 供电的 24V 直流电源（可选）、FP 手持编程器 Ⅱ 一台（可选）。

3. 实验原理

图 7-20 是十字路口交通指挥灯组态仿真界面图。本实验利用 PLC 控制十字路口的交通灯。十字路口的交通灯分为横向控制灯和纵向控制灯，每个方向有红、绿、黄 3 种颜色的控制灯，分别称为横向红灯、横向绿灯、横向黄灯和纵向红灯、纵向绿灯、纵向黄灯。

图 7-20　十字路口交通指挥灯组态仿真界面

实验的控制要求如下：

（1）在进行交通灯控制时，横向灯与纵向灯的控制过程是完全相同的，故只需控制一面即可。

（2）横向红灯和纵向绿灯同时亮灭，横向绿灯和纵向红灯同时亮灭。横向黄灯和纵向黄灯同时亮灭。

（3）横向的方向上，红灯亮 20s，然后黄灯亮 3s，接着绿灯亮 20s。在进行上述控制的同时也就相当于在纵向上进行了相反的控制过程。

（4）界面上有"开始"和"停止"两个非自锁按钮，按下时为 1，松开后为 0。当按下"开始"按钮时，系统开始按照控制要求进行控制，按下"停止"按钮时，系统的控制程序停止控制。

4. I/O 分配表(见表 7-4)

表 7-4　I/O 分配表

输　　入		输　　出	
开始按钮	R0	横向绿灯(纵向红灯)	Y0
停止按钮	R4	横向黄灯(纵向黄灯)	Y1
		横向红灯(纵向绿灯)	Y2

5. 预习要求

根据给定的控制要求和 I/O 分配表,用梯形图编写 PLC 程序并写出注释说明。

6. 实验步骤与内容

(1) 连接计算机与 PLC 装置,启动计算机,接通 PLC 装置的电源。

(2) 把参考程序 traffic.fp 下载到 PLC 中运行,之后关闭 FPWIN 或切换到离线状态,启动组态软件的运行系统,进入十字路口交通指挥灯控制组态仿真系统观察一下程序运行的情况,这样有利于理解 PLC 的控制要求。然后退出所有组态程序。

(3) 双击桌面上的 FPWIN 图标,进入 FPWIN,录入事先编好的 PLC 程序并编辑、转换。

(4) 把转换后的程序下传到 PLC 中。若程序无逻辑性错误,则 PLC 面板上的指示灯会指示 RUN 状态,否则指示 ERR 状态。

(5) 当 PLC 指示 RUN 状态时,关闭 FPWIN。

(6) 启动"交通灯"的组态运行系统,观察运行的结果。若结果有误,则退出所有组态程序,重新启动 FPWIN 修改 PLC 程序。把修改后的程序再下传到 PLC 中,重复以上过程直至程序运行正确。

说明:

(1) 因组态软件不可控制 PLC 的 X0、X1 等输入触点,故用其内部继电器 R0、R1 等来替代。

(2) 调试程序时,不必每次都重新输入,可用 FPWIN 主界面中的"上传"按钮从 PLC 中调出程序或打开已保存过的程序。

(3) 程序运行得正确与否可用该实验组态仿真系统的监控界面来观察。

7. 注意事项

(1) 拔插 RS-232C 的端口线时,要切断 PLC 及计算机的电源。

(2) PLC 的交流电源输入端为 220 V 电压,请注意人身安全。

(3) 因组态软件与 FPWIN 软件使用同一端口与 PLC 装置通信,故组态软件的运行系统与 FPWIN 不可同时运行。

8. 实验报告要求

（1）写出 I/O 分配表和调试好的实验程序。

（2）画出十字路口交通指挥灯 PLC 控制动作的时序图。

（3）写出实验中的问题及分析。

9. 参考程序

该实验的参考程序如图 7-21 所示。

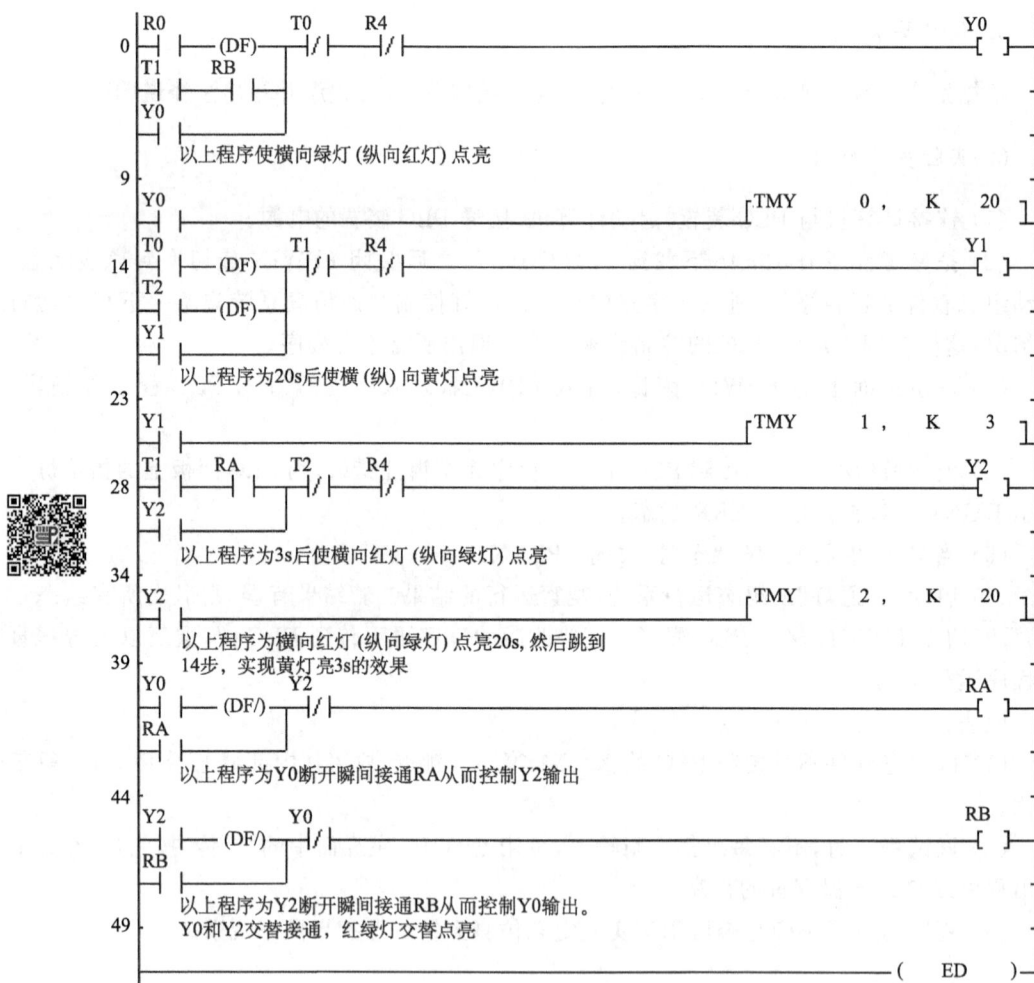

图 7-21　参考程序 traffic.fp

10. 思考题

（1）为何横向红灯与纵向绿灯用同一个输出触点，横向绿灯与纵向红灯用同一个输出触点，两个黄灯用同一个输出触点？每个灯都各用一个触点怎样？

（2）将如图 7-22 程序名为 error.fp 的程序下载到 PLC 中进行上述控制，会发生下述现象：

横向绿灯与纵向红灯亮 20s 后熄灭,接着黄灯亮 3s 后熄灭,再接着横向红绿灯和纵向红绿灯 4 个灯同时亮 20s 后熄灭,紧接着黄灯再亮 3s,之后所有的灯熄灭,程序停止运行。

请仔细观察控制结果并分析程序,为什么会出现上述现象? 错误在哪里?

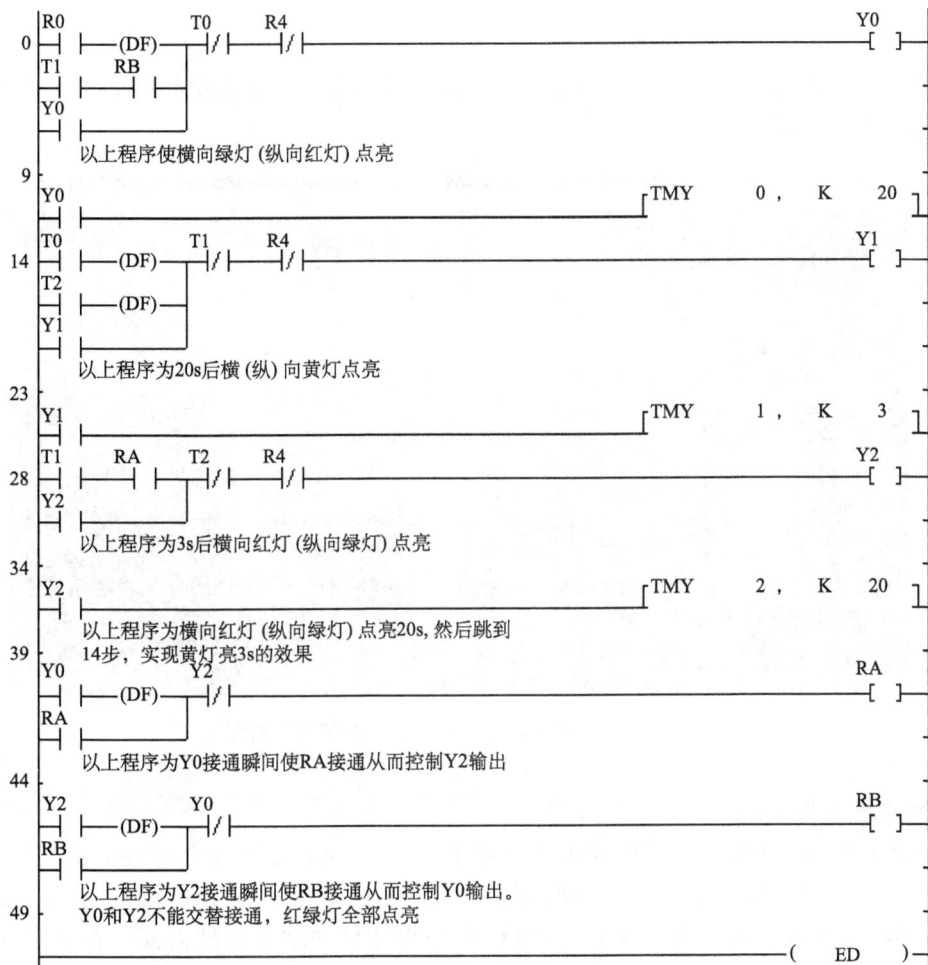

图 7-22　参考程序 error.fp

实验四　红酒装箱自动生产线组态仿真实验

1. 实验目的

(1) 初步学会使用组态软件,掌握 PLC 控制系统的组态仿真设计基本原理。

(2) 学习 FPWIN-GR 软件的使用,掌握用梯形图编写 PLC 程序及程序的调试方法。

(3) 熟悉红酒装箱自动生产线控制的 PLC 编程及调试。

2. 实验器材

(1) 微机一台(内有力控组态软件和 FPWIN-GR 软件)。

（2）松下 FP1-C24 型 PLC 一台或 FP0R 系列 PLC 一台。

（3）连接线（微机与 PLC 的通信线）和 PLC 的电源线。

（4）给 FP0R 型 PLC 供电的 24V 直流电源（可选）、FP 手持编程器 Ⅱ 一台（可选）。

3. 实验原理

图 7-23 是红酒装箱自动生产线运行中的组态仿真界面图。本实验是利用 PLC 来控制红酒装箱的自动生产线。

图 7-23　红酒装箱自动生产线组态仿真界面图

实验的控制要求如下：

（1）装好的红酒一个接一个不断地进入装箱生产线，在装箱生产线上有一个光电传感器，每当一个红酒瓶经过时，会产生一个脉冲信号，可以用这个脉冲信号计数已经经过的红酒的个数，并将计数的结果显示在界面上（PLC 中是将计数的结果送到内部寄存器 WR2 中）。当红酒数达到 12 个时（减计数），进行装箱动作。

（2）系统是利用一只机械手来完成整个装箱动作过程的。在生产线开始运作之前，机械手可能位于任何位置，要求在生产线的初始化阶段将机械手送到左上角的位置。

（3）4 个行程开关：左行程开关、右行程开关、上行程开关和下行程开关。当机械手向左运动时，若碰到左侧的行程开关，则左侧行程开关闭合，同时行程开关会变成红色，表示机械手已经到达最左侧。其他 3 个方向行程开关的作用相同。

（4）计数器计到 12 瓶时，开始装箱动作。先将机械手沿着最左侧从上向下运动，直到碰到最下端行程开关，此时表示机械手已经碰到了酒瓶，自动抓起红酒后，向上运动，碰到最上面的行程开关时，机械手右行，碰到右侧的行程开关时，机械手下行，直到碰到下端的行程开关，表示已经把红酒装入箱中，一次的装箱过程完成。

（5）在完成装箱的动作过程后，需要运动机械手同时上行和左行到左上角的位置，等待红酒计数到达 12 个时，重新进行下一次的装箱动作。

(6) 在整个运行的过程中,在界面上用箭头分别指出现在机械手的运动方向,以便于程序的调试。

4. I/O 分配表(见表 7-5)

表 7-5　I/O 分配表

输　入		输　出	
下行程开关	R0	上行	Y0
上行程开关	R1	下行	Y1
左行程开关	R2	右行	Y2
右行程开关	R3	左行	Y3
光电脉冲	R4	红酒瓶计数结果	WR2

5. 预习要求

根据给定的控制要求和 I/O 分配表,用梯形图编写 PLC 程序并写出注释说明。

6. 实验步骤与内容

(1) 连接计算机与 PLC 装置,启动计算机,接通 PLC 装置的电源。

(2) 把参考程序 wine.fp 下载到 PLC 中运行,之后关闭 FPWIN 或切换到离线状态,启动组态软件的运行系统,进入红酒装箱自动生产线组态仿真系统观察一下程序运行的情况,这样有利于理解 PLC 的控制要求。然后退出所有组态程序。

(3) 双击桌面上的 FPWIN 图标,进入 FPWIN,录入事先编好的 PLC 程序并编辑转换。

(4) 把转换后的程序下传到 PLC 中。若程序无逻辑性错误,则 PLC 面板上的指示灯会指示 RUN 状态,否则指示 ERR 状态。

(5) 当 PLC 指示 RUN 状态时,关闭 FPWIN。

(6) 启动"红酒装箱"的组态运行系统,观察运行的结果。若结果有误,则退出所有组态程序,重新启动 FPWIN 修改 PLC 程序。把修改后的程序再下传到 PLC 中,重复以上过程直至程序运行正确。

说明:

(1) 因组态软件不可控制 PLC 的 X0、X1 等输入触点,故用其内部继电器 R0、R1 等来替代。

(2) 调试程序时,不必每次都重新输入,可用 FPWIN 主界面中的"上传"按钮从 PLC 中调出程序或打开已保存过的程序。

(3) 程序运行得正确与否可用该实验组态仿真系统的监控界面来观察。

7. 注意事项

(1) 因组态软件与 FPWIN 软件使用同一端口与 PLC 装置通信,故组态软件的运行系统与 FPWIN 不可同时运行。

(2) 拔插 RS-232C 的端口线时,要切断 PLC 及计算机的电源。

(3) PLC 的交流电源输入端为 220 V 电压,注意人身安全,不可触摸。

8. 实验报告要求

(1) 写出 I/O 分配表和调试好的实验程序。

(2) 写出实验中的问题及分析。

9. 参考程序

该实验的参考程序如图 7-24 所示。这里需要强调一下定时器/计数器的编号问题：对

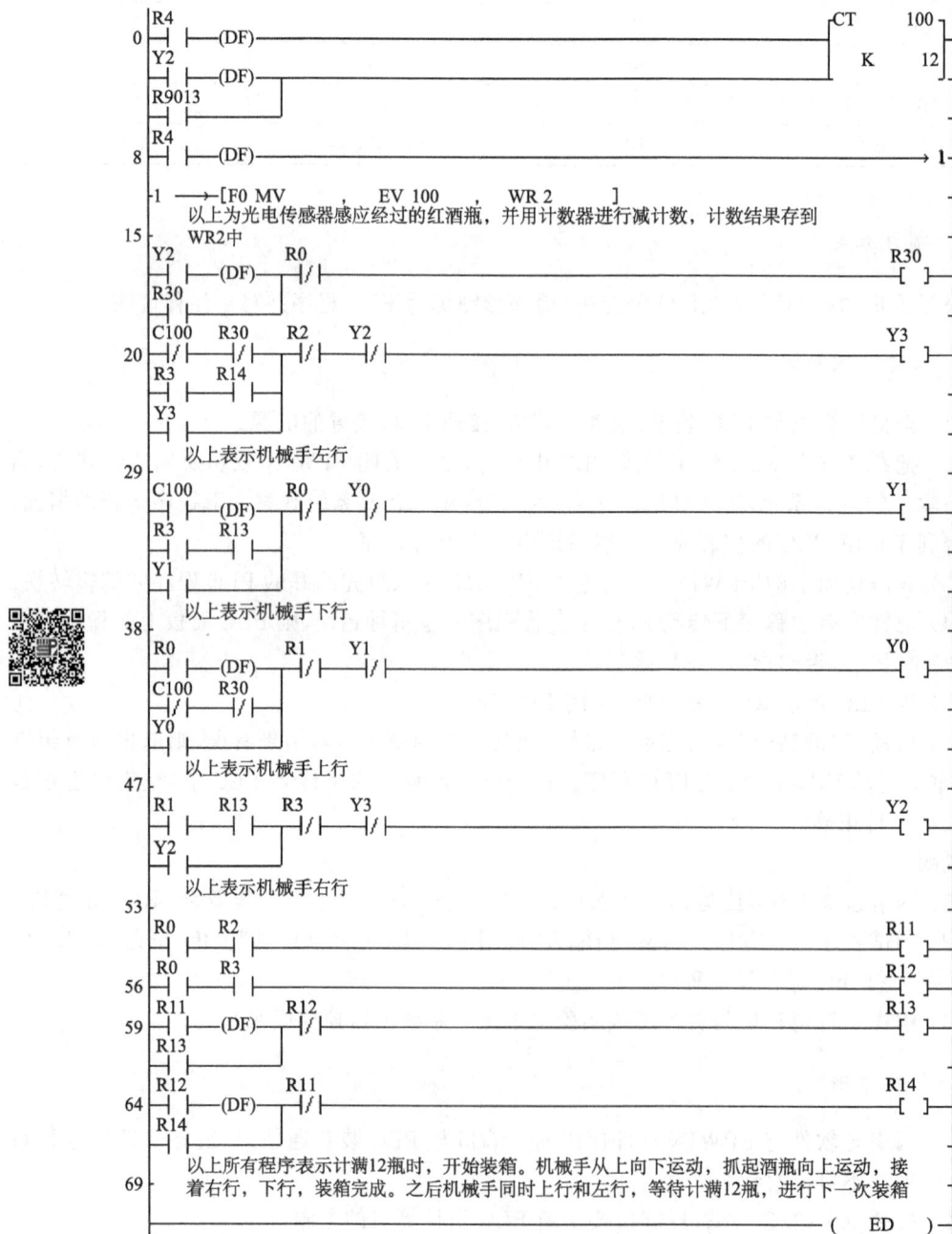

以上为光电传感器感应经过的红酒瓶，并用计数器进行减计数，计数结果存到 WR2 中

以上表示机械手左行

以上表示机械手下行

以上表示机械手上行

以上表示机械手右行

以上所有程序表示计满12瓶时，开始装箱。机械手从上向下运动，抓起酒瓶向上运动，接着右行，下行，装箱完成。之后机械手同时上行和左行，等待计满12瓶，进行下一次装箱

图 7-24　参考程序 wine.fp

于 FP1 系列 PLC,默认情况下定时器的编号为 T0～T99,计数器的编号从 100 开始;对于 FP0R 系列 PLC,默认情况下定时器的编号为 T0～T1007,计数器的编号从 1008 开始。这里给出的梯形图 7-24 是以 FP1-C24 型 PLC 为例编写的,若使用 FP0R 系列 PLC,请注意通过 FPWIN 软件的系统寄存器 No.5 重新设置计数器的编号。

实验五　LED 数码显示 PLC 控制组态仿真实验

1. 实验目的

(1) 初步学会使用组态软件,掌握 PLC 控制系统的组态仿真设计基本原理。
(2) 学习 FPWIN-GR 软件的使用,掌握用梯形图编写 PLC 程序及程序的调试方法。
(3) 熟悉 LED 数码显示控制的 PLC 编程及调试。

2. 实验器材

(1) 微机一台(内有"力控"组态软件和"FPWIN-GR"编程软件)。
(2) 松下 FP1-C24 型 PLC 一台或 FP0R 系列 PLC 一台。
(3) 连接线(微机与 PLC 的通信线)和 PLC 的电源线。
(4) 给 FP0R 型 PLC 供电的 24V 直流电源(可选)、FP 手持编程器 II 一台(可选)。

3. 实验原理

本实验是利用 PLC 来控制一位七段 LED 数码管的显示,LED 设备的组态仿真界面如图 7-25 所示。

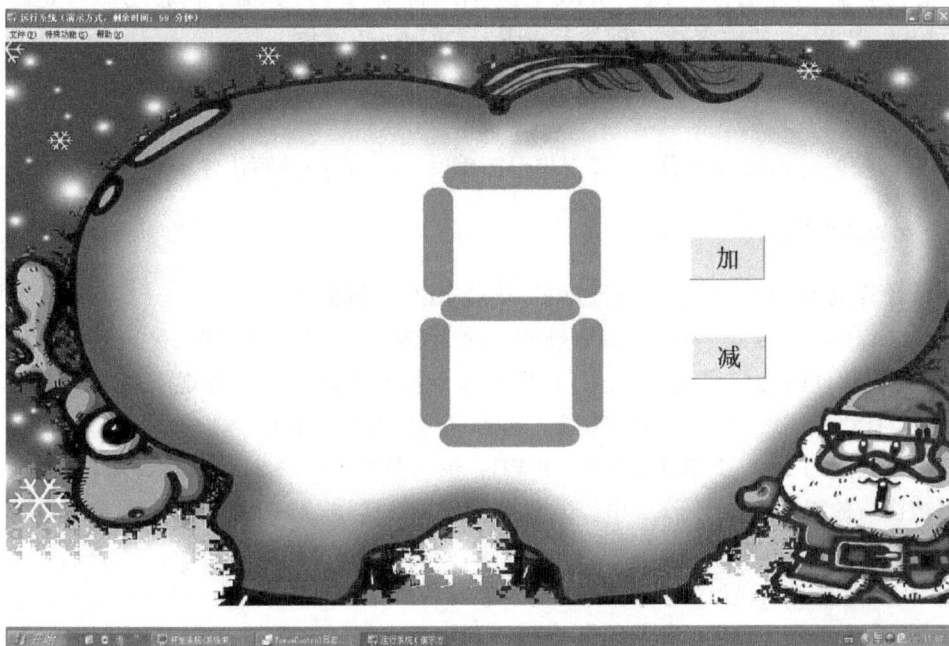

图 7-25　LED 组态仿真界面图

实验的控制要求如下：

（1）用 PLC 来控制一位七段数码管。数码管的每一段都对应于 PLC 的一个输出端子。PLC 输出端子的"1"、"0"状态对应于相应段的亮与灭。

（2）仿真界面上有两个按钮"＋"、"－"，每按动一次"＋"按钮，数字加 1，每按动一次"－"按钮，数字减 1，同时界面上显示出现在应该显示的数字。

（3）本实验要求能正确显示数字 0～9 即可。

4. I/O 分配表（见表 7-6）

表 7-6 I/O 分配表

输 入		输 出	
＋	WR0＋1	段 A	Y0
－	WR0－1	段 B	Y1
		段 C	Y2
		段 D	Y3
		段 E	Y4
		段 F	Y5
		段 G	Y6

说明：

表 7-6 中的 WR0＋1 和 WR0－1 指每按动一次界面上的按钮"＋"是将 PLC 的中间继电器 WR0 的内容加 1，即执行 WR0＝WR0＋1 操作；每按动一次界面上的按钮"－"是将 PLC 的中间继电器 WR0 的内容减 1，即执行 WR0＝WR0－1 操作。

5. 预习要求

根据给定的控制要求和 I/O 分配表，用梯形图编写 PLC 程序并写出注释说明。

6. 实验步骤与内容

（1）连接计算机与 PLC 装置，启动计算机，接通 PLC 装置的电源。

（2）把参考程序 led.fp 或 newled.fp 下载到 PLC 中运行，之后关闭 FPWIN 或切换到离线状态，启动组态软件的运行系统，进入 LED 数码显示控制组态仿真系统观察一下程序运行的情况，这样有利于理解 PLC 的控制要求。然后退出所有组态程序。

（3）双击桌面上的 FPWIN 图标，进入 FPWIN，录入事先编好的 PLC 程序并编辑转换。

（4）把转换后的程序下传到 PLC 中。若程序无逻辑性错误，则 PLC 面板上的指示灯会指示 RUN 状态，否则指示 ERR 状态。

（5）当 PLC 指示 RUN 状态时，关闭 FPWIN。

（6）启动"数码管"的组态运行系统，观察运行的结果。若结果有误，则退出所有组态程序，重新启动 FPWIN 修改 PLC 程序。把修改后的程序再下传到 PLC 中，重复以上过程直至程序运行正确。

7. 注意事项

（1）因组态软件与 FPWIN 软件使用同一端口与 PLC 装置通信,故组态软件的运行系统与 FPWIN 不可同时运行。

（2）拔插 RS-232C 的端口线时,要切断 PLC 及计算机的电源。

（3）PLC 的交流电源输入端为 220 V 电压,注意人身安全,不可触摸。

8. 实验报告要求

（1）写出 I/O 分配表和调试好的实验程序。

（2）写出实验中的问题及分析。

9. 参考程序

该实验的参考程序如图 7-26 和图 7-27 所示。图 7-26 和图 7-27 所示程序的执行结果是完全一样的。图 7-26 只用一条高级指令就可实现。而图 7-27 是根据表 7-7 七段转换表画出每个显示段（a～g 段）的卡诺图,利用卡诺图化简得出每一显示段的逻辑表达式,再用 PLC 的基本指令编写成梯形图程序,程序较长。但图 7-27 还是利用显示段的反逻辑编写的程序,若采用正逻辑编写程序会更长。从中读者可以领会到高级指令功能的强大,用好高级指令是很必要的。

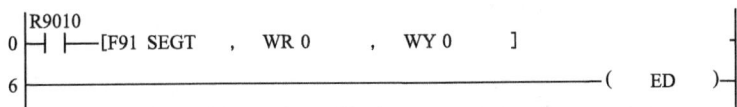

图 7-26　参考程序 newled.fp

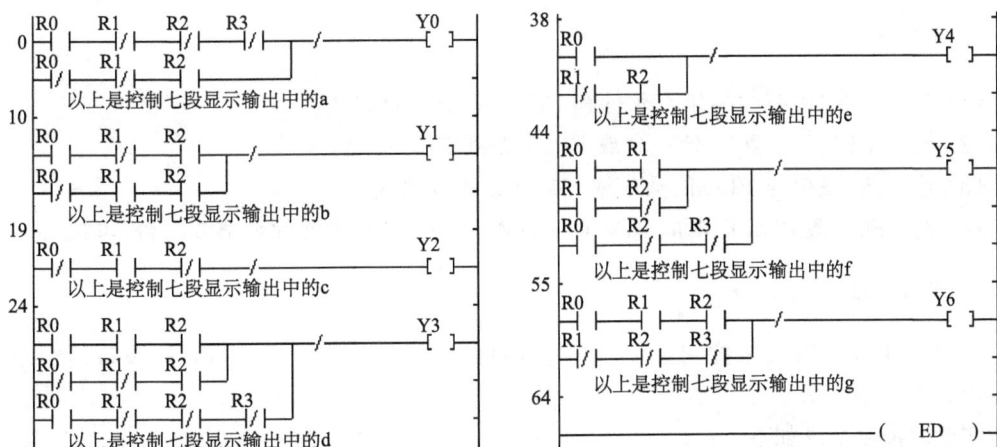

图 7-27　参考程序 led.fp

表 7-7　七段转换表

待变换的数据		七段显示的组成	用于七段显示的8bit数据								七段显示
十六进制	二进制		/	g	f	e	d	c	b	a	
H0	0000		0	0	1	1	1	1	1	1	0
H1	0001		0	0	0	0	0	1	1	0	1
H2	0010		0	1	0	1	1	0	1	1	2
H3	0011		0	1	0	0	1	1	1	1	3
H4	0100		0	1	1	0	0	1	1	0	4
H5	0101		0	1	1	0	1	1	0	1	5
H6	0110		0	1	1	1	1	1	0	1	6
H7	0111		0	0	0	0	0	1	1	1	7
H8	1000		0	1	1	1	1	1	1	1	8
H9	1001		0	1	1	0	1	1	1	1	9
HA	1010		0	1	1	1	0	1	1	1	A
HB	1001		0	1	1	1	1	1	0	0	b
HC	1100		0	0	1	1	1	0	0	1	C
HD	1101		0	1	0	1	1	1	1	0	d
HE	1110		0	1	1	1	1	0	0	1	E
HF	1111		0	1	1	1	0	0	0	1	F

实验六　霓虹灯 PLC 控制组态仿真实验

1. 实验目的

(1) 初步学会使用组态软件，掌握 PLC 控制系统的组态仿真设计基本原理。

(2) 学习 FPWIN-GR 软件的使用，掌握用梯形图编写 PLC 程序及程序的调试方法。

(3) 熟悉霓虹灯控制的 PLC 编程及调试 。

2. 实验器材

(1) 微机一台(内有力控组态软件和 FPWIN-GR 软件)。

(2) 松下 FP1-C24 型 PLC 一台或 FP0R 系列 PLC 一台。

(3) 连接线(微机与 PLC 的通信线)和 PLC 的电源线。

(4) 给 FP0R 型 PLC 供电的 24V 直流电源(可选)、FP 手持编程器Ⅱ一台(可选)。

3. 实验原理

本实验是利用 PLC 来控制 8 个字形霓虹灯的闪烁及工作过程。霓虹灯设备的组态仿真界面如图 7-28 所示。

实验的控制要求如下：

(1) 实验主要是控制 8 个字形霓虹灯的闪亮过程。"中""国""共""产""党""万""岁""!"，这 8 个字符分别对应 PLC 的 8 个输出触点 Y0～Y7。每个输出触点的输出值 "0" 或 "1" 对应于灯的灭与亮。

(2) 要求按动"开始"按钮时，8 个字形霓虹灯在程序的控制下依次点亮或熄灭，并循环

图 7-28 霓虹灯设备的组态仿真界面图

反复。当按动"停止"按钮时,程序停止工作,字形霓虹灯立即全部熄灭。

(3) 本实验并没有具体的控制要求,请读者自行提出控制要求,设计出相应的控制程序,并验证 PLC 程序的正确与否。

4. I/O 分配表(见表 7-8)

表 7-8 I/O 分配表

输　入		输　出	
开始/停止	R10	中	Y0
		国	Y1
		共	Y2
		产	Y3
		党	Y4
		万	Y5
		岁	Y6
		！	Y7

5. 预习要求

根据自行提出的控制要求和 I/O 分配表,用梯形图编写 PLC 程序并写出注释说明。

6. 实验步骤与内容

(1) 连接计算机与 PLC 装置,启动计算机,接通 PLC 装置的电源。

(2) 分别把参考程序 lamp1.fp、lamp2.fp 和 lamp3.fp 下载到 PLC 中运行,之后关闭 FPWIN 或切换到离线状态,启动组态软件的运行系统,进入霓虹灯控制组态仿真系统观察一下程序运行的情况,这样有利于理解 PLC 的控制要求。然后退出所有组态程序。

（3）双击桌面上的 FPWIN 图标,进入 FPWIN,录入事先编好的 PLC 程序并编辑转换。

（4）把转换后的程序下传到 PLC 中。若程序无逻辑性错误,则 PLC 面板上的指示灯会指示 RUN 状态,否则指示 ERR 状态。

（5）当 PLC 指示 RUN 状态时,关闭 FPWIN。

（6）启动"霓虹灯"的组态运行系统,观察运行的结果。若结果有误,则退出所有组态程序,重新启动 FPWIN 修改 PLC 程序。把修改后的程序再下传到 PLC 中,重复以上过程直至程序运行正确为止。

7. 注意事项

（1）运行 lamp3.fp 时,需在 FPWIN-GR 软件中,把系统寄存器 No.6 的定时器/计数器保持区起始号设为大于 100 的数(即把计数器 CT100 设成非保持型),以免程序执行不正常。

（2）拔插 RS-232C 的端口线时,要切断 PLC 及计算机的电源。

（3）PLC 的交流电源输入端为 220V 电压,注意人身安全,不可触摸。

（4）因组态软件与 FPWIN 软件使用同一端口与 PLC 装置通信,故组态软件的运行系统与 FPWIN 不可同时运行。

8. 实验报告要求

（1）写出 I/O 分配表和调试好的实验程序。

（2）画出霓虹灯控制的动作时序图。

（3）写出实验中的问题及分析。

9. 参考程序

该实验的参考程序如图 7-29(a)、(b)和(c)所示。其中图 7-29(a)利用左移位指令 SR 实现 8 个字形霓虹灯"中""国""共""产""党""万""岁""!"在移位脉冲的作用下依次点亮,再按着原来的方向依次熄灭,如此循环反复进行;图 7-29(b)利用双向移位寄存器指令先实现数据的左移,即 8 个字"中""国""共""产""党""万""岁""!"在移位脉冲的作用下依次点亮,全亮后数据再右移,即 8 个字按着相反的方向依次熄灭,如此循环反复进行;图 7-29(c)是图 7-29(b)所示程序功能的进一步扩展。当 8 个字依次点亮 1 秒后闪三闪,再延迟 1 秒,8 个字按着相反的方向依次熄灭,如此循环反复进行。

(a) 参考程序 lamp1.fp

```
      ┌ R1
   0  ┤├─────────────────────────────────┤F119 LRSR
      ┌ R1
      ┤├                                      WY    0
      ┌ R901C
      ┤├                                      WY    1
      ┌ R10
      ┤/├
      ┌ R0    R1                                    R0
   9  ┤├────┤/├─────────────────────────────────( )─
      ┌ =   K 255  ，  WY 0 ┤
      ┌ R1    R0                                    R1
  17  ┤├────┤/├─────────────────────────────────( )─
      ┌ =   K 0   ，  WY 0 ┤
  25  ─────────────────────────────────────( ED )─
```

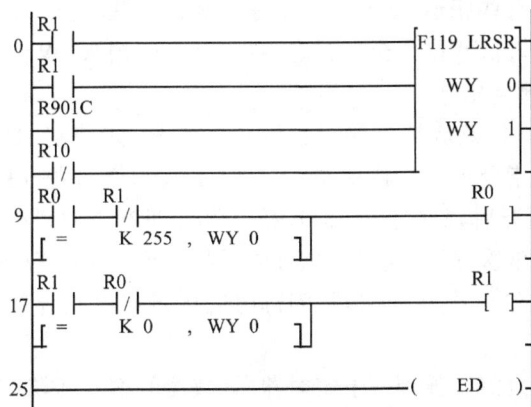

(b) 参考程序 lamp2.fp

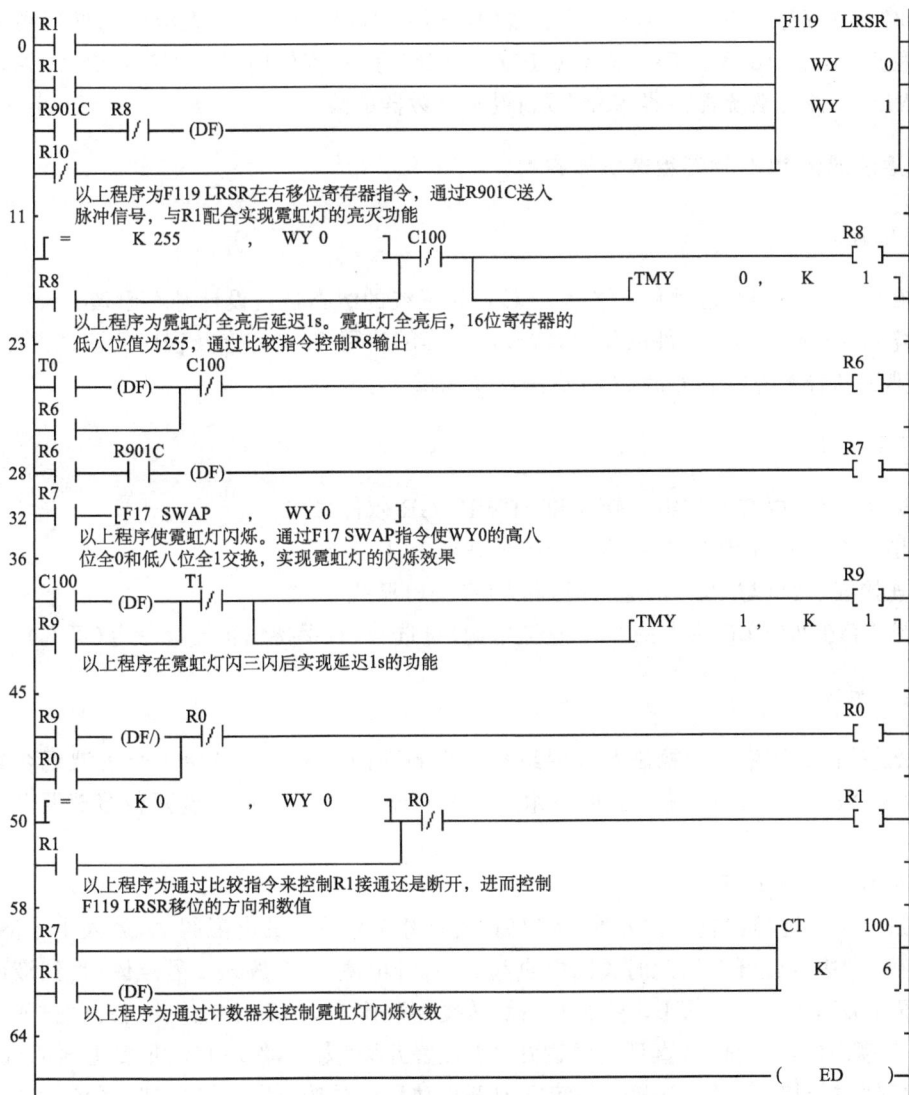

```
      ┌ R1
   0  ┤├────────────────────────────────────┤F119  LRSR
      ┌ R1
      ┤├                                          WY    0
      ┌ R901C  R8
      ┤/├────┤├──(DF)─                             WY    1
      ┌ R10
      ┤/├
```
以上程序为 F119 LRSR 左右移位寄存器指令，通过 R901C 送入
脉冲信号，与 R1 配合实现霓虹灯的亮灭功能

```
      ┌ =   K 255      ，  WY 0        ┌ C100              R8
  11  ┤                               ┤/├──────────────( )─
      ┌ R8
      ┤├                                      ┌TMY    0 ， K  1
```
以上程序为霓虹灯全亮后延迟 1s。霓虹灯全亮后，16 位寄存器的
低八位值为 255，通过比较指令控制 R8 输出

```
      ┌ T0          C100                              R6
  23  ┤├──(DF)──┤/├──────────────────────────────( )─
      ┌ R6
      ┤├
      ┌ R6    R901C                                    R7
  28  ┤├────┤├──(DF)─                               ( )─
      ┌ R7
  32  ┤├──[F17 SWAP   ， WY 0      ]
```
以上程序使霓虹灯闪烁。通过 F17 SWAP 指令使 WY0 的高八
位全 0 和低八位全 1 交换，实现霓虹灯的闪烁效果

```
      ┌ C100          T1                               R9
  36  ┤├──(DF)──┤/├                                 ( )─
      ┌ R9
      ┤├                                      ┌TMY    1 ， K  1
```
以上程序在霓虹灯闪三闪后实现延迟 1s 的功能

```
      ┌ R9          R0                                 R0
  45  ┤├──(DF/)──┤/├                               ( )─
      ┌ R0
      ┤├
      ┌ =   K 0     ，  WY 0        ┌ R0             R1
  50  ┤                            ┤/├             ( )─
      ┌ R1
      ┤├
```
以上程序为通过比较指令来控制 R1 接通还是断开，进而控制
F119 LRSR 移位的方向和数值

```
      ┌ R7                                        ┌CT   100
  58  ┤├                                          ┤
      ┌ R1                                             K    6
      ┤├──(DF)─
```
以上程序为通过计数器来控制霓虹灯闪烁次数

```
  64  ─────────────────────────────────────────( ED )─
```

(c) 参考程序 lamp3.fp

图 7-29　霓虹灯控制参考程序

相比较这三个程序有些相似,lamp3.fp 程序稍复杂一些,这里只对其分析。

若 WY0 值为 0,代表低八位是全 0 状态,霓虹灯全部熄灭;WY0 值为 255,代表低八位是全 1 状态,霓虹灯全部点亮。

程序运行初期 WY0 值默认是 0,通过比较指令和 R0 来控制 R1 的通断状态,若 R1 接通则通过 F119(LRSR)指令进行左移动作(即变量 1 从低位到高位移动),使霓虹灯正向依次点亮。同理,当 R1 断开后则通过 F119(LRSR)指令进行右移动作(即变量 0 从高位到低位移动),使霓虹灯反向依次熄灭,这里霓虹灯闪烁的效果通过[F17 SWAP , WY0]指令进行高八位全 0 和低八位全 1 交换来实现,闪烁时间由定时器和计数器配合确定,如此循环运行。

对于梯形图 7-29(c),需要强调一下定时器/计数器的编号问题:对于 FP1 系列 PLC,默认情况下定时器的编号为 T0~T99,计数器的编号从 100 开始;对于 FP0R 系列 PLC,默认情况下定时器的编号为 T0~T1007,计数器的编号从 1008 开始。这里给出的梯形图 7-29(c) 参考程序 lamp3.fp 是以 FP1-C24 型 PLC 为例编写的,若使用 FP0R 系列 PLC,请注意通过 FPWIN 软件的系统寄存器 No.5 重新设置计数器的编号。

实验七　溶液混合 PLC 控制组态仿真实验

1. 实验目的

(1) 初步学会使用组态软件,掌握 PLC 控制系统的组态仿真设计基本原理。
(2) 学习 FPWIN-GR 软件的使用,掌握用梯形图编写 PLC 程序及程序的调试方法。
(3) 熟悉两种溶液混合控制的 PLC 编程及调试 。

2. 实验器材

(1) 微机一台(内有力控组态软件和 FPWIN-GR 软件)。
(2) 松下 FP1-C24 型 PLC 一台或 FP0R 系列 PLC 一台。
(3) 连接线(微机与 PLC 的通信线)和 PLC 的电源线。
(4) 给 FP0R 型 PLC 供电的 24V 直流电源(可选)、FP 手持编程器Ⅱ一台(可选)。

3. 实验原理

图 7-30 是两种溶液混合控制系统的组态仿真界面图。系统设备由 1 个溶液混合罐,3 个电磁阀,3 个位置开关和 1 个搅拌叶轮组成。本实验是利用 PLC 控制两种溶液混合的生产过程。

实验的控制要求如下:

(1) 系统工作过程:当按动"开始"按钮后,先打开 1 号溶液的电磁阀 A,放入 1 号溶液,直到液面到达"中位置开关",此时关闭电磁阀 A,打开电磁阀 B,放入 2 号液体,直到液面到达"上位置开关",关闭电磁阀 B。叶轮开始旋转搅拌液体 5s,然后叶轮停止,打开"排放电磁阀",将混合罐内的液体排出,直到液面达到 "下位置开关"为止,然后自动重复上面的过程。

(2) 任何时候按下"停止"按钮,系统立即停止动作。再按下"开始"按钮,系统就会接着原来的工作继续执行。

图 7-30 溶液混合生产设备的组态仿真界面图

4. I/O 分配表(见表 7-9)

表 7-9 I/O 分配表

输 入		输 出	
开始按钮	R0	电磁阀 A	Y0
停止按钮	R1	电磁阀 B	Y1
下位置开关	R3	排放电磁阀	Y2
中位置开关	R4	叶轮电动机	Y3
上位置开关	R5		

5. 预习要求

根据给定的控制要求和 I/O 分配表,用梯形图编写 PLC 程序并写出注释说明。

6. 实验步骤与内容

(1) 连接计算机与 PLC 装置,启动计算机,接通 PLC 装置的电源。

(2) 把参考程序 liquid.fp 下载到 PLC 中运行,之后关闭 FPWIN 或切换到离线状态,启动组态软件的运行系统,进入两种溶液混合控制组态仿真系统观察一下程序运行的情况,这样有利于理解 PLC 的控制要求。然后退出所有组态程序。

(3) 双击桌面上的 FPWIN 图标,进入 FPWIN,录入事先编好的 PLC 程序并编辑、转换。

（4）把转换后的程序下传到 PLC 中。若程序无逻辑性错误，则 PLC 面板上的指示灯会指示 RUN 状态，否则指示 ERR 状态。

（5）当 PLC 指示 RUN 状态时，关闭 FPWIN。

（6）启动"溶液混合"的组态运行系统，观察运行的结果。若结果有误，则退出所有组态程序，重新启动 FPWIN 修改 PLC 程序。把修改后的程序再下传到 PLC 中，重复以上过程直至程序运行正确。

说明：

（1）因组态软件不可控制 PLC 的 X0、X1 等输入触点，故用其内部继电器 R0、R1 等来替代。

（2）程序运行得正确与否可用实验组态仿真系统的监控界面来观察。

7. 注意事项

（1）因组态软件与 FPWIN 软件使用同一端口与 PLC 装置通信，故组态软件的运行系统与 FPWIN 不可同时运行。

（2）下传 PLC 程序时，注意防锁死。

（3）拔插 RS-232C 的端口线时，要切断 PLC 及计算机的电源。

（4）PLC 的交流电源输入端为 220 V 电压，注意人身安全。

8. 实验报告要求

（1）写出 I/O 分配表和调试好的实验程序。

（2）画出两种液体混合系统工作时的时序图。

（3）写出实验中的问题及分析。

9. 参考程序

该实验的参考程序如图 7-31 所示。

10. 思考题

（1）在控制程序中主要应用 KP 指令。

（2）分析控制要求，利用开关的上升沿、下降沿产生一个扫描周期的脉冲，作为 KP 指令的置位/复位信号。

试根据以上提示编制相应的控制程序。

```
     R0    R1                                                      R2
 0 ├──┤├──┤/├─────────────────────────────────────────────────────[ ]──┤
     R2
   ├──┤├──┤
     R4    R6    Y1    R2    R7                                     Y0
 4 ├──┤├──┤/├──┤/├──┤├──┤/├───────────────────────────────────────[ ]──┤
```

以上表示按下开始按钮，电磁阀A打开，开始注入1号液体。

```
     R4    R5    R6    R2    R7                                     Y1
10 ├──┤├──┤├──┤/├──┤/├──┤/├────────────────────────────────────────[ ]──┤
```

以上表示液面到达中位置开关，电磁阀B打开，同时关闭电磁阀A，放入2号液体。

```
     R5   (DF)   T0    R2    R7                                     Y3
16 ├──┤├──┤ ├──┤/├──┤├──┤/├────────────────────────────────────────[ ]──┤
     R5    R0
   ├──┤├──┤├──┤
     Y3
   ├──┤├──┘
```

以上表示液面到达上位置开关，电磁阀B关闭，叶轮电动机搅拌液体。

```
     Y3
26 ├──┤├────────────────────────────────────────────TMY    0 ,  K   5 ──┤
     T0   (DF)   R6    R2                                     Y2
31 ├──┤├──┤ ├──┤/├──┤├──────────────────────────────────────[ ]──┤
     Y2
   ├──┤├──┘
     R7    R9
   ├──┤├──┤├──┘
     R0   (DF)   R8                                            R9
40 ├──┤├──┤ ├──┤/├────────────────────────────────────────────[ ]──┤
     R9
   ├──┤├──┘
     Y2   (DF)   R8                                            R7
45 ├──┤├──┤ ├──┤/├────────────────────────────────────────────[ ]──┤
     R7
   ├──┤├──┘
```

以上表示叶轮电动机搅拌5s后，排放电磁阀打开，排出液体。

```
     R3   (DF/)                                                R8
50 ├──┤├──┤ ├─────────────────────────────────────────────────[ ]──┤
     Y2    R3    R5                                            R6
53 ├──┤├──┤├──┤/├───────────────────────────────────────────[ ]──┤
     R6
   ├──┤├──┘
     R2   (DF)
   ├──┤├──┤ ├──┘
```

以上表示液面达到下位置开关，重复上面过程。

```
61 ├──────────────────────────────────────────────────────( ED )──┤
```

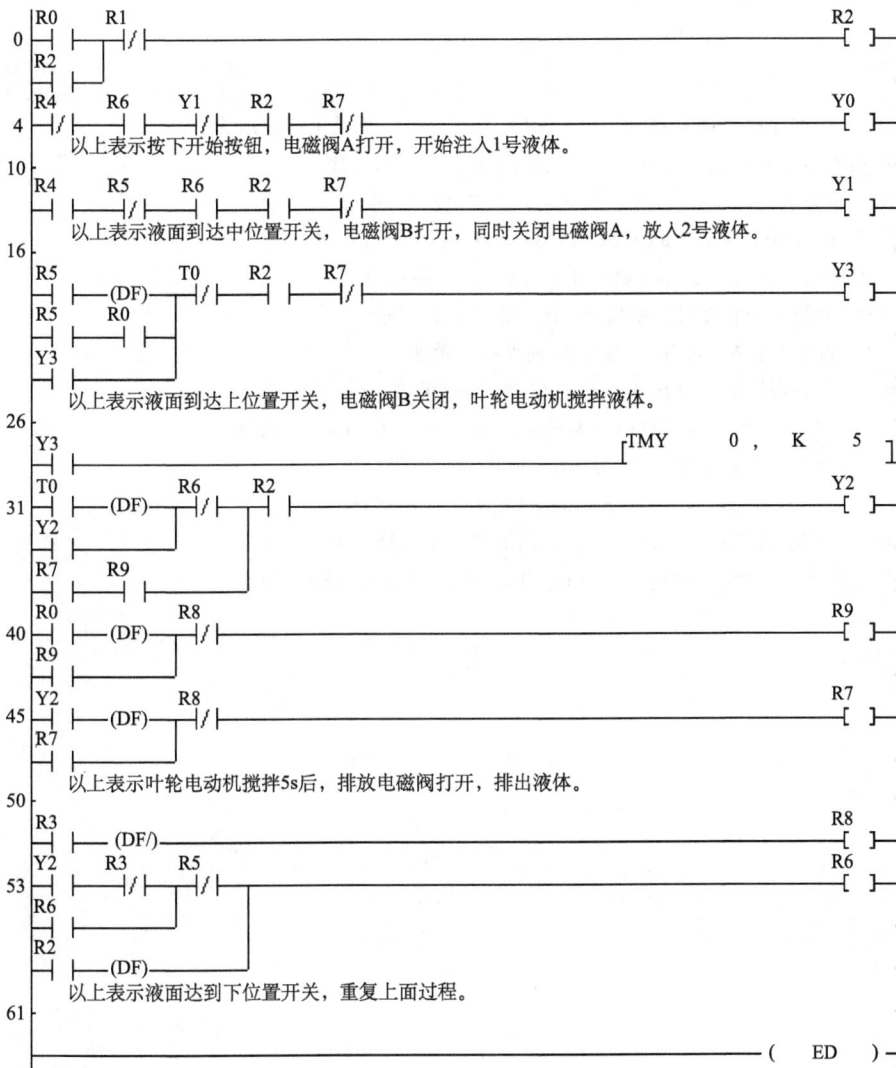

图 7-31 参考程序 liquid.fp

参 考 文 献

常斗南,等. 2008. 可编程序控制器原理·应用·实验. 3 版. 北京:机械工业出版社

郭纯生. 2006. 可编程序控制器编程实战与提高. 北京:电子工业出版社

李树雄. 2006. PLC 原理与应用. 北京:北京航空航天大学出版社

松下电工株式会社. Programmable Controller FP series Programming Manual

松下电工株式会社. Programmable Controller FP0R User's Manual

松下电工株式会社. 可编程控制器(FP 系列)FP 编程器 II 操作手册

松下电工株式会社. 可编程控制器(FP 系列)FP1 硬件技术手册

松下电工株式会社. 可编程控制器(FP 系列)FP1/FPM 编程手册

汪晓光,孙晓瑛,等. 2001. 可编程控制器原理及应用. 2 版. 北京:机械工业出版社

王红,王艳玲. 2002. 可编程控制器使用教程. 北京:电子工业出版社

王建,张宏,李丽. 2012. PLC 实用技术(松下). 北京:机械工业出版社

吴建强. 2004. 可编程控制器原理及其应用. 北京:高等教育出版社

周美兰,周封,王岳宇. 2009. PLC 电气控制与组态设计. 2 版. 北京:科学出版社

附　录

附录一　特殊内部继电器表

位　址	用　途	说　明	可用性		
			C14/C16	C24/C40	C56/C72
R9000	自诊断错误标志	当自诊断错误发生时变成 ON,错误代码存于 DT9000 中	A		
R9005	电池异常标志(非保持)	当电池异常时瞬间接通	N/A		
R9006	电池异常标志(保持)	当电池异常时接通且保持此状态			
R9007	操作错误标志(保持)	当操作错误发生时接通且保持,错误地址存于 DT9017	A	A	
R9008	操作错误标志(非保持)	当操作错误发生时瞬间接通,错误地址存于 DT9018 中			
R9009	进位标志	当运算出现溢出或被某移位指令置"1"时瞬间接通,也可用于 F60/F61 作标志			
R900A	＞标志	执行 F60/F61 时,当 S1＞S2 时瞬间接通			
R900B	＝标志	执行 F60/F61 时,当 S1＝S2 时瞬间接通			
R900C	＜标志	执行 F60/F61 时,当 S1＜S2 时瞬间接通			
R900D	辅助定时器触点	执行 F137 指令,当设定值递减为 0 时变成 ON	N/A		A
R900E	RS-422 口错误标志	当 RS-422 口操作发生错误时接通	A	A	
R900F	扫描周期常数错误标志	当扫描周期常数发生错误时接通			
R9010	常闭继电器	常闭			
R9011	常开继电器	常开			
R9012	扫描脉冲继电器	每次扫描交替开闭			
R9013	运行初期闭合继电器	只在运行中第一次扫描时合上,从第二次扫描开始断开并保持断开状态			
R9014	运行初期断开继电器	只在运行中第一次扫描时打开,从第二次扫描开始闭合并保持闭合状态			
R9015	步进开始时闭合的继电器	仅在开始执行步进指令(SSTP)的第一次扫描到来时瞬间合上			

续表

位 址	用 途	说 明	可 用 性		
			C14/C16	C24/C40	C56/C72
R9018	0.01s 时钟脉冲继电器	以 0.01s 为周期重复通/断动作,占空比为 1∶1			
R9019	0.02s 时钟脉冲继电器	以 0.02s 为周期重复通/断动作,占空比为 1∶1			
R901A	0.1s 时钟脉冲继电器	以 0.1s 为周期重复通/断动作,占空比为 1∶1			
R901B	0.2s 时钟脉冲继电器	以 0.2s 为周期重复通/断动作,占空比为 1∶1			
R901C	1s 时钟脉冲继电器	以 1s 为周期重复通/断动作,占空比为 1∶1	A		
R901D	2s 时钟脉冲继电器	以 2s 为周期重复通/断动作,占空比为 1∶1		A	
R901E	1min 时钟脉冲继电器	以 1min 为周期重复通/断动作,占空比为 1∶1			
R901F	未使用				
R9020	运行方式标志	当 PLC 工作方式置为"RUN"时闭合			
R9026	信息标志	当信息显示指令 F149(MSG)执行时闭合	N/A		
R9027	远程方式标志	当 PLC 工作方式置为"REMOTE"时闭合	A		
R9029	强制标志	在强制通/断操作期间合上			
R902A	中断标志	当外部中断允许时闭合			
R902B	中断错误标志	当中断错误发生时闭合			
R9032	RS-232C 口选择标志	在系统寄存器 No.412 中当 RS-232C 口被选择用作一般通信时闭合(即 No.412 的值为 K2)	N/A		
R9033	打印/输出标志	当打印/输出指令(F147)执行时闭合		A*	
R9036	I/O 链接错误标志	当 I/O 链接发生错误时闭合	A		
R9037	RS-232C 错误标志	当 RS-232C 出现错误时闭合。错误码存于 DT9059 中			
R9038	RS-232C 接收完毕标志	当使用串行通信指令(F144)接收到结束符时该触点闭合	N/A	A*	
R9039	RS-232C 发送完毕标志	当数据由串行通信指令(F144)发送完毕时该触点闭合,当数据正被串行通信指令(F144)发送时该触点断开			
R903A	高速计数器(HSC)控制标志	当高速计数器被 F162、F163、F164 和 F165 指令控制时合上	A	A	
R903B	凸轮控制标志	当执行凸轮控制指令(F165)时闭合			

注:A 表示可用。

N/A 表示不可用。

A* 表示只有 C24C、C40C、C56C 和 C72C 类型可用。

附录二　特殊数据寄存器表

位址	用途	说明	可用性		
			C14/C16	C24/C40	C56/C72
DT9000	存放自诊断错误代码	当自诊断错误发生时,错误代码存入DT9000中			
DT9014	辅助寄存器(用于F105和F106)	当执行F105(BSR)或F106(BSL)指令时,用于存放溢出位(bit3～bit0)			
DT9015	辅助寄存器(除法余数)	当执行F32或F52时,存放除法运算的余数,当执行F33或F53时,存放除法运算余数的低16位			
DT9016	辅助寄存器(除法余数)	当执行F33或F53时,存放除法运算余数的高16位			
DT9017	操作错误地址寄存器(保持型)	当检测到错误操作时,错误操作地址存于DT9017中,且保持其状态		A	
DT9018	操作错误地址寄存器(非保持型)	当检测到错误操作时,用于存放最后的错误操作的最终地址			
DT9019	2.5ms振铃计数器寄存器	DT9019中的数据每2.5ms增加1,通过计算时间差值可确定某些过程的经过时间			
DT9022	扫描时间寄存器(当前值)	用于存放当前扫描时间。扫描时间用下式计算:扫描时间=数据×0.1ms			
DT9023	扫描时间寄存器(最小值)	最小扫描时间存于DT9023中。扫描时间=数据×0.1ms			
DT9024	扫描时间寄存器(最大值)	存放最大扫描时间。扫描时间=数据×0.1ms			
DT9025	中断屏蔽状态寄存器	用于监视中断屏蔽状态,每位对应一个中断源0:禁止,1:允许			
DT9027	定时中断时间常数寄存器	监视定时中断时间。中断时间(ms)=时间常数×10ms			
DT9030	信息0寄存器	当执行信息显示指令F149时,指定信息被分别存于DT9030～DT9035中	N/A	A	
DT9031	信息1寄存器				
DT9032	信息2寄存器				
DT9033	信息3寄存器				
DT9034	信息4寄存器				
DT9035	信息5寄存器				
DT9037	查找指令用寄存器1	当执行F96指令时,存放已找到符合条件数据个数		A	
DT9038	查找指令用寄存器2	当执行F96指令时,存放所找到的第一个数据的地址与该指令操作数S2所指定的数据区首地址之间的相对地址			

续表

位址	用途	说明	可用性		
			C14/C16	C24/C40	C56/C72
DT9040	可调输入寄存器(V0)	电位器(V0,V1,V2 和 V3)的值存于: C14 和 C16 系列:V0→DT9040 C24 系列:V0→DT9040;V1→DT9041 C40,C56 和 C72 系列:V0→DT9040 V1→DT9041 V2→DT9042 V3→DT9043	A	A	A
DT9041	可调输入寄存器(V1)				
DT9042	可调输入寄存器(V2)		N/A	A(仅 C40 及以上系列可用)	
DT9043	可调输入寄存器(V3)				
DT9044	高速计数器经过值寄存器(低 16 位)	存放高速计数器经过值低 16 位数	A		
DT9045	高速计数器经过值寄存器(高 16 位)	存放高速计数器经过值高 16 位数			
DT9046	高速计数器预置值寄存器(低 16 位)	存放高速计数器预置值低 16 位数			
DT9047	高速计数器预置值寄存器(高 16 位)	存放高速计数器预置值高 16 位数			
DT9052	高速计数器控制寄存器	用于控制高速计数器的工作状态			
DT9053	时钟/日历监视寄存器	以 BCD 码形式显示时、分,用于监视时间,不可改写			
DT9054	时钟/日历监视和设置寄存器(分/秒)	时钟/日历数据以 BCD 码形式存于 DT9054、DT9055、DT9056 和 DT9057 中,可用于设置和监视时钟/日历,可用编程器或编程软件写入	N/A	A*	
DT9055	时钟/日历监视和设置寄存器(日/时)				
DT9056	时钟/日历监视和设置寄存器(年/月)				
DT9057	时钟/日历监视和设置寄存器(星期)				
DT9058	时钟校准寄存器(30s 修正)	当对 bit0 写入 1,即可补正 30s			
DT9059	通信异常代码寄存器	RS-232C 口通信错误代码存于 DT9059 高 8 位区,编程口错误代码存于 DT9059 低 8 位区	N/A	A*	
DT9060	步进过程监视寄存器(过程号:0~15)	工作:1 停止:0 bit0~bit15 对应 step0~step15			
DT9061	步进过程监视寄存器(过程号:16~31)	工作:1 停止:0 bit0~bit15 对应 step16~step31	A		
DT9062	步进过程监视寄存器(过程号:32~47)	工作:1 停止:0 bit0~bit15 对应 step32~step47			

位　址	用　途	说　明	可　用　性		
			C14/C16	C24/C40	C56/C72
DT9063	步进过程监视寄存器(过程号：48~63)	工作：1 停止：0 bit0~bit15 对应 step48~step63			
DT9064	步进过程监视寄存器(过程号：64~79)	工作：1 停止：0 bit0~bit15 对应 step64~step79			
DT9065	步进过程监视寄存器(过程号：80~95)	工作：1 停止：0 bit0~bit15 对应 step80~step95	A		
DT9066	步进过程监视寄存器(过程号：96~111)	工作：1 停止：0 bit0~bit15 对应 step96~step111			
DT9067	步进过程监视寄存器(过程号：112~127)	工作：1 停止：0 bit0~bit15 对应 step112~step127			

注：A 表示可用。
　　N/A 表示不可用。
　　A＊表示只有 C24C、C40C、C56C 和 C72C 类型可用。

附录三　FP1 系统寄存器表

地址	分类	定义	默认值	设定范围及说明
0	用户存储区设定	反映程序容量	K1,K3 或 K5	根据 PLC 类型自动指定： C14/C16 系列(900 步)：K1 C24/C40 系列(2720 步)：K3 C56/C72 系列(5000 步)：K5
4		设定无备份电池时的工作状态①(C24,C40,C56 和 C72 系列)	K0	当备份电池电压过低或断开时，该参数对应指定 FP1 的工作状态为： K0："ERR"灯亮，指示出错 K1：不作错误处理，"ERR"灯不亮
5		设定计数器起始地址(定时器个数)	K100	指定计数器起始地址，取值范围： C14/C16 系列：K0~K128 C24/C40/C56/C72 系列：K0~K144 设定若为上限值，则全部区域被用作定时器
6	内部 I/O 的设定	为定时器/计数器区域设定保持区首地址	K100	指定定时器/计数器保持区首地址，取值范围： C14/C16 系列：K0~K128 C24/C40/C56/C72 系列：K0~K144 建议设为与系统寄存器 No.5 相同值，这样，定时器为非保持型，计数器为保持型
7		设定内部继电器保持区首地址	K10	以字为单位指定内部继电器保持区首地址，取值范围： C14/C16 系列：K0~K128 C24/C40/C56/C72 系列：K0~K144 例如，若 C14 系列系统寄存器 No.7 设定为 K6，则 非保持区：R0~R5F 保持区：R60~R15F

地址	分类	定义	默认值	设定范围及说明
8	内部 I/O 的设定	设定数据寄存器保持区首地址	K0	指定数据寄存器保持区首地址,取值范围: C14/C16 系列:K0～K256 C24/C40 系列:K0～K1660 C56/C72 系列:K0～K6144 如果设定为上限值,则所有区域均为非保持区
14		设定步进区的保持/非保持区	K1	指定步进操作的保持/非保持状态 K0:保持;K1:非保持
20	异常运行模式设定	设定"重复输出"时的工作状态	K0	当程序出现"重复输出"时,该参数对应指定 FP1 的工作状态: K0:"ERR"灯亮,指示出错 K1:不作为总体检查错误,"ERR"灯不亮
26		操作错误发生时工作状态设定	K0	当检测出操作错误后,该参数对应指定 FP1 的工作状态为: K0:FP1 停止运行 K1:FP1 继续运行
31	系统时间设定	设定多帧通信的等待时间		当用计算机链接方式执行多帧通信时,该参数对应指定两个限定符之间的最大等待时间 设定范围: K4～K32760:10ms～81.9s (等待时间＝设定值×2.5ms)
34		设定扫描时间常数	K0	设定固定的扫描时间。设定范围: K0:该功能不使能 K1～K64:2.5ms～160ms(扫描时间＝设定值×2.5ms)
400	高速计数器设定	高速计数器工作方式设定②	H0	设定高速计数器的工作方式(X0,X1 为脉冲输入端,X2 为复位输入端) H0:不使用高速计数及复位功能 H1:X0,X1 两路双相输入,X2 无复位功能 H2:X0,X1 两路双相输入,X2 可复位 H3:X0 加输入,X2 无复位功能 H4:X0 加输入,X2 可复位 H5:X1 减输入,X2 无复位功能 H6:X1 减输入,X2 可复位 H7:X0/X1 加/减输入,X2 无复位功能 H8:X0/X1 加/减输入,可复位
402	其他特殊功能设定	脉冲捕捉输入功能设定②	H0	bit0～bit7 对应设定 X0～X7 是否具有脉冲捕捉功能。"0"不使能,"1"使能 取值范围: C14/C16 系列(X0～X3):H0～HF C24/C40/C56/C72 系列(X0～X7):H0～HFF
403		输入端中断请求功能设定②	H0	bit0～bit7 对应设定 X0～X7 是否具有中断请求功能。"0"不使能,"1"使能 取值范围: C14/C16 系列(X0～X3):无此功能 C24/C40/C56/C72 系列(X0～X7):H0～HFF

续表

地址	分类	定义	默认值	设定范围及说明
404	其他特殊功能设定	设定 X0～X1F 的输入延时滤波时间②	H1111（全部 2ms）	每个系统寄存器分为 4 组，每组对应设定 8 个输入端的延时时间 例如，在 No.404 的 bit0～bit7（低 4 位）置入常数 H3，则 X0～X7 的延时时间为 8ms 不同的时间常数对应的延时时间为：H0＝1ms；H1＝2ms；H2＝4ms；H3＝8ms；H4＝16ms；H5＝32ms；H6＝64ms；H7＝128ms
405		设定 X20～X3F 输入延时滤波时间	H1111（全部 2ms）	
406		设定 X40～X5F 输入延时滤波时间	H1111（全部 2ms）	
407		设定 X60～X6F 输入延时滤波时间	H0011（全部 2ms）	
410	通信功能设定	编程口（RS-422 口）站号设定	K1	当通过编程口（RS-422）执行计算机链接通信时，此寄存器可指定站号。站号范围：K1～K32
411		编程口（RS-422 口）通信格式（字符位数）和调制解调器设定	H0	使用编程口（RS-422 口）时，该寄存器用来设定通信格式和调制解调器的兼容性 bit0 设定通信格式（字符位数） 该位为"0"：位数为 8 该位为"1"：位数为 7 bit15 设定调制解调器兼容性 0：不允许，1：允许
412		设定 RS-232C 串行口通信方式	K0	选择 RS-232C 串口功能 K0：RS-232C 串行口不使用 K1：RS-232C 串行口用于计算机链接通信 K2：RS-232C 串行口用于一般通信
413		设定 RS-232C 串口通信格式	H3	bit0 设置字符位 0：7 位；1：8 位 bit1、bit2 设置奇偶校验 00：无；01：奇；10：无；11：偶　bit3 设置停止位 0：1 位；1：2 位 bit 4、bit5 设置结束符 00：CR；01：CR+LF；10：CR；11：EXT bit6 设置头码 0：没有 STK 码；1：带 STK 码 只有当 No.412 设为 K2，该项设置方有效
414		RS-232C 串口波特率设定	K1	K0：19200b/s；K1：9600b/s；K2：4800b/s；K3：2400b/s；K4：1200b/s；K5：600b/s；K6：300b/s
415		RS-232C 串口站号设定	K1	当 RS-232C 串口用于计算机链接通信方式时，此寄存器可指定站号。设置范围：K1～K32
416		RS-232C 串口调制解调器通信设定③	H0	H0：通信不允许；H8000：通信允许
417		从 RS-232C 串口接收数据的首地址设定	K0	当执行一般通信时，该参数设定作为从 RS-232C 串口接收数据的缓冲器数据寄存器的首地址 取值范围：C24C/C40C 型：K0～K1660 　　　　　C56C/C72C 型：K0～K6144
418		设定从 RS-232C 串口接收数据的缓冲器容量	K1660	该参数对应设定缓冲器的字节数 取值范围：C24C/C40C：K0～K1660 　　　　　C56C/C72C：K0～K6144

注：系统寄存器的设定、变更必须在 PROG 模式下进行。

①只限于 2.7 或 2.7 以上版本、并在型号后面带有"B"符号的 FP1 机型。

②当系统寄存器 No.400、No.402、No.403 和 No.404 同时设定时，它们的优先权排序是：No.400、No.402、No.403、No.404。

③调制解调通信设置功能只限于 2.7 或 2.7 以上版本，并在型号后面带有"B"符号的 C24/C40/C56/C72 机型。

附录四　基本指令表

1. 基本顺序指令

名　称	助记符	说　明	步数	可用性		
				C14/C16	C24/C40	C56/C72
初始加载	ST	以常开触点开始一个逻辑操作	1			
初始加载非	ST/	以常闭触点开始一个逻辑操作	1			
输出	OT	将操作结果送至规定的位寄存器	1			
非	/	将该指令处的操作结果取反	1			
与	AN	串联一个常开触点	1			
与非	AN/	串联一个常闭触点	1			
或	OR	并联一个常开触点	1			
或非	OR/	并联一个常闭触点	1			
组与	ANS	实现指令块间的与操作	1			
组或	ORS	实现指令块间的或操作	1			
推入堆栈	PSHS	存储该指令处的操作结果	1		A	
读取堆栈	RDS	读出由 PSHS 指令存储的操作结果	1			
弹出堆栈	POPS	读出并清除由 PSHS 指令存储的操作结果	1			
上升沿微分	DF	当检测到触发信号的上升沿时,触点仅"ON"一个扫描周期	1			
下降沿微分	DF/	当检测到触发信号的下降沿时,触点仅"ON"一个扫描周期	1			
置位	SET	使触点(位)ON 并保持	3			
复位	RST	使触点(位)OFF 并保持	3			
保持	KP	使输出接通并保持	1			
空操作	NOP	空操作	1			

2. 基本功能指令

名　称	助记符	说　明	步数	可用性		
				C14/C16	C24/C40	C56/C72
0.01s 定时器	TMR	以 0.01s 为单位的延时动作定时器范围:0.01～327.67s	3			
0.1s 定时器	TMX	以 0.1s 为单位的延时动作定时器范围:0.1～3276.7s	3		A	
1s 定时器	TMY	以 1s 为单位的延时动作定时器范围:1～32767s	4			

续表

名　称	助记符	说　明	步数	可用性		
				C14/C16	C24/C40	C56/C72
辅助定时器	F137(STMR)	以 0.01s 为单位延时接通的定时器(F137)	5	N/A		A
计数器	CT	减计数器,经过值减至零,触点动作	3		A	
移位寄存器	SR	通用寄存器(WR)的 16bit 数据左移 1bit	1			
可逆计数器	F118(UDC)	加/减计数器	5			
左右移位寄存器	F119(LRSR)	16bit 数据区左移或右移 1bit	5			

3. 控制指令

名　称	助记符	说　明	步数	可用性		
				C14/C16	C24/C40	C56/C72
主控继电器开始	MC	当预设定的触发器接通时,执行 MC 到 MCE 间的指令	2			
主控继电器结束	MCE		2			
跳转	JP	当预设定的触发器接通时,执行跳转指令到指定的标号处	2			
跳转标记	LBL	执行 JP 和 LOOP 指令时所用的标号	1		A	
循环跳转	LOOP	跳转到具有相同编号的标记处并重复执行标号后程序,直到指定的操作数减至 0 为止	4			
结束	ED	表示一个主扫描周期的结束	1			
条件结束	CNDE	当触发条件 ON 时,就此结束一次程序扫描	1			

4. 步进指令

名　称	助记符	说　明	步数	可用性		
				C14/C16	C24/C40	C56/C72
步进转移(脉冲式)	NSTP	当检测到触发信号的上升沿时,将当前过程复位,然后激活指定过程	3			
步进转移(扫描式)	NSTL	当触发信号为 ON 时,将当前过程复位,然后激活指定过程	3			
步进开始	SSTP	表示步进过程开始	3		A	
步进消除	CSTP	清除指定的步进过程	3			
步进结束	STPE	步进程序区域结束	3			

5. 子程序指令

名　称	助记符	说　明	步数	可用性		
				C14/C16	C24/C40	C56/C72
调用子程序	CALL	跳转执行指定的子程序	2			
子程序入口	SUB	开始子程序	1		A	
子程序返回	RET	结束子程序并返回到主程序	1			

6. 中断指令

名　称	助记符	说　明	步数	可用性		
				C14/C16	C24/C40	C56/C72
中断控制	ICTL	设定中断方式	5			
中断入口	INT	开始一个中断服务程序	1	N/A	A	
中断返回	IRET	结束中断服务程序并返回到程序断点处	1			

7. 比较指令

名　称	助记符	说　明	步数	可用性		
				C14/C16	C24/C40	C56/C72
单字比较:相等时加载	ST=	比较两个单字的数据,按下列条件执行 Start、AND 或 OR 操作:	5			
单字比较:相等时与	AN=	ON：当 S1=S2 OFF：当 S1≠S2	5			
单字比较:相等时或	OR=	(注:S1,S2 是比较指令的操作数,下述的 S1,S2 同义)	5			
单字比较:不等时加载	ST<>	比较两个单字的数据,按下列条件执行	5			
单字比较:不等时与	AN<>	Start、AND 或 OR 操作: ON：当 S1≠S2	5			
单字比较:不等时或	OR<>	OFF：当 S1=S2	5			
单字比较:大于时加载	ST>	比较两个单字的数据,按下列条件执行	5			
单字比较:大于时与	AN>	Start、AND 或 OR 操作: ON：当 S1>S2	5	N/A	A	
单字比较:大于时或	OR>	OFF：当 S1≤S2	5			
单字比较:不小于时加载	ST>=	比较两个单字的数据,按下列条件执行	5			
单字比较:不小于时与	AN>=	Start、AND 或 OR 操作: ON：当 S1≥S2	5			
单字比较:不小于时或	OR>=	OFF：当 SI<S2	5			
单字比较:小于时加载	ST<	比较两个单字的数据,按下列条件执行	5			
单字比较:小于时与	AN<	Start、AND 或 OR 操作: ON：当 S1<S2	5			
单字比较:小于时或	OR<	OFF：当 S1≥S2	5			

名　称	助记符	说　明	步数	可　用　性		
				C14/C16	C24/C40	C56/C72
单字比较：不大于时加载	ST<=	比较两个单字的数据,按下列条件执行 Start、AND 或 OR 操作： ON：当 S1≤S2 OFF：当 S1>S2	5			
单字比较：不大于时与	AN<=		5			
单字比较：不大于时或	OR<=		5			
双字比较：相等时加载	STD=	比较两个双字的数据,按下列条件执行 Start、AND 或 OR 操作： ON：当(S1+1,S1)=(S2+1,S2) OFF：当(S1+1,S1)≠(S2+1,S2)	9			
双字比较：相等时与	AND=		9			
双字比较：相等时或	ORD=		9			
双字比较：不相等时加载	STD<>	比较两个双字的数据,按下列条件执行 Start、AND 或 OR 操作： ON：当(Sl+1,S1)≠(S2+1,S2) OFF：当 (S1+1,S1)=(S2+1,S2)	9			
双字比较：不相等时与	AND<>		9			
双字比较：不相等时或	ORD<>		9			
双字比较：大于时加载	STD>	比较两个双字的数据,按下列条件执行 Start、AND 或 OR 操作： ON：当(Sl+1,S1)>(S2+1,S2) OFF：当(S1+1,S1)≤(S2+1,S2)	9	N/A	A	
双字比较：大于时与	AND>		9			
双字比较：大于时或	ORD>		9			
双字比较：不小于时加载	STD>=	比较两个双字的数据,按下列条件执行 Start、AND 或 OR 操作： ON：(Sl+1,S1)≥(S2+1,S2) OFF：(S1+1,S1)<(S2+1,S2)	9			
双字比较：不小于时与	AND>=		9			
双字比较：不小于时或	ORD>=		9			
双字比较：小于时加载	STD<	比较两个双字的数据,按下列条件执行 Start、AND 或 OR 操作： ON：当(S1+1,S1)<(S2+1,S2) OFF：当(S1+1,S1)≥(S2+1,S2)	9			
双字比较：小于时与	AND<		9			
双字比较：小于时或	ORD<		9			
双字比较：不大于时加载	STD<=	比较两个双字的数据,按下列条件执行 Start、AND 或 OR 操作： ON：当(S1+1,S1)≤(S2+1,S2) OFF：当(S1+1,S1)>(S2+1,S2)	9			
双字比较：不大于时与	AND<=		9			
双字比较：不大于时或	ORD<=		9			

注：A 表示可用。
　N/A 表示不可用。

附录五　高级指令表

分类	功能号	助记符	操作数	功能说明	步数	可用性		
						C14/C16	C24/C40	C56/C72
数据传输指令	F0	MV	S,D	16bit 数据传输[(S)→D]	5	A		
	F1	DMV	S,D	32bit 数据传输[(S,S+1)→(D,D+1)]	7			
	F2	MV/	S,D	16bit 数据求反后传输[(S)/→D]	5			
	F3	DMV/	S,D	32bit 数据求反后传输	7			
	F5	BTM	S,n,D	二进制数据位传输	7			
	F6	DGT	S,n,D	十六进制数据位传输	7			
	F10	BKMV	S1,S2,D	数据块传输[(S1…S2)→D…]	7			
	F11	COPY	S,D1,D2	区块复制[(S)→(D1…D2)]	7			
	F15	XCH	D1,D2	16bit 数据交换[(D1)←→D2]	5			
	F16	DXCH	D1,D2	32bit 数据交换[(D1,D1+1)←→(D2,D2+1)]	5			
	F17	SWAP	D	16bit 数据的高/低字节交换	3			
BIN（二进制）算术运算指令	F20	＋	S,D	16bit 数据加[(S)+(D)→D]	5	A		
	F21	D＋	S,D	32bit 数据加[(S,S+1)+(D,D+1)→(D,D+1)]	7			
	F22	＋	S1,S2,D	16bit 数据加[(S1)+(S2)→D]	7			
	F23	D	S1,S2,D	32bit 数据加[(S1,S1+1)+(S2,S2+1)→(D,D+1)]	11			
	F25	－	S,D	16bit 数据减[(D)−(S)→(D)]	5			
	F26	D－	S,D	32bit 数据减[(D,D+1)−(S,S+1)→(D,D+1)]	7			
	F27	－	S1,S2,D	16bit 数据减[(S1)−(S2)→(D)]	7			
	F28	D－	S1,S2,D	32bit 数据减[(S1,S1+1)−(S2,S2+1)→(D,D+1)]	11			
	F30	＊	S1,S2,D	16bit 数据乘[(S1)＊(S2)→(D,D+1)]	7			
	F31	D＊	S1,S2,D	32bit 数据乘[(S1,S1+1),(S2,S2+1)→(D~D+3)]	11	N/A		A
	F32	％	S1,S2,D	16bit 数据除[(S1)/(S2)→D,余数→(DT9015)]	7	A		
	F33	D％	S1,S2,D	32bit 数据除[(S1,Sl+1)/(S2,S2+1)→D,余数→(DT9015,DT9016)]	11	N/A		
	F35	＋1	D	16bit 数据加 1[(D)+1→D]	3		A	
	F36	D+1	D	32bit 数据加 1[(D,D+1)+1→(D,D+1)]	3			
	F37	−1	D	16bit 数据减 1[(D)−l→D]	3			
	F38	D−1	D	32bit 数据减 1[(D,D+1)−1→(D,D+1)]	3			

分类	功能号	助记符	操作数	功能说明	步数	可用性		
						C14/C16	C24/C40	C56/C72
BCD码算术运算指令	F40	B+	S,D	4digit BCD 码数据加[(S)+(D)→D]	5	A		
	F41	DB+	S,D	8digit BCD 码数据加[(S,S+1)+(D,D+1)→(D,D+1)]	7			
	F42	B+	S1,S2,D	4digit BCD 码数据加[(S1)+(S2)→D]	7			
	F43	DB+	S1,S2,D	8digit BCD 码数据加[(S1,S1+1)+(S2,S2+1)→(D,D+1)]	11			
	F45	B−	S,D	4digit BCD 码数据减[(D)−(S)→D]	5			
	F46	DB−	S,D	8digit BCD 码数据减[(D,D+1)−(S,S+1)→(D,D+1)]	7			
	F47	B−	S1,S2,D	4digit BCD 码数据减[(S1)−(S2)→D]	7			
	F48	DB−	S1,S2,D	8digit BCD 码数据减[(S1,S1+1)−(S2,S2+1)→(D,D+1)]	11			
	F50	B*	S1,S2,D	4digit BCD 码数据乘[(S1)*(S2)→D]	7			
	F51	DB*	S1,S2,D	8digit BCD 码数据乘[(S1,S1+1)*(S2,S2+1)→(D~D+3)]	11	N/A	A	A
	F52	B%	S1,S2,D	4digit BCD 码数据除[(S1)/(S2)→D···(DT9015)]	7	A	A	
	F53	DB%	S1,S2,D	8digit BCD 码数据除[(S1,S1+1)/(S2,S2+1)→(D,D+1)···(DT9015,DT9016)]	11	N/A		
	F55	B+1	D	4digit BCD 码数据加 1[(D)+1→D]	3			
	F56	DB+1	D	8digit BCD 码数据加 1[(D,D+1)+1→(D,D+1)]	3			
	F57	B−1	D	4digit BCD 码数据减 1[(D)−1→D]	3			
	F58	DB−1	D	8digit BCD 码数据减 1[(D,D+1)−1→(D,D+1)]	3			
数据比较指令	F60	CMP	S1,S2	16bit 数据比较 S1>S2→R900A=ON;S1=S2→R900B=ON;S1<S2→R900C=ON	5	A		
	F61	DCMP	S1,S2	32bit 数据比较 (S1,S1+1)>(S2,S2+1)→R900A=ON; (S1,S1+1)=(S2,S2+1)→R900B=ON; (S1,S1+1)<(S2,S2+1)→R900C=ON	9			
	F62	WIN	S1,S2,S3	16bit 数据段比较 S1>S3→R900A=ON; S2≤S1≤S3→R900B=ON; S1<S2→R900C=ON	7			
	F63	DWIN	S1,S2,S3	32bit 数据段比较 (S1,S1+1)>(S3,S3+1)→R900A=ON; (S2,S2+1)≤(S1,S1+1)≤(S3,S3+1)→R900B=ON; (S1,S1+1)<(S2,S2+1)→R900C=ON	13			
	F64	BCMP	S1,S2,S3	数据块比较	7	N/A	A	

续表

分类	功能号	助记符	操作数	功能说明	步数	可用性		
						C14/C16	C24/C40	C56/C72
逻辑运算指令	F65	WAN	S1,S2,D	16bit 数据"与"运算[(S1)·(S2)→D]	7	A		
	F66	WOR	S1,S2,D	16bit 数据"或"运算[(S1)+(S2)→D]	7			
	F67	XOR	S1,S2,D	16bit 数据"异或"运算	7			
	F68	XNR	S1,S2,D	16bit 数据"异或非"运算	7			
数据转换指令	F70	BCC	S1,S2,S3	区域检查码计算	9	N/A		A
	F71	HEXA	S1,S2,D	十六进制数→十六进制 ASCII 码	7			
	F72	AHEX	S1,S2,D	十六进制 ASCII 码→十六进制数	7			
	F73	BCDA	S1,S2,D	BCD→十进制 ASCII 码	7			
	F74	ABCD	S1,S2,D	十进制 ASCII 码→BCD 码	9			
	F75	BINA	S1,S2,D	16bit 二进制数→十进制 ASCII 码	7			
	F76	ABIN	S1,S2,D	十进制 ASCII 码→16bit 二进制数	7			
	F77	DBIA	S1,S2,D	32bit 二进制数→十进制 ASCII 码	11			
	F78	DABI	S1,S2,D	十进制 ASCII 码→32bit 二进制数	11			
	F80	BCD	S,D	16bit 二进制数→4digit BCD 码	5	A		
	F81	BIN	S,D	4digit BCD 码→16bit 二进制数	5			
	F82	DBCD	S,D	32bit 二进制数→8digit BCD 码	7			
	F83	DBIN	S,D	8digit BCD 码→32bit 二进制数	7			
	F84	1NV	D	16bit 二进制数求反	3			
	F85	NEG	D	16bit 二进制数求补	3			
	F86	DNEG	D	32bit 二进制数求补	3			
	F87	ABS	D	16bit 二进制数求绝对值	3			
	F88	DABS	D	32bit 二进制数求绝对值	3			
	F89	EXT	D	16bit 二进制数扩展为 32 位二进制数	3			
	F90	DECO	S,n,D	解码	7			
	F91	SEGT	S,D	16bit 数据七段显示解码	5			
	F92	ENCO	S,n,D	编码	7			
	F93	UNIT	S,n,D	16bit 数据组合	7			
	F94	DIST	S,n,D	16bit 数据分离	7			
	F95	ASC	S,D	字符→ASCII 码	15	N/A		A
	F96	SRC	S1,S2,S3	表数据查找	7	A		

分类	功能号	助记符	操作数	功能说明	步数	可用性		
						C14/C16	C24/C40	C56/C72
数据移位指令	F100	SHR	D,n	16bit 数据右移 n bit	5			
	F101	SHL	D,n	16bit 数据左移 n bit	5			
	F105	BSR	D	16bit 数据右移 4 bit	3			
	F106	BSL	D	16bit 数据左移 4 bit	3			
	F110	WSHR	D1,D2	16bit 数据区右移 1 个字	5			
	F111	WSHL	D1,D2	16bit 数据区左移 1 个字	5			
	F112	WBSR	D1,D2	16bit 数据区右移 4 bit	5			
	F113	WBSL	D1,D2	16bit 数据区左移 4 bit	5			
可逆计数和左/右移位寄存器指令	F118	UDC	S,D	加/减(可逆)计数器	5		A	
	F119	LRSR	D1,D2	左/右移位寄存器	5			
数据循环移位指令	F120	ROR	D,n	16bit 数据右循环移位	5			
	F121	ROL	D,n	16bit 数据左循环移位	5			
	F122	RCR	D,n	16bit 数据带进位标志位右循环移位	5			
	F123	RCL	D,n	16bit 数据带进位标志位左循环移位	5			
位操作指令	F130	BTS	D,n	16bit 数据置位(某位)	5			
	F131	BTR	D,n	16bit 数据复位(某位)	5			
	F132	BTI	D,n	16bit 数据求反(某位)	5			
	F133	BTT	D,n	16bit 数据测试(某位)	5			
	F135	BCU	S,D	16bit 数据中"1"位统计	5			
	F136	DBCU	S,D	32bit 数据中"1"位统计	5			
附加定时器指令	F137	STMR	S,D	辅助定时器	5	N/A	A	
	F138	HMSS	S,D	时/分/秒数据→秒数据	5			
	F139	SHMS	S,D	秒数据→时/分/秒数据	5			
	F140	STC		进位标志位(R9009)置位	1			
	F141	CLC		进位标志位(R9009)复位	1			
	F143	IORF	D1,D2	刷新部分 I/O	5			
	F144	TRNS	S,n	串行口数据通信	5			
	F147	PR	S,D	打印输出	5			
	F148	ERR	n	自诊断错误代码设定	3			
	F149	MSG	S	信息显示	13			
	F157	CADD	S1,S2,D	时间累加	9			
	F158	CSUB	S1,S2,D	时间递减	9			

分类	功能号	助记符	操作数	功能说明	步数	可用性		
						C14/C16	C24/C40	C56/C72
高速计数器特殊指令	F0	MV	S,DT9052	高速计数器控制	5	A		
	F1	DMV	S,DT9044	存储高速计数器经过值	7			
	F1	DMV	DT9044,D	调出高速计数器经过值	7			
	F162	HCOS	S,Yn	符合目标值时 ON	7			
	F163	HCOR	S,Yn	符合目标值时 OFF	7			
	F164	SPDO	S	脉冲频率及输出状态控制	3			
	F165	CAMO	S	凸轮控制	3			

注:N/A 表示不可用。

A 表示可用。

对于双字节(32 位)操作指令,通常用"S1+1"、"S2+1"、"S3+1"、"D+1"表示高字节,S1、S2、S3、D 表示低字节。表中没有特殊说明,请读者使用时注意。